理论驱动的
心理与教育测量学

杨向东◎著

华东师范大学出版社

谨以此书献给我学术生涯中两个重要的学者。一个是我第一个硕士导师戴忠恒先生。先生启蒙我走上测量学研究之路。他的一生是一个时代的知识分子命运的缩影。另一个是我读博士期间的导师 Susan E. Embretson 女士。她在认知理论和测量学技术结合方面的前瞻性思考和开创性工作使我深受启发，也是本书想要表达的观点的重要来源之一。

前　言

2005年临近春季学期结束的一个下午，一个中国留学生敲开我办公室的门。我当时在美国堪萨斯大学（University of Kansas）教育测验和评价中心（Center for Educational Test and Evaluation，CETE）任职，负责该中心心理计量学分析（psychometric analysis）工作。这位留学生一进门，就开始向我抱怨他这个学期所选的测量课。学期已经接近尾声，他觉得自己在这门课中学习了一大堆所谓的测量模型，以及如何用这些模型处理测验数据的知识。然而，令他困惑不解的是，整个学期的授课并没有告诉他究竟什么是测量？到底应该怎么认识测量所要关注的属性？如何设计测验项目和编制测量工具，以获取使用这些模型时所需要的数据？感觉上，这门课更像是一门统计课，而不是他原来想象中的"测量"课。他向我打听有些什么文献可以阅读，能够对这些问题有个良好的回答。

听了这位留学生的抱怨，我不禁感触良多。其实，这位同学的抱怨也正是我在做学生时选修测量课后的困惑。令人不解的是，不管是教育，还是心理测量领域，似乎绝大多数的测量学者都更加关注如何创建模型或开发算法，以便更好地"处理"测验数据，而不是研究如何更好地设计项目或者开发测量工具，以提高这些领域的测量水平。时至今日，当我反思这些问题时，觉得这种情况似乎依然没有得到很好的改善。也正是从那个时候开始，我萌生了想研究这些问题的想法。看看能否通过自己的阅读和学习，了解在心理或教育测量领域中人们究竟是如何认识和理解"测量"的。这种理解和相应的理论研究、工具开发和建模分析又是如何一以贯之的。

现在摆在你面前的这本书就是我这几年学习和思考的结果。事实证明，这并不是一条平顺之路。在美国读书和工作期间，经常听到学者们讲这样一句话："开展研究，并不仅仅只是为了解决问题，而是能够让你提出更好的问题，产生更多的疑惑。"这几年的学习和思考恰恰印证了这句话。我一开始探寻测量学者究竟是如何理解"测量"这一概念的。从几乎所有心理或教育测量教科书都采用的 Stevens 的"测量就是按照规则给事物或事件赋予数字",到科学心理学创建之初心理学家们所秉承的测量经典观,再到 Luce 和 Tukey(1964)所提出的联合测量理论(theory of conjoint measurement),我对什么是测量似乎有了越来越多的理解。但伴随这些理解,我同时产生的有关心理或教育测量学中的理论和现实问题的疑惑也日益增多。这些疑问,彻底改变了我试图理解这些问题的初衷。慢慢地,我从原初的对"是什么"的追寻,演变成了对"为什么"和"应该是什么"的思索。我发现,心理或教育测量学演变成今天的模式,有着非常深层的原因和历史机缘。心理或教育测量学家们对"什么是测量"这一问题的闪烁其辞,测量学在效度和项目设计领域研究的薄弱和混乱,都和这些原因有着千丝万缕的联系。按照这种理解,想改变这种现状,所需要的不仅仅和研究者形成正确的"测量"观有关,还和这些领域中实质理论的发展水平和成熟程度息息相关。这样一来,扭转心理或教育测量学研究的现有模式,已经不再仅仅是测量学家需要面临的问题,而是整个心理学研究(或者是和测量有关的教育研究)需要面对的问题。对这些问题的思考,以及如何能够形成一个系统的认识,来反观心理或教育测量学的理论和实践,无疑都给作者提出了极大的挑战。但凡读者能够从中有所启发,作者就深感欣喜了,万万不敢有更多奢望。

全书共分六章。虽然各章标题看起来和教科书很相像,但作者在写作时并无意撰写教科书,而是在反省当前测量学存在的问题的基础上,针对这些主题展开论述。每章的内容安排和行文方式更多的是以阐明问题为宗旨,重在概念阐释和问题剖析,并不侧重于对具体程序或做法的演示与说明。各章内容尽量做到前后一致,以便使整本书形成一个有系统的结构。其中第一章是一个导读性的论述,旨在追本溯源,反思当前心理或教育测量学中存在的问题及其产生的根源,并提出理论驱动的测量学模式的基本观点。第二章到第六章则分别从测量的本质、心理与教育领域中的测量问题、测量所需的建构理论、理论驱动的测验编制与项目设计、基于理论的测验分析与建模等方面,系统阐述理论驱动的测量学模式的具体内容。这种测量学模式综合了当前国际上在测量基本理论、效度研究、认知项目设计和自动化项目生成、认知测量模型建模与分析等领域的研究成果和发展趋势。

如前所述,本书的话题涉及诸多领域,再加上作者不揣浅薄,试图能够一以贯之来整合相关主题,这无疑使得本书的写作变得异常困难。一方面,它在很大程度上扩大了需要阅读的文献数量。碍于时间和精力,作者即便只是涉猎,恐也很难穷尽所有相关文献。另一方面,由于作者才疏学浅,虽然力求能够整合,恐亦难参透一二,因此书中挂一漏万之处恐怕不胜枚举,还请大方之家海涵和不吝赐教。

本书的写作得到国家自然科学基金面上项目(项目号:31171000)的经费支持,在此向相关支持机构表示感谢。华东师范大学教育科学学院教育信息与技术系的孙江山老师修改或重绘了书中许多图表,使这些图表看起来更加专业美观。由于工作头绪很多,本书很难保持预期进度。华东师范大学出版社的彭呈军编辑在这方面给予了极大的支持。我的研究生陈贝、宋一丹、谢志瑞、陈依婷和刘珊珊对书稿进行了仔细校阅,并提出了大量宝贵意见。陈贝同学统整了本书的参考文献和目录索引。我的家人在本书写作过程中也给予了无私的支持和体谅,在此一并对他们致以真诚的感谢。你们永远是我生活、工作和思考的动力来源。

杨向东

二〇一四年五月九日于沪上

目 录

第一章 导论	1
一、心理与教育测量学的迷失	1
二、去理论化和功能主义的测量研究范式	4
三、测验效度与效度检验的矫枉	7
（一）去理论化的内容效度	8
（二）功能主义观下的建构效度	9
（三）效标关联效度的内涵变迁	10
（四）偷换概念的效度研究	14
四、测验项目设计：艺术还是科学	15
五、理论驱动测量学的回归	18
（一）建构理论和测量理论整合的科学基础	19
（二）测量理论内部的变革	21
六、心理与教育测量学中的"测量"观	24
（一）测量的经典观	24
（二）测量经典观的流放和Stevens测量观的兴起	26
（三）联合测量理论	28
七、结语	30

第二章 什么是测量	32
一、测量的内涵	32
（一）属性的可加性结构	35

（二）连续量化属性　　　　　　　　　　　　　　　36
　　（三）连续性与相同测量单位　　　　　　　　　　39
　　（四）测量的界定　　　　　　　　　　　　　　　40
　　（五）理解测量结果的实质含义　　　　　　　　　42
　二、测量在科学研究中的位置　　　　　　　　　　　　43
　　（一）观念的演化历程　　　　　　　　　　　　　44
　　（二）科学理论的阐述方式　　　　　　　　　　　46
　　（三）测量在科学发展中的作用和局限　　　　　　47

第三章　心理与教育领域中的测量　　　　　　　　　　　51
　一、理想心理和教育测量的特征　　　　　　　　　　　56
　二、心理和教育测量的基本问题　　　　　　　　　　　62
　　（一）心理属性的本体论问题　　　　　　　　　　63
　　（二）如何判定心理属性是否是连续量化属性　　　65
　三、心理与教育属性测量尺度的构建　　　　　　　　　73
　　（一）哥特曼尺度（Guttman scale）　　　　　　　74
　　（二）拉希尺度构建法（Rasch scaling）　　　　　77
　　（三）瑟斯顿尺度构建法和项目反应理论　　　　　88
　四、本章结语　　　　　　　　　　　　　　　　　　　98

第四章　建构和建构理论　　　　　　　　　　　　　　　99
　一、什么是建构　　　　　　　　　　　　　　　　　100
　　（一）建构作为一种理论意义上的变量　　　　　101
　　（二）理论建构、操作定义中的建构以及观测指标之间的关系　　　　　　　　　　　　　　　102
　二、建构究竟是一种什么性质的变量　　　　　　　　106
　　（一）不同观点下建构的性质　　　　　　　　　106
　　（二）心理或教育领域中的建构是一种什么性质的存在　　　　　　　　　　　　　　　　　　108
　三、理解建构和观测指标之间的因果关系　　　　　　118
　　（一）被试间和被试内因果关系（between-subject or within-subject causality）　　　　　　　　119

(二)同质性与异质性因果关系(homogenous or heterogeneous causality) 124
   四、心理或教育测量领域中的建构理论 126
      (一)宏观层面的建构理论 127
      (二)中层的建构理论 129
      (三)微观的建构理论 135
   五、本章小结:几个尚未解决的问题 146
      (一)建构、领域和任务 147
      (二)建构在哪里? 148
      (三)重新审视因果机制同质性的问题 148

第五章 测验设计和项目生成 152
   一、测验设计与开发模式 153
      (一)测验设计的传统理论取向 154
      (二)理论驱动的测验设计取向 157
   二、项目设计的发展 168
      (一)功能取向的项目生成方法 169
      (二)层面理论和匹配语句(mapping-sentence)项目设计法 179
      (三)认知项目设计法(cognitive approach to item design) 187
   三、当前趋势和未来发展方向 197

第六章 测验数据分析 199
   一、理论驱动的测量学分析的基本问题 200
      (一)测量即按照规则赋值的过程 200
      (二)测量即基于证据的推理过程 201
      (三)测量即一种结构理论 209
      (四)测量的经典观 213
      (五)基于建构理论的测量学分析 214
   二、理论驱动的测量尺度分析 216
      (一)可尺度化(scalability)与测量尺度的存在(existence of a scale) 216

（二）测验数据的维度　　227
　　（三）测量尺度特征的评估　　232
三、实质理论对测量尺度的解释程度分析　　234
　　（一）测量工具或尺度的结构性假设检验　　235
　　（二）项目结构背后的认知成分分析　　240
　　（三）建构的法则广度分析　　245
　　（四）更为复杂的情况　　249
四、其他方面的测验学分析　　252

参考文献　　254

第一章　导　论

陕西人有八大怪,心理与教育测量学也有几大怪事:分明是心理或教育的研究方法,却沦为应用分支学科;测量显然是心理或教育测量学最为核心的概念,教科书却通常含糊其辞,一带而过;效度无疑是测验最为重要的特征,却只能在测验编制之后才开始考虑;测验项目设计更像是一门手艺,而不是一门科学;测量研究者明明是心理或教育领域的人,却常常只精通数理统计,而不擅长心理学或教育学。种种怪诞,必有其因,其根源就渗透在心理与教育测量学的理论思考方式和研究模式之中。

一、心理与教育测量学的迷失

心理与教育测量学,顾名思义,应该是研究如何测量心理或教育领域中人类心理活动或现象的学科[①]。从这一点来讲,心理与教育测量学应该是两种不同理论的有机结合。一种是测量理论(measurement theory),另一种是所要测量的属性的实质理论(substantive theory of the measured attribute)。在心理学研究中,智力、学业成就、动机、态度、个性等心理属性,通常被称之为建构(construct)[②]。因此,心理属性的实质理论也可以称之为建构理论(construct theory)。其中,测量理论是题目设计与开发、测

[①] 心理测量学对应的英文可以是 psychometrics,也可以是 psychological measurement。从 psychometrics 一词的结构来看,是由 psycho-(心理)和 metric-(尺度)两部分构成的。因此,从词源角度来讲,心理测量学应该是研究如何构建某种心理建构的测量尺度的学科。

[②] 从"建构"一词的本义可以看出心理学中的测量属性只是一种理论构想或概念,并没有与之对应的物理意义上的实体存在。然而,心理建构以及基于建构基础上的心理学理论是研究人员用于描述相关心理现象,整合和解释相关的研究证据,推论和预测心理特征和行为表现的不可或缺的思维工具与框架。

验编制和实施、结果分析与解释的基本原则和规范体系。建构理论是测验所测量的心理建构的界定和描述、构成与结构、发展水平和形成机制的解释性框架。遵循这一思路，心理与教育测量学研究应该以测量建构的相关理论为核心，在测量工具开发和运用的每个环节中，尽可能地实现建构理论和测量学原则及技术的充分结合。换句话说，建构理论不仅仅提供测量建构的界定和描述，还应该成为测验刺激选择、任务设计、试卷编排、施测程序、反应评分、测量模型选择和建模分析以及结果解释和推断的实质基础。在此基础上，测量理论通过一系列的原则和程序，建立建构的测量尺度（measurement scale），检验测量过程的质量，以及估计不同个体在该测量尺度上的具体水平。

然而，当前的心理与教育测量学研究模式，在很大程度上并没有遵循上述理论驱动的研究范式。自从 20 世纪初，Karl Pearson（1900）和 Charles Spearman（1904a）提出"相关"这一概念之后，围绕相关和回归分析技术的第一代测量理论——经典测量理论（classical test theory）——迅速发展起来。从此，心理与教育测量学便逐渐演变成带有浓重数理统计色彩的应用学科。早在 1957 年，Lee. J. Cronbach 在他富有远见和洞察力的美国心理学会主席报告中，就明确指出了这一倾向（Cronbach，1957）。他指出，相关系数以及在此基础上发展起来的因素分析方法，赋予了测量学家一种强有力的数据分析技术。它让测量学家能够在错综复杂的心理变量和指标中寻找相对稳定的关系，能够在实验手段无法剥离的情况下抽取潜在变量（latent variable）。由此，测量学家，以及那些通过测量手段研究个别差异的心理学家们，无需进行实验研究，就可以便利地探索人类各种心理属性或建构之间的关系和结构。考虑到当时实验手段的不成熟和心理学理论的滞后，测量学家所能取得的这些成就意义非凡。这意味着他们能够抛开实验手段的局限和实质理论的不足，直接研究人类复杂的心理活动或现象，提出各种能够满足现实需求的预测，开展各种具有现实意义的研究和应用。

1905 年，Binet-Simon 智力量表发表（Binet & Simon，1905b）。在此之前，英国心理学家 Francis Galton（1883）和他的美国同事 James McKeen Cattell（1890）致力于测量人类在一系列简单任务上的感官辨别能力、反应时间、手压等，试图以此来研究个体的智力水平。Binet 反对这种做法，认为对人类智能的测量必须集中在复杂心理过程上，通过复杂测验任务来完成（Binet & Simon，1905a）。他超越时代，采用了复杂认知任务来测量儿童的智力水平①。需要指出的是，Binet开发智力量表的直接动机并不是研究人类智能的基本结构或发展机制，而是出于他当时任职的法国特殊儿童管理委员会(Ministerial Commision for the Abnormal)需要完成的一个任务，即开发一种能够区分正常和特殊儿童的方法②。Binet-Simon智力量表，尤其是1908年的修改版(Binet & Simon, 1908)，受到了德国、比利时、英国、美国等各国心理学家的关注(Thorndike, 1990)。众所周知，此后20世纪初期的一系列社会变动，诸如平民教育运动、技术社会发展的需求，尤其是美国心理学家在一战期间开发的团体施测的军队智力量表(Army Alpha和Army Beta)等，极大地促进了心理测量量表在社会中的普及和运用。Stanford-Binet智力量表的开发者Lewis M. Terman在1922年曾经写道："1919—1920年，美国可能有100万在校学生接受了团体心理测试。1920—1921年，这一数字可能不下200万。我们预期这一数字在几年内超过500万。"(转引自Thorndike, 1990, p.49)到20世纪中叶，各种类型的心理测量量表，如智力或能力倾向测验、学业成就测验、职业能力倾向测验、人格测验、兴趣、态度等等，每年都在加速度地涌现。测评不仅充斥到学校系统的方方面面，还被广泛应用到工业、政府、心理诊所以及学术研究等各行各

---

① Binet-Simon量表不仅在任务选择上，而且在对智力理论的思考、题目水平设定、测验编制和实施方法、测量尺度构建等方面都超越了时代，甚至在今天仍然具有很好的参考价值。Binet(Binet & Simon, 1905a)强调智力是一种相对没有分化的、整合的、统摄性的个体特征。对个体智能的评定必须建立在一系列客观而细化的等级水平上(a finely and objectively graded series of competencies, Thorndike, 1990)。因此，他认为测量智力唯一正确的方法是要首先"确定哪些智能是先发展的，它们是如何组织起来的，发展顺序如何以及彼此间如何协调"(转引自Thorndike, 1990, p.12)。从这个角度来看，Binet其实倡导一种理论驱动的智力测量模式。对智力这一建构性质的理解、构成与结构、发展水平和形成机制的理论认识决定了如何测量智力。然而，后来的智力测量，尤其是美国一战和二战期间的做法，并没有沿着这种理论驱动的模式延续下去，而是采用了一种功能性和实用主义倾向的做法。

② Binet其实反对采用Spearman提出的因素分析式的方法来分析智力，他认为每个个体的智能都具有独特的复杂性，同样的分数有可能源于个体不同的知识或技能。其实，Binet早在1896年(和Henri)就发表了一篇文章倡导采用复杂任务测量智力，但是由于无法找到能够代表各种复杂认知功能不同水平的量化指标，Henri(和Binet合作)曾在1904年德国国际会议上宣布这种方法行不通(Brody, 2000)。正是区分正常和特殊儿童的这种现实需求迫使Binet尽快找到一种可行的方法。Binet-Simon量表中采用年龄水平来标定任务难度、任务呈现顺序和个体智能发展水平的做法其实是一种相对粗略的水平表示方法。年龄水平是智力水平的一种替代变量，但不是智力水平本身。由于两者之间存在正相关关系，因而可以用来近似地表征智力水平。同时，用年龄水平表征个体智力水平符合Binet关于智力是整合特征的理解。然而，用年龄水平构建的测量尺度与智力本身的测量尺度并不完全等价。智力测量尺度是否具备年龄水平尺度的特征（如是否线性、是否具有可加性、等距等等）并不明确，因而只能说是Binet在当时情况下找到的一种相对粗糙，但简单可行的尺度建立方法。尽管如此，年龄水平仍不失为一种行之有效的测量尺度构建方法。后来智力商数(IQ)和离差智商(Deviation IQ)的出现将测量尺度的建立不幸引向了错误的方向。

业。一时间,心理测量为社会广泛接受和熟知,在各种现实需求中取得了极大的成功。

然而,方法上的便利和测量工具的大量涌现,也使得测量学家们过于沾沾自喜。他们沉迷于所能取得的种种成功,忽视或轻视了心理建构实质理论发展的重要性。一时间,测量学家们忙于新测验或新量表的开发,忙于开发各种数理技术来分析测验分数,而忽视了对这种分数背后的心理过程的研究。美国《心理测量年鉴》(Mental Measurement Yearbook)的创立者 Oscar K. Buros 曾在 1977 年讲道:"50 年来,我们除了在测验结果的电子化评分、分析和报告方面取得了很大进展之外,并没有多少可以展示的成果。"(转引自 Thorndike,1990,p. 85)心理与教育测量理论,逐渐演变成为测验分数理论(test score theory;Lord & Novick, 1968),而不是对心理变量和过程的测量理论(Cronbach, 1957)。时至今日,心理与教育测量学的数理统计色彩愈演愈烈。测量学者要想与同行进行交流,需要精通概率统计、矩阵代数和数值分析,而不是精通所测建构的实质理论,以及对建构进行科学测量的知识。心理与教育测量学越来越演变成一门去理论化的、功能性和实用性取向的、带有浓重数理统计色彩的应用学科,与主流心理学的距离愈来愈远(Borsboom, 2006)。

二、去理论化和功能主义的测量研究范式

众多的原因导致了心理与教育测量学今天的研究模式和学科处境。当 Binet 合理地提出用复杂认知任务来测量人类智力的时候,当时的心理学家正专注于从人类内省中寻找基本的心理元素,或者通过研究动物学习来理解人类的认知过程。在这种时代背景下,Binet 所需要的智力的实质理论是不存在的[①]。从 20 世纪 30 年代到 60 年代,行为主义占据了心理学研究的主流。受逻辑实证主义和操作主义的影响,行为主义质疑任何内在心理过程研究的可能性,主张研究可观察的刺激与反应(stimulus-response)的关系。行为主义认为,刺激与反应的连结可以解释人类任何的复杂行为(Segal & Lachman, 1972)。在这种理论观念的影响下,心理与教育测量学不再测量人类内在的心理建构,而是测量不同刺激条件下个体的行为一致性(behavior consistency)(Mislevy, 1996)。在操作主义观念下,测验所要测量的理论属性变成行

[①] Binet 所需要的建构理论不存在是因为当时心理学研究水平的落后,而不是研究模式上的问题。当时的心理学研究还是关注人类内在心理过程的。假设行为主义没有出现的话,随着研究的发展,Binet 对智力理论的需求或许迟早会出现。行为主义的出现改变了这一发展路径。

为一致性如何被测量的一系列程序或步骤的同义词。测量属性与测验总分之间的关系不再是一个理论和经验研究的对象。两者因测量误差的影响在取值上有所不同，在实质意义上则是等同的(Borsboom，2006)。因而，不考虑测量误差，对测验总分的研究和解释就是对所测理论属性的研究和解释。在这种情况下，测验分数理论便可以取代所测建构的实质理论，后者也就没有了存在的必要(Cronbach，1957)。

20 世纪初，Spearman 就提出了几乎所有经典测量理论的基本公式(Gulliksen，1950)。在提出这些公式时，行为主义还没有发展起来。但是，逐渐发展起来的经典测量理论却与行为主义的哲学理念非常吻合。这或许解释了为什么该理论在 20 世纪 30 年代到 50 年代开始盛行。该理论的基本测量模型可以表述如下：

$$X_i = T_i + E_i,$$

其中 X_i 是个体 i 在测验中所得的分数，通常是个体在测验中答对项目的多少(或者相应的加权分数)，T_i 是该个体在测量属性上的真分数(true score)，而 E_i 是测验的误差。个体的真分数也就是个体在测量属性上的水平。它被定义为，某测验在多次独立重复施测时，个体所得测验分数的数学期望(Lord & Novick，1968)。这里，测量属性(真分数)与观测变量(测验分数)之间的关系，是在统计意义上先验地加以规定的(Borsboom，2006)。这和行为主义对理论属性与观测指标之间关系的认识不谋而合。由此，心理(测量)学家们错误地认为：只要通过测验分数，就可以充分解释人类复杂行为中所表现出来的一致性；单凭测验分数的分布，就可以揭示个别差异；通过测验分数与其他测验分数的相关，就可以研究不同行为之间的关系；心理变量是不需要的，不必借助于各种内在的心理建构来解释观测指标间的关系。

不知 Spearman 了解到上述情况时会作何感想[①]，因为他本人显然支持利用内在的心理建构来解释观测指标之间的关系。早在 1904 年，Spearman 就在相关系数的基础上提出了因素分析的基本方法。在此基础上，他提出了智力两因素说，主张不同观测指标之间的相关可以用一个共同的、内在的心理因素(或功能)来解释[②]。Spearman 的研究深刻影响了后继的智力测量领域。在行为主义盛行时期，该领域仍然采用心理建构来解释人类的心理现象和结构。因素分析给他们提供了一种强有力的研究工具。

[①] Spearman 于 1931 年退休，死于 1945 年 9 月 17 日。在他退休的时候，行为主义在美国才刚刚成为心理学界共同关注的研究模式。

[②] 在 1904 年的文章中，Spearman 将 factor(因素)和 function(功能)视为相同的概念。

测量学家可以相对自由地选择测验任务,观察个体在不同测验任务上的表现,然后,运用因素分析的手段,从不同表现之间的相关或协方差矩阵中"发现"潜在的、能够解释个别差异的因素。这些因素被视为不同的心理建构或者同一心理建构的不同维度。在相当长的一段时间内,测量学家们相信,因素分析提供了研究个别差异背后的心理建构的一种卓有成效的方式(Spearman,1904b;Thurstone,1947;Guilford,1967)。他们认为,因素分析所得到的心理建构能够说明个别差异的心理功能。Guilford(1967)这样写道:"在寻找各种能力倾向因素的意义时,我们可以再向前走很容易但是非常重要的一步,即将这些因素与心理理论关联起来。这一步是说,一个因素(其实)也是一种心理功能。"(转引自 Lohman & Ippel,1993,p.43)这些心理功能是人类所拥有的稳定的心理特质(self-contained psychological trait)。所谓心理特质,是"一个人相对稳定的特征,比如某种属性、某种持久的过程或倾向性。在一定程度上,它能够在各种相关情境或场合下表现出一致性,尽管这些情境或场合变动相当大"(Messick,1989a,p.15)。因此,心理特质被视为是解释个体行为一致性的功能单位,可以借助于因素分析的方法鉴别出来。

然而,因素分析方法本身并不能取代建构实质理论的作用。从观测指标的相关矩阵中所能鉴别出的"心理特质",一定程度上取决于测量学家选取了哪些观测指标、是在什么被试群体上施测的、因素分析的具体算法如何、判断所抽取的"心理特质"含义的依据是什么等等一系列要素。缺乏建构实质理论指导下的因素分析,在本质上是一种数据驱动的结构分析方法,是一种探索性的、尝试错误式的研究模式,而不是演绎式的、系统的理论发展模式。Cronbach(1957)在谈到这一点时曾指出:"(对因素分析方法)早熟的激情使得(测量学家们)几乎是随机地从自己收集的测验中抽取几个量表,就当成了心理世界的支配法则。"(p.675)以智力为例,从 Spearman(1904b)鉴别出智力的一般因素(g 因素)以来,越来越多的因素被鉴定为智力的不同成分。Louis Thurstone(1938)发现了 6 个智力基本元素,Guilford(1967)发现了 150 个!在近一个世纪的智力测量中,提出的智力理论不下十几个(Brody,2000;Davidson & Downing,2000)。因素理论活跃的背后,其实也反映出智力测量领域缺乏一种能够系统检验不同智力理论的基本概念和假设,整合不同理论的分歧的统一原则和方法。

功能主义的心理学研究范式是导致这一现象的深层原因之一。在功能主义范式下,心理特质被视为纷繁复杂的心理现象背后最基本的、无法分割的功能单位。通常,心理特质对应于用因素分析方法抽取出来的某种潜在元素。其基本依据是,该潜在元素能否稳定地"解释"个体在不同测验任务表现之间的相关关系。然而,导致这种相关关系产生的原因有很多。它有可能是不同个体具有相同的认知加工过程,也有可能是个体享有共同的知识结构、教育背景或遗传因素,还有可能是这两者的某种特定组合(Embretson,1983)。因此,单纯依据个体在一组观测指标上的相关,无法确定所抽取的"心理特质"到底属于哪一种情况。实际上,众多研究表明,通过因素分析得到的潜在维度,并不一定对应实质意义上的心理维度(Sebrechts, Enright, Bennett, & Martin, 1996; Vanderberg & Lance, 2000)。心理特质只是"在功能上解释了"观察到的相关关系。这并不意味着我们对心理特质本身,以及对心理特质是如何导致个体外显行为的认知加工过程有了更好的理解。验证性因素分析(comfirmatory factor analysis; Bollen, 1989; Jöreskog, 1971)似乎提供给心理学家一种验证各种理论假设的便利方法。但是,它并没有改变"在功能上解释"相关(或协方差)矩阵的本质,也不会产生心理特质与外显行为之间因果机制的理论知识。正是出于这种原因,Boring(1923)提出了著名的"智力就是智力测验所测量的东西"的定义。也正是这个原因,Brody(2000)在回顾了智力理论和测量的历史之后总结道:"我们知道如何测量某种叫作智力的东西,但我们不知道测量了什么。"(p.30)这一结论精辟入里,指出了传统心理与教育测量学在建构理论上的症结所在。在这种测量学范式下,心理与教育测量学积累了大量不同心理特质相互关系的知识,却对这些特质背后的心理过程理解甚少。它直接导致了心理与教育测量学在两个研究领域的混乱和薄弱:一个是测验效度及其检验,另一个是(测验)项目设计和测验开发。

三、测验效度与效度检验的矫枉

测验效度本来是一个很简单的概念。如果一个测验实际上测量了它应该测量的东西,那么该测验就是有效的(Kelly,1927)。在理论驱动的测量模式下,建构的实质理论告诉我们应该测量的那个东西是什么,它具有什么样的特征或构成,按照一种什么样的因果机制或加工过程导致个体外显的、可观测的行为,不同个体在测量建构上的个别差异是如何显现为他们在各种观测指标上的个别差异的。在这种认识下,检验一个测验的效度,就是考察个体在解决不同测验项目时的反应机制或加工过程是否是对所测建构理论的系统而全面的表征,以及检验个体在观测变量上的个别差异是否与建构理论所预期的相一致(Embretson,1983)。如果是的话,该测验的效度也就建立起来了。这种测量模式寻求一种从建构到观测指标之间的因果关系。它假设:(1)我们所要测量的建构是存在的[①];(2)该建构的结构和个体变异性决定了个体在相应观测指标上的结构和变异性(Borsboom, Mellenbergh & van Heerden, 2004)。建构的实质理论提供了从建构到测量结果之间因果过程的一种理论阐述。在这样一种实质理论的基础上,测验的效度检验就是考察某个测验作为测量某建构的工具,在多大程度上合理有效地贯彻了这一因果过程。

(一) 去理论化的内容效度

然而,由于缺乏一种能够解释测验项目反应机制的建构理论,长期以来的测验效度研究并不是采用上述的理解方式和检验模式。在行为主义模式下,所测理论变量被操作化定义为某种可直接观测的行为。测量则被操作化定义为某种固定的程序或步骤。相应的,个体的行为表现被视为等同于(equivalent to)其在理论变量上的表现。这就有效地"解决"了理论变量和观测分数之间的因果关系这一理论问题。没有了这一理论问题,效度问题就转变成了测验中所考察的行为是否是行为总体的一个代表性样本,以及个体的测验分数在多大程度上是对相应行为总体中真分数的准确估计(Kane, 1982)。显然,这是传统意义上测验内容效度的内涵。谈到内容效度,Cronbach 和 Meehl(1955)这样写道:"内容效度需要展示测验项目是研究者感兴趣的某个总体的一个样本。内容效度的建立通常采用演绎的方式,(先)定义项目总体,然后从该总体中系统抽取(项目)、编制测验。"(p.282)假如行为总体能够被明确界定,而且测验项目能够从中随机抽取的话,测验效度就演变成一种抽样模型(sampling model; Kane, 1982)。测验分数对真分数估计的准确性就可以用统计理论来加以分析。测验效度的抽样模型面临着一个最大的困难,那就是,怎样才能确保行为总体得到了系统而完整的界定? 由于缺乏(或者更为确切地讲,规避)实质理论,传统的内容效度通常是基于领域专家的经验判断来解决这一难题的。专家基于自己对行为领域结构以及测验"内容"的理解,来判断测验"内容"是否与目标领域相关,以及是否合理地涵盖了目标领域的不同方面(Messick, 1989b)。这样的一种判断通常建立在专家对领域的个别理解之上,建立在他们对测验中所涵盖的行为与领域行为表面相似性的

---

① 正如正文第 1 页脚注 2 中所指出的,心理学中所量建构的存在并不是指物理意义上的实体存在,而是一种心理现实性(psychological reality)。

判断之上,通常不涉及两者在深层反应机制上的一致性。正是在这个意义上,Messick(1989b)认为,"所谓的内容效度在严格意义上算不上是一种效度(p.7)"。

(二) 功能主义观下的建构效度

在特质心理学模式下,内在心理特质被用来"解释"个体在观察指标上的行为一致性。所测建构和观察分数之间的理论关系重新回到了测量学视野。Paul E. Meehl 首先提出了建构效度(construct validity)这一概念(Cronbach & Meehl, 1955)。在这篇经典文章中,他们指出,"一个测验,只要被认为是测量了某个非操作化定义的属性或质量(quality),建构效度检验就是必要的。(这时),研究者所面对的问题是,'什么建构解释了测验成绩的方差?'"(p. 282)。然而,受当时功能主义心理学研究范式的影响,测量学家致力于研究什么样的心理特质"解释了"各种观测指标之间的相关矩阵,而不是这些心理特质是按照一种什么样的因果机制或加工过程导致个体外显的、可观测的行为。以因素分析为基础,当时的测量学旨在寻求不同测验项目之间的相关(或协方差)是源于什么样的共同因子而产生的,而不是回答这些共同因子和观测指标之间究竟是怎样的一种因果机制。

为了寻求测验成绩的变异能够由什么样的建构所"解释",特质心理学模式下的效度理论借助于某建构的法则网络(nomological network)来建立(或推断)该建构的涵义(Cronbach & Meehl, 1955)。所谓的法则网络是一种规律系统(system of laws)。该系统将包括当前建构在内的各种理论建构以及相应的观测指标连结起来。它反映了当前对所测建构与观测指标、所测建构和其他相关建构的理论认识。法则网络中,建构之间的关系潜在"定义了"所要测量的建构,预设了该建构对应观测指标与其他建构观测指标之间的关系。在这种思维模式下,某个测验的建构效度检验就可以在两个水平上展开。一种是在观测指标水平上,考察该测验分数与其他建构的测验分数之间的相关矩阵,检验不同观测指标之间相关系数的方向和强度,判断这种模式是否与建构之间的理论关系相一致。在这个水平上,Cronbach 和 Meehl(1955)提供了一个焦虑倾向(anxiety proneness)测验效度检验的案例。另一种是在潜在变量水平上,借助于(探索性或验证性)因素分析方法,从不同建构的测量指标中抽取相应的潜在变量,考察所研究的建构与其他建构的相关矩阵的特征或模式。人格测量中的"大五"理论提供了在该水平上的一个案例(Digman, 1990; McCrae & Costa, 1997)。不管哪种水平,法则网络都可以帮助研究者来推断某个测验所测心理特质的可能解释,从而回答"什么建构解释了测验成绩的方差"这一建构效度问题。

基于法则网络的建构效度检验模式有一个重要的预设。那就是,存在一个法则网络,能够帮助我们确定该测验所要测量的建构是什么。这需要一个非常完善、系统的法则网络(Borsboom, Mellenbergh, & van Heerden, 2004)。然而,心理学研究很少具备这样的一种法则网络。另外,该模式潜在假设了法则网络中其他建构的实质含义都已经明确确定,其相应测验的建构效度都得到了较好的验证。否则,上述思维模式就存在一个难以回答的问题:第一个利用法则网络进行的测验建构效度检验是如何得以实现的?意识到这一点,Cronbach 和 Meehl(1955)声称,"这种模糊的、显然不完备的网络依然赋予建构任何应该具有的含义"(p. 294)。然而,在不完备的法则网络下,可能存在建构效度的多种"合理的"解释。因此,在这种情况下,测验的建构很难通过法则网络得到清晰的界定。

基于法则网络的建构效度检验模式还存在一个问题:即使该网络能够潜在"定义"所要测量的建构,但它并不能替代对该建构本身的认识和研究。这就像了解一个人一样,虽然了解一个人所处的种种社会关系,比如他(她)的家庭、工作、社会交往网络等等,能够在一定程度上帮助我们了解这个人,但这些都无法取代对这个人身体状况、性格特征、生活习惯、兴趣爱好等情况的直接了解。从这个意义上说,法则网络只是给出了所测建构与其他建构的关系,而非该建构的内在表征(Embretson, 1983)[①]。与所测建构的法则网络不同,建构表征(construct representation; Embretson, 1983)是指(测验)任务表现背后的加工机制,是有关所测建构如何导致个体外显的、可观测行为的过程性理论。基于法则网络的效度理论也包括传统意义上的结构效度(structural validity),即通过因素分析的方法鉴别项目反应背后的潜在因素,并根据因素与测验项目之间的负荷情况判断这些因素的内涵。不过,这种方法只有助于寻找能够"在功能上解释"相关矩阵的潜变量,并不回答这些变量和观测指标之间的因果机制。

(三)效标关联效度的内涵变迁

效标关联效度是指所测量的建构对某个参照标准(criterion)的预测力度。它在行为主义心理学或特质心理学模式下都可以立论。在行为主义模式下,效标关联效度通

[①] Cronbach 和 Meehl(1955)的文章中实际上提到了建构效度检验方法应该包括对个体解决测验任务的过程(process)等方面的研究。但是,正如 Embretson(2007)所指出的那样,Cronbach 和 Meehl(1955)并不认为这些方面的研究在定义所测建构上具有优先性,而仅仅将它们视为有关建构的其他证据。

常是指测验分数与标准观测指标(通常也是一个测验分数)之间的相关程度。测验效度的高低只要看相关系数的方向和大小就可以了,而无需诉求潜在的心理属性。其基本假设是,建立在严格的操作主义基础上,两列观测分数之间的相关就等同于所测量的建构与参照标准之间的对应关系。由此而带来的一个后果是,建立在操作主义上的效标关联效度面临着预测可推广性的难题。通常,效标关联效度关心的是某个测验能否对效标所对应的整个领域具有预测性,从而在一定范围内的新情境下预测依然有效。然而,将观测分数(或效标分数)等同于对应理论变量,使得这种预测限定在实际观察到的有限情境之中,这就很自然地引出了效标关联效度的第二个问题,即基于何种标准或原则选择效标(及其对应的观测指标)。操作定义,尤其是严格意义上的操作定义,确保了在定义范围内预测的有效性,但同时引入了如何论证操作定义合理性的难题。例如,如果试图通过高考成绩和大学第一学期考试成绩的相关,来建立高考成绩对大学学习表现的预测效度,就需要论证后者作为效标的合理性。实际上,严格操作主义基础上的测验和效标分数是无法得到合理论证的。要想预测效度有一定推广性,就不得不诉求测验和效标观测指标背后抽象的、概括性的建构(Cronbach & Meehl, 1955)。正如 Borsboom(2006)所指出的,测量学在过去一个世纪中的一个主要突破,是意识到"测量……并不是找到那个正确的观测分数来替代某个理论属性,而是能够设想出某种模型结构,将观测指标与理论属性联系起来"(p. 428)。这是因为,没有哪个观测指标可以等同于深层的建构。"测验分数和它试图测量的建构并不等同,也不能像严格操作主义那样,被认为定义了建构。毋宁说,该测验只是所测建构一系列可扩展的(观测)指标中的一个。"(Messick, 1995, p. 742)

在特质心理学模式下,建构对某个参照标准的预测力度是通过(探索性或验证性)因素分析技术来实现的。这就使得效标关联效度的检验可以在概念上,而不是在观测指标上进行。过去近 50 年以来,迅猛发展并成熟起来的潜变量模型(Birnbaum, 1968; Bollen, 1989; Jöreskog, 1971; Muthén, 1984, 2002)提供了 Borsboom(2006)所讲的将观测指标和理论属性联系起来的数理工具。不过,技术上的进步不能改变效标关联效度背后功能主义的思维方式[①]。其实,最早提出效标关联效度的时候,其目的并不仅仅停留在测验是否有效预测某个标准上。当时,对标准的测量(the criterion

---

[①] 有兴趣的读者可以参阅 1987 年 6 月出版的 Journal of Educational Statistics 第 12 卷第 2 期。该期杂志是一期特刊,集中了对潜变量模型存在的理论问题的学术探讨。

measure)被视为是对所测建构更为准确的测量。某个待定测验上获得的测量结果,如果提供了对标准测量结果的一个准确估计的话,该测验就是有效的(Thorndike, 1918)。因此,此时效标关联效度仍然旨在回答"该测验实际上测量了什么东西"的核心问题。例如,假设要检验某个测验是否真正测量了个体的某种职业能力。当时一种比较典型的思维方式是,应该在该职业工作人员中选择一个代表性样本,测量他们在实际职业任务中的表现水平。然后看个体在需要检验的测验上的表现在多大程度上与他们在实际职业任务上的表现相一致(Cronbach & Gleser, 1965)。这里,个体在实际职业任务上的表现被视为是对其职业能力更为准确的测量。然而,不管是在观测分数还是在潜变量水平上,一致性检验其实是无法回答某个测验是否测量了它应该测量的建构的。这可以利用图1.1来加以说明。图1.1中,三个圆圈分别代表了想要测量的建构,测验实际测量的建构以及效标所包含的建构。每两个圆圈重叠的部分表示它们共同的建构成分。例如,测验与建构相重叠的部分,代表了该测验实际测量的建构与应测建构的共同成分。两个圆圈重叠部分愈大,相关系数愈高①。由图1.1可以看出,测验分数与效标指标可以存在很高的相关(两个圆可以有很大程度的重叠),因而具有很高的效标关联效度。但是,这并不意味着该测验实际测量了它应该测量的建构。实际要测的建构在两者相关关系中可能仅仅占有很少的比例,甚至可能与两者相关完全没有关系。即使效标是对实际要测的建构更为准确的测量指标,情况也有可能如此(见图1.1(b))。

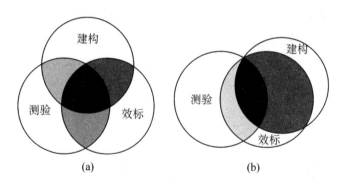

图1.1 基于相关系数的效标关联效度在理解所测建构中面临的问题

---

① 在统计中,相关系数的平方又称为决定性系数(coefficient of determination),表示的是某个变量的方差能够被另一个变量的变异所解释的比例。

图 1.1 只是给出了一种情况,即测验与效标之间的相关是因为两者具有共同的建构成分。其实,如果测验和效标与第三个变量(与所测建构没有关系)的相关都非常高,即使测验和效标之间没有任何共同成分,两者之间依然有可能具有较高的相关。因此,某些看似荒谬的情况在效标效度中是有可能发生的。比如,假设某个职业能力测验成绩与个体身高恰好具有很高的相关,实际职业任务上的表现也与身高具有很高的相关,所导致的结果就是测验分数与效标(实际职业任务成绩)之间的相关系数较高。显然,这里较高的效标关联效度不仅无助于理解想要测量的建构是什么,而且对于测验实际测量了什么建构也提供不了准确信息。然而,站在能否预测效标的角度,该测验的确实现了它的功能。因此,建立在相关基础上的效标关联效度只是"在功能上实现了"预测的目的,未必提供有助于理解背后所测建构实质含义的信息。

在思维方式上,效标关联效度和基于法则网络的建构效度其实是相同的。更多情况下,效标关联效度专注于某个具体的建构,而法则网络则将围绕所测建构的所有相关建构联系在一起。在法则网络中,有些建构与所测建构关联较多,有些与所测建构关联较少;有些建构与所测建构具有相似的特征,有些则与所测建构具有相反的特征。因此,基于法则网络的相关矩阵分析,既能提供所测建构与哪些建构在性质上相似,即所谓的聚合性效度(convergent validity),也能提供所测建构与哪些建构不同,即所谓的区分性效度(discriminant validity)(Campbell & Fiske, 1959; Loehlin, 1998)。从这个角度看,效标是法则网络中的构成。效标关联效度提供的是法则网络中建构的聚合性效度。从一般的意义上,法则网络中所有的建构其实都是所测建构的效标。效标关联效度是通过某个具体的效标来推测所测建构是什么,法则网络下的建构效度是通过该建构在领域中的位置来推测它是什么。两者所依赖的基本数据都是相关矩阵,所采用的方法都是相关系数或建立在相关系数基础上的潜变量模型。因此,其中一种方式存在的问题也同样适用于另外一种方式。法则网络的有效使用潜在假设了其他建构的测验效度都得到了较好的验证。类似的,效标关联效度也潜在假设了效标的测量具有较好的建构效度。然而,"效标分数和其他测量指标一样,(其效度)都需要检验……相应的,对效标的测量如果存在(某些)缺陷,或有被污染的可能,就不能用作测验效度检验的明确标准。这是效标关联效度检验方式的内在问题。走出这一矛盾的途径是用效标所在领域的建构理论来检验对效标和测验的测量"(Messick, 1989b, p.7)。

(四) 偷换概念的效度研究

回到测验效度的概念本身,测验效度是指一个测验实际上测量了它所应该测量的东西(Kelly,1927)。在这一概念里,测验实际测量的和它所应该测量的有可能是两个不同的东西。所测建构的实质理论告知我们应该测量的是什么。在逻辑上,建构的实质理论是测验开发的前提。建构的实质理论先于测量该建构的测验而存在。建构理论可以是系统完备的理论体系,也可能只是一个概括性的概念,这取决于相关研究的发展程度。但不管哪种情况,测验只是用来测量该建构的工具。测验的效度是指该工具实际测量了预期建构,而效度检验过程就是检验这一论断是否得以实现。

然而,在众多测量学家的论述中(Cronbach & Meehl, 1955; Kane, 1992, 2006; Messick, 1989a, 1989b, 1995; Shepard, 1993),测验效度问题已经转变成为通过测验推断所测量的建构是什么的问题。这样一来,测验实际测量了什么,而不是测验是否测量了建构实质理论所刻画的那个属性,变成了测验效度要追寻的答案。相应的,测验效度的检验就变成了对测验分数的种种解释(interpretation)和推断(inference)是否有充分或合理的理论依据和经验证据来支持的评价性判断(evaluative judgement; Messick, 1995)。在这种情况下,只要存在对测验分数的一种解释,就需要寻求相应的证据来加以论证(Kane, 1992; Shepard, 1993)。这样一来,几乎所有与测验相关的方面,如测验内容、因素结构、结果使用、社会后果、价值取向等等,都成为测验效度的组成部分(Messick, 1995),从而使效度检验变成一个永无止境的过程(a never-ending process)。测验效度及其检验因而变得愈来愈复杂,变成"与一般意义上理论发展和验证的科学过程在本质上没有什么不同"(Cronbach & Meehl, 1955, p.300)。

两个重要的原因造成了测验效度在认识和实践上的混乱。Binet 超越时代,采用复杂认知任务测量人类智力。受研究水平所限,当时的心理学无法提供他所需要的建构理论,不能解释智力内在表征,也不能阐明从智力到个体任务反应的因果机制。行为主义的出现,导致在 20 世纪 60 年代之前实现这一可能变得更加渺茫。在这种情况下,心理与教育测量学家不得不反求诸己,从测量方法自身寻求所需的建构理论。这就很自然地导致测量学家将测验效度从测验是否测量了它应该测量的东西,转变成测验实际测量了什么。由此,测量学家迫切需要用一种有效的方法来帮助他们解决这一黑箱问题。Spearman 在相关系数基础上提出的因素分析技术似乎提供了这样一种强有力的方法。通过抽取相关矩阵背后相对稳定的、能够"解释"个别差异的潜变量,测量学家们发现他们现在能够在心理建构的水平上"解释"人类行为的一致性,能够"发现"各种不同的心理功能,建立心理建构之间的法则网络,进行各种具有现实意义的预测。即使在今天,试问一个即将或正在编制问卷或量表的心理或教育研究者主要想到的分析方法是什么,就可以验证这一模式到底有多么深入人心!

然而,正如我们前面分析的,不管是行为主义模式下的内容效度,还是法则网络基础上的建构效度,都无法产生能够解释测验任务反应机制的建构理论,无法形成对所测建构内在表征的理论知识。它导致了心理与教育测量学中一个一直存在但非常奇怪的现象,那就是,一个测验的效度,只有在测验项目设计完成、测验编制过程结束之后才能进行检验。因为只有这样,我们才能得到项目反应之间的相关矩阵,得到测验分数与其他测验分数的相关矩阵。这种后验式的(post hoc)的测验效度检验模式对项目设计和测验编制都产生了深刻的影响。

四、测验项目设计:艺术还是科学

项目设计是测验开发的关键环节。然而,直到 20 世纪 70 年代,有关如何设计测验项目的研究非常稀少(Millman & Greene,1989;Osterlind,1998;Roid & Haladyna,1982;Wesman,1971)。Cronbach(1970)这样评论项目设计:"……测验项目的设计和创建几乎没有什么学术性的关注。这一时代最有开创性的研究也更多的是经验的总结,而不是学术性的分析。"(p.509)长期以来,测验项目设计和测验编制更多地被认为是一种艺术,而不是一门科学。在传统测验编制模式中,许多测验的编制有时仅仅基于对所测建构的一两个简单假设。例如,E. K. Strong 开发的职业兴趣量表(Strong Interest Inventory,SII;Harmon,Hansen,Borgen,& Hammer,1994;Strong,1927)就是如此。该量表是基于如下基本假设而开发的,即对自己当前职业非常满意的人具有某些共同的兴趣模式,不同职业中这些兴趣模式是不同的。传统测验编制模式中,对测验所测建构的理解常常局限于抽象的、概括性的界定或描述。测验蓝本(test blueprint)通常只包括对内容领域、认知复杂性、任务类型和数量分布等方面的一些概括性的指导原则(Chatterji,2003;Thorndike,2005),缺乏详细的对项目和所测建构之间因果关系的理论阐述和经验证据(Embretson,1985)。尽管有些项目开发人员试图规定项目解决过程中所需的具体知识或技能,但这些规定依赖的常常是他们对相关领域的经验和理解。在测验开发过程中,这些知识和技能对测验项目解决过程的影响较少地通过经验研究来加以验证。

在这样一种模式下,有关测验项目设计的教科书或者文献至多只是提供了一些项目设计的基本原则,而无法提供项目设计过程的具体指导。在谈到如何设计或选择人格量表项目时,加拿大著名人格测量学家 Douglas N. Jackson(1970)这样写道:"关于是什么构成一个良好的(测验)项目,有许多非正式的规则不断在演变。"(p.67)他继而给出了人格量表中项目设计或选择时应该关注的六个方面(见表1.1)。可以看出,这些特征都非常概括,缺乏明确系统的标准,更多的是依赖测验编制者的经验判断。类似情况也适用于教育测验项目的设计。当谈及如何设计教育测验项目时,Lemke 和 Wiersma(1976)这样写道:"测验项目应该反映教学单元目标……清晰的术语是良好项目设计的必要条件。学生应该具有(解决)项目所需的各种必要前提(知识或技能)。"(p.241)他们给出了设计选择题、论述题等不同形式的项目时应该遵循的指导意见。这些意见虽然不同,但都是原则性的。实际上,这种项目设计模式至今尚未得到有效的改善。Thorndike(2005)在谈到如何设计客观项目(objective items)时,也给出了六条原则(见表1.2)。这些原则在本质上与表1.1中的六个方面非常相似,都比较笼统、概括,只是对最终项目应该具有的特征的描述,并不针对具体的项目设计过程。而且,这些指导原则更多的是来自于专家建议。即使在专家之间也未必能够达成一致,更缺少实证研究的证据支持。类似的描述或做法在其他重要的心理或教育测量教科书中都能找到(Anastasi & Urbina, 1997; Chatterji, 2003; Hopkins, 1998; Linn & Gronlund, 2000)。正是出于这个原因,Haladyna(1997)在总结如何设计测验项目时,近乎戏谑地提出了所谓的第99条规则:"打破任何你想打破的规则。"

表1.1 人格量表设计时应该关注的项目特征(改编自 Jackson, 1970, p.68)

关注特征	具体描述
1	项目与所属(测量)量表定义的吻合程度
2	所测特质反向案例的充分程度
3	(项目表述)清晰,免于模棱两可
4	不会造成极端水平的(社会)期望偏差
5	施测给总体时项目有适当鉴别力和常见水平(popularity level)
6	免于各种内容偏差,分量表项目作为一个集合具有代表性

表 1.2　客观(教育)测验项目设计的一般原则(改编自 Thorndike, 2005, p.440)

原则	具体描述
1	测验项目中的阅读难度和词汇水平应该尽量简单易懂
2	确保每个项目只有一个正确答案或最佳答案
3	确保每个项目涉及内容领域的一个重要方面,而不是细枝末节
4	确保每个项目与其他项目的独立性
5	避免使用隐晦、模糊的问题
6	确保提出的问题是清楚的,没有歧义的

　　缺乏对项目和所测建构之间因果关系的理论指导,项目设计更多地依赖项目设计者的创造性和经验。正如 Osterlind(1998)所写道的:"测验项目(设计)工艺需要的不仅仅是良好的组织技能,充满想象力的、新颖的观念表达方式在测验项目设计中经常会用到。而且,创造性还包括能够直觉地理解某个特定的测验项目在被试眼中是怎么样的。"(p.2)这也在一定程度上解释了为什么项目开发或测验编制者一般是领域专家(domain expert),通晓的更多的是测验项目所涉及的内容。领域专家通常既缺乏相应的心理学理论基础来理解测验项目所测建构,也缺乏相应的研究技能来验证测验项目能否测量这些建构(Embretson,1985)。在这样一种模式中,测验项目与所测建构的对应,主要取决于项目编写者的专业素质和经验判断。项目质量的判断主要依赖于设计者的经验,辅以在试测数据基础上的项目难度和鉴别力等统计指标。

　　项目设计好之后,通常会组织一个专家委员会对项目质量进行审核。项目质量也根据试测后的经验数据,采用测量学技术进行分析。通常,与测验中其他项目或与事先确定的效标相关较低的项目被去除。在早期,由于缺乏对所测建构理论的理解,有时会采用纯粹的经验项目选择法(empirical item selection; Meehl, 1945)来编制测验。经验项目选择法,又称经验量表编制法(Thorndike, 2005),是将事先设计或选择好的大量相关测验项目,施测给一群具有某种已知特征的被试样本。同时,这些项目也施测给能够代表一般群体的一个代表性样本。根据每个项目是否能够区分两个被试群体,对项目加以甄别。选择那些能够甄别这两个群体的项目编制成相应的测验或量表。许多著名的心理量表,如 Strong Interest Inventory (SII; Harmon, Hansen, Borgen, & Hammer, 1994; Strong, 1927), The MMPI (Hathaway & McKinley, 1940, 1989)都是采用这种方法编制的。然而,经验项目选择法具有效标效度存在的所有问题。通常,量表中的项目是异质的(heterogeneous),受具体施测群体或情境的影响,测量结果难以推广等等。更主要的是,用这种方法编制成的测验虽然可以预测或甄别目标群体,但是测验究竟测量了什么是不清楚的。许多项目是因为其他原因而被选入的,而不是因为它们测量了所要测量的建构。意识到经验项目选择法的不足,后继测验编制者则更多地采用因素分析的方法来筛选项目和判定项目质量。因素分析法通过抽取测验项目相关矩阵背后的潜在因素,考察项目在不同因素上的负荷(loading)模式和程度,来判断项目在不同(分)量表上的隶属。因素分析法较好地保证了量表项目的(在统计意义上的)同质性(homogeneity),但在实质意义上测验究竟测量了什么建构,则依然更多地依赖编制者的经验判断。

其实,不管是经验项目选择法,还是因素分析法,都是将测验所要实现的功能置于测验项目设计和选择之前。前者关注项目对效标的预测功能,后者关注项目反应之间的一致性程度。两者在本质上都是一种功能主义的思维方式,都不是建立在所测建构是如何导致项目反应的理论机制的基础之上的。它使得心理与教育测量学研究将更多的精力放置在后验式的测验分析上,而不是关注项目设计本身的科学化程度。它所导致的直接后果是长期以来项目设计一直采用经验式做法,测验效度的检验总是在测验编制和实施之后才能进行。由于项目设计通常只涉及项目格式(填空、选择或者匹配等)、内容或者措辞,而没有明确表明项目解决所需要的理论机制,这种后验式的效度检验模式往往会发现众多的质量不高或者不合适的项目。然而,最初项目选择是基于对测验所测建构的理解而定的,删除这些项目会导致对原初建构的扭曲和偏离。但是,重新设计项目,再编排、再施测、再检验的周期又太长,代表性被试样本的选择又耗费巨大。更重要的是,即使是重新设计项目,由于延续了已有模式,仍然不能保证项目的建构效度。因此,通常的做法是改变原初计划,对测验所测建构进行再定义和再解释。这一过程无疑既缺乏科学性,又导致时间和经费上的浪费。改变这一现状的出路是回到所测建构的实质理论上来,建立建构到项目反应的因果理论,研究项目设计和选择如何系统、有效地贯彻这一因果理论的质量。

五、理论驱动测量学的回归

20 世纪 50 年代末期,认知心理学兴起,取代行为主义成为心理学研究的主流。认知心理学,尤其是信息加工理论,使得心理学研究范式从功能主义(functionalism)向结构主义(structuralism)转变(Segal & Lachman,1972)。在功能主义范式下,心理学研究主要强调前因/后果关系,很少对关系产生的中介机制感兴趣(Embretson,1983)。例如,行为主义心理学更关心刺激/反应之间的连结,而对这一连结背后的心理过程避而不谈。在结构主义范式下,人类各种心理活动中的认知结构和过程,知识的获得、存贮、组织和运用,成为心理学的研究对象(Snow & Lohman, 1989)。在这一范式下,人类被视为是一个积极的物理符号信息加工系统(Ashcraft, 1994)。所谓的信息加工,通常是指认知任务解决过程中所包括的一系列心理操作及其产物(Sterberg, 1981)。因此,研究范式的转变使得心理学实验研究不仅关注心理事件之间的关联,而且强调用过程性模型(process model)描述或解释关联产生的心理过程。

(一) 建构理论和测量理论整合的科学基础

认知心理学包括了众多不同的理论取向、研究方法以及任务类型。但不管如何,认知心理学者通常秉承一种共同的理念,即对各种任务详尽的认知分析可以增进我们对任务解决过程的理解(Snow & Lohman, 1989)。初期的认知研究更多采用简单的实验室任务,如字母匹配任务(Posner & Mitchell, 1967)或记忆扫描任务(Sternberg, 1969)。到20世纪70年代,很多研究者意识到,传统智力或能力倾向测验中的任务在本质上也是一种认知任务,因而也可以采用信息加工范式加以研究(Carroll & Maxwell, 1979)。这一时期,涌现出各种不同的认知分析模式(Pellegrino & Glaser, 1979; Sternberg, 1981)。其中,认知相关模式(the cognitive correlates approach)根据在简单的实验室任务研究的基础上构建起来的信息加工模型,估计不同个体在刺激编码与匹配、记忆搜索、反应执行等基本信息加工操作上的表现水平。该方法试图以此为基础,构建个体在传统能力测验上的个别差异理论(Hunt, 1978; Hunt, Lunneborg, & Lewis, 1975)。认知成分模式(the cognitive component approach)采用认知任务分析的手段,试图直接去理解个体在解决智力或能力测验任务时所涉及的各种认知成分。其目的在于研发任务解决机制的认知加工模型,以此来分析和解释个别差异的实质(Sternberg, 1977; Whitely, 1976)。认知成分模式被广泛用于各种智力或能力测验任务上,包括类比推理(Sternberg, 1977; Whitely, 1976)、空间转换(Kyllonen, Lohman, & Woltz, 1984; Mumaw & Pellegrino, 1984; Shepard & Cooper, 1983)、归纳和演绎推理(Goldman & Pellegrino, 1984; Kotovsky & Simon, 1973; Pellegrino & Glaser, 1982)等。这些任务多属于结构性的、过程密集型(process-intensive)的(Pellegrino et al., 1999)。相比之下,与学校学习和现实生活密切相关的任务类型则大多是知识密集型(knowledge-intensive)的。知识密集型任务的解决,不仅依赖于一系列的认知操作,还需要领域知识的获取、组织和提取。认知内容模式(cognitive content approach)就是针对这类任务的研究模式。其目的是在于揭示知识密集型任务解决过程中所表现出来的知识存贮、组织和提取等方面的特征(Snow & Perterson, 1985)。此类模式通常采用专家—新手比较研究的方式,研究领域涉及国际象棋(de Groot,1946/1978;Chase & Simon, 1973)、排球(Allard & Starkes, 1980)、学校学习中的物理(Chi, Feltovich, & Glaser; 1981)、数学(Brown & Burton, 1978; Hayes, et al., 1979; Mayer et al., 1984)、写作((Bereiter & Sardamalia, 1987)、计算机编程(Anderson, Boyle, & Reiser, 1985)等。到19世纪80年代,对任务的认知研究虽然依然强调认知过程,但任务性质有了实质转变,更多集中于对知识密集领域中复杂认知任务的研究。这种任务需要认知过程和领域知识的有机结合,是个体在特定领域中成就和专长的标志。

从历史的观点来看,上述方式只是早期心理学研究趋势的延续(Carroll & Maxwell, 1979)。其实,在科学心理学发展初期,旨在揭示一般规律的认知实验心理学和旨在揭示个别差异的心理测量学就是紧密结合的(Cronbach, 1957)。例如,皮亚杰的儿童认知发展理论就是从研究 Binet-Simon 测验项目反应的错误模式开始的(Snow & Lohman, 1989)。而早期的心理测量学家如 Galton、Cattell、Binet、Spearman 等人,同时也是认知心理学家(Carroll & Maxwell, 1979)。只是,受当时心理学研究水平和研究手段的影响,Galton 和 Cattell 等人选择通过感觉辨别、选择反应时、记忆广度等简单认知过程来研究人类智力。Binet 选择通过复杂认知任务研究人类智能,但囿于研究水平,面临着智力过程性理论的缺失。不管哪一种取向,他们的研究都是建立在心理过程观的基础上的。从这一点来讲,早期心理与教育测量学秉承了一种建构实质理论驱动下的测量学研究模式。随着行为主义的兴起和因素分析模式的流行,实验心理学与个别差异心理学才开始分道扬镳(Cronbach, 1957)。新一轮的认知研究,具有新型理论框架和更为精确的实验技术,有望在一个崭新的水平上复兴理论驱动的测量学模式。

认知研究的结果和方法都对心理与教育测量学有所裨益。大量认知研究表明,对测验任务的详尽分析,可以改善对复杂任务表现背后的心理过程和内容的理解,从而提高对测验所建构实质内涵的认识。从方法角度讲,认知研究通过系统分析、操纵任务特征和施测条件来实现对任务认知加工模型中特定认知过程或成分的鉴定,从而为测验项目的选择、设计和编排提供了技术上的可能。从这个角度,认知实验设计技术就可以纳入测验编制过程之中。在一定程度上,心理测验可以被视为一种被试内的实验设计。研究者可以通过对测验任务的选择、任务特征和施测条件的系统操纵等方式,决定和影响测验所要测量的认知过程和内容。这样一来,测验编制过程就变成一种将认知理论与测验任务特征相关联的设计过程。实验研究所形成的人类任务解决机制的认知理论,就可以作为测量的建构理论。测验由此可以变成沟通实验室研究与实际领域研究的中介桥梁(Snow & Perterson,1985)。通过实验室实验,认知研究形成人类认知结构、过程和内容的解释型理论,提出操纵任务和实验条件、剖离和鉴定认知理论中特定成分及内容的方法。这些理论或技术,既可以用来形成能够解释测验项目反应机制的建构理论,又可以用来变革传统项目设计和测验编制模式。这样一来,不仅测验所观测到的个别差异可以利用建构理论来加以分析和解释,反过来,每一次测量过程也是对相应建构理论和测验编制方式的一种假设检验,进而对后继建构理论的实验室研究提供了重要启示。因此,两者相结合,提供了开发和检验测验所测建构的因果性假设的一种强有力的方式。这种模式有望形成一种"个别差异的过程性理论"(a process theory of individual difference;Snow & Perterson,1985,p.150),站在心理过程观的视角上解释人类智能和学业成就,"奠定建构理论和测量理论相整合的科学基础"(Sternberg,1981,p.1184)。

(二)测量理论内部的变革

尽管认知心理学提供了理论和技术上的可能性,但是这种可能性不会导致心理测量模式自发的改变。对秉承传统模式的测量学者来说,认知理论和任务分析技术如何纳入现有测量研究范式中,如何能够做到改善项目设计和测验建构效度尚不清楚。正如 Pellegrino(1988)所指出的,在传统效度理论下,认知心理学对测验任务的研究只是法则网络中的一个组成而已,并不具有特殊的地位。在这种情况下,认知理论的影响只是引导测验建构效度的解释而已。然而,如前所述,认知研究对测量模式的影响远不止如此。因此,需要对传统测量学研究的理论和实践重新思考,加以变革,协调传统上认知研究与测量学研究的不兼容,以便能够实现两者的有机结合。

S. E. Embretson(1983)首先对传统测验效度理论和项目设计模式进行了再思考。她认为,测验的建构效度实际上包括两个不同的方面。这两个方面能够回答的问题有所不同,所需收集的数据也是不同的。一个方面是建构表征,指的是测验项目反应背后的理论机制。对认知任务而言,建构表征是指在解决测验项目时所需要的认知过程、策略和知识。可以通过实验设计和任务分解的方法对测验的建构表征进行研究。就建构效度而言,建构表征回答的是"测验(项目)所测的是什么"的问题,旨在揭示所测建构的实质内涵。在此,她特别强调建构表征是对建构和项目反应之间关系的一种理论分析。通过任务分解或认知分析获得的认知成分虽然在理论上影响项目反应,但未必一定是不同个体测验成绩个别差异的来源。项目解决所需认知成分能否造成测验分数的个别差异,取决于该认知成分在所测群体中的分布状况和水平。例如,从理论上看,解决代数应用题必然包括对个体阅读技能的需求,但是,如果特定施测群体中的所有个体都具备了相应的阅读水平,则阅读能力成分在代数应用题解决中就不会导致个别差异。

建构效度的另一个方面是法则广度(nomothetic span),指的是当前测验与其他变量之间的关系网络。法则广度类似于 Cronbach 和 Meehl(1955)提出的法则网络,对应的数据是当前测验分数与其他测验分数或变量的相关矩阵。当前测验与其他测验或变量相关关系的频率、大小和模式,表明当前测验在测量个别差异中的效用和重要程度。如果某建构在特定领域中具有核心位置,任何与该建构关系密切的其他变量都应该与测量该建构的测验分数有较高的相关,则对应法则广度就涉及面较广。此外,当前测验与其他测验相关矩阵的特定模式还在一定程度上表明了当前测验所测的建构〔见 Cronbach 和 Meehl(1955),利用法则网络推断测验建构效度的思考〕。

Embretson 对建构效度的二分法开启了测量学模式与认知研究相结合的可能性。在功能主义研究范式下,项目反应的因果机制无法成为心理学研究的对象,"建构表征不可能成为一个独立的研究目标"(Embretson,1983,p. 180)。因而,传统测验效度理论关注更多的是所测建构的法则广度,利用的多是测验分数(或项目反应)之间的相关矩阵,采用的主要是因素分析式方法。建构表征概念的提出,明确地将能够解释测验项目反应机制的建构理论置于测验效度及其检验的首要位置。在这一框架下,效度理论的内涵和验证方法发生了实质性的改变。测验分数与其他测验分数的相关程度(传统意义上的效标效度)以及不同测验项目反应的潜在维度(传统意义上的结构效度)虽然仍然是重要证据,但已经不是核心证据。在新的效度理论下,测验项目解决所需的认知加工过程和结构是否是对所测量的建构理论的一个合理表征,变成了效度检验的核心问题。这样一来,认知心理学的理论和方法也就被合理地纳入了测验建构效度及其检验的理论框架内。更为主要的是,建构表征概念的提出,使认知研究的理论成果和实验技术成为一种新型测验项目设计和测验编制模式的重要基础。这种项目设计通常被称为认知项目设计(cognitive item design;Embretson,1994,1998)或项目生成(cognitive item generation;Irvine & Kyllonen,2002)。

认知项目设计的基本思路是将认知心理学的研究方法和发现应用到测验项目的设计过程中。在确定了所要测量的建构之后,设计人员运用文献研究、言语报告、认知成分分析技术以及实验室研究等多种方法,对所选择的认知任务类型进行详尽的任务分析和研究。在此基础上,设计人员研发相应的认知模型,明确描述个体在解决该类任务时所需要的认知过程、策略和知识结构,及其对任务难度的影响。基于认知模型,设计人员鉴别该类测验任务的一系列具体的刺激特征,通过实验研究建立这些具体特征与任务解决的不同认知成分和过程之间的关系。然后,设计人员就可以通过操纵任务中的这些具体特征,从而控制解决任务所需要的认知过程及其难度。这样一来,即使所设计的项目没有进行试测,设计人员也可以确定所设计的测验项目的建构效度。由于建立了任务类型中的具体特征与相应的认知过程的影响关系,设计人员可以运用相应的测量学模型标定任务特征对测验项目的测量学特征(如难度或者鉴别力等)的影响程度。更为重要的是,设计人员可以通过变换测验项目中具体特征的组合,生成具有指定测量学指标的项目(Embretson,1999),从而使得计算机辅助的自动化项目生成(automatic item generation)成为可能(Embretson & Yang,2007)。

目前,众多心理与教育测量学家对认知测验项目设计的理论和技术进行了多方面的研究。近年来,该方法被运用到心理旋转、隐藏图形识别、瑞文矩阵推理、空间折叠、类比推理、序列完成等传统智力和能力倾向测验的任务类型(Irvine & Kyllonen,2002)。随着研究的深入,对阅读理解、数学问题解决等复杂认知领域问题的研究也正在逐步展开(Arendasy & Sommer,2007;Daniel & Embretson,2010;Gorin,2005)。以认知项目设计为基础的自动化项目生成也成为近年来心理测量中比较活跃的研究领域(Alves, Gierl, & Lai,2010;Gierl & Haladyna,2012)。

认知研究范式使得解释测验项目反应机制的建构理论成为可能,测验效度理论和项目设计技术的变革则为建构理论与测量理论相结合提供了理论框架和实践路径。但是,这些只是解决了"psychometrics"(心理测量学)中"psycho"(心理)的部分,"metric"(尺度)部分的问题仍有待解决。在深层意义上,尺度问题的背后是对心理与教育测量学中"测量"这一概念内涵的理解和界定。这种理解深刻影响着心理与教育测量学的理论取向和实践模式。

六、心理与教育测量学中的"测量"观

众所周知,W. M. Wundt 于 1879 年在莱比锡创立第一个心理学实验室,开启了心理学研究的科学化历程。其实,早在他之前,G. T. Fechner 就开始探索如何测量特定物理刺激量引起的感觉强度(sensation intensity)了。1860 年,Fechner 出版了他对心理物理学的研究成果——《心理物理学基础》。在这本书中,学物理出身的他试图遵循物理测量的观念来测量人类心理现象。在他所生活的时期,测量观念在自然科学中已经形成一定的共识,通常被称为测量的经典观(the classical concept of measurement;Michell,1999)。

(一) 测量的经典观

测量的经典观可以追溯到 Euclid 所著《元素》(*Elements*)书系中的第五本。在西方科学发展的进程中,这一观念被许多学者不断发展和完善(Michell,1999)。其基本观点可以概述如下[①]:并非所有的属性都是可以被测量的,只有量化属性(quantitative attribute)才可以。之所以如此,是因为量化属性拥有某种特定的内在结构,称之为可加性结构(additive structure)。此外,可测量还要求该属性必须是连续的(continuous)。具有可加性结构的连续属性被称之为连续量化属性(continuously quantitative attribute)。它支持同一属性的不同量(magnitude)或不同水平(level)之间存在某种数量关系(numerical relation),即同一属性的任意两个量之间存在比率(ratio)关系。任意两个量之间的比率都对应着实数(或者讲,可以用实数来表达)。而测量,就是发现或估计同一量化属性的某个量相对于某个给定单位的比率的过程。所谓的给定单位是人为定义的,是该量化属性尺度上取值为 1 的那个量。例如,在长度尺度中,"米"这一单位就被正式定义为"在真空条件下光在 299 792 458 分之一秒所穿越的长度"(Jerrard & McNeill,1992;转引自 Michell,1999,p. 13)。在这种测量观下,实数并不是外在于量化属性,而是蕴含在量化属性内在结构之中。而测量过程则是发现(discover)量化属性不同量之间的这种实数关系的过程。正是在这个意义上,

---

[①] 此处有关测量经典观的概括以及心理测量发展的阐述主要基于 Michell(1999)所著的 *Measurement in psychology: critical history of a methodological concept* 一书。该书从历史的角度,简洁而又精辟地对测量及其相关概念在自然科学和心理学中的发展演变进行了批判式的阐述。

用数学形式表达的公式或定律才具有了揭示属性内在结构以及不同属性之间关系的实质意义①。

测量的经典观明确了可以测量的属性具有什么样的特征,以及测量的本质内涵是什么。但是,对于那些致力于通过测量手段来使心理学成为量化科学的先驱们而言,仍然面临着 Michell 所谓的两大任务,即量化的科学性任务和工具性任务(the scientific and instrumental tasks of quantification; Michell, 2003)。对心理学而言,这两个任务分别可以表述为:(1)如何检验哪些心理属性属于连续性量化属性?(2)如何开发测量工具或程序,从而能够有效地测量这些心理属性?正如 Michell(2003)所指出的,第一个问题是一个经验性问题,需要通过实验手段来证明。第二个问题虽然主要关注测量工具或程序的开发,但也与心理属性实质理论的发展有关。对于像 Wundt 和 Fechner 等现代心理学的奠基者来讲,年幼的心理学想要进入科学的殿堂,理所应当要采取像物理、化学等自然科学的研究方法和发展模式。J. M. Cattell(1890)这样写道:"除非心理学建立在实验和测量的基础上,否则无法实现物理科学那样的确定性和准确性。"(转引自 Michell, 1999, p. 34)不过,与物理学等自然科学相比,此时的心理学无论在实质理论,还是在刺激控制技术方面的发展都相对落后。更为主要的是,在这之前(17—18 世纪),西方哲学家们更多地认为心理属性属于次要属性(secondary quality),是不可测量的②。即使有些哲学家如 Nicole Oresme,以及早期心理学家如 Fechner、Cattell 等相信心理属性可以测量,但心理属性似乎并不能像某些物理属性那样,可以用物理相加的操作直接检验其是否属于量化属性③。此时,适用于检验心理

---

① 从伽利略的天体运动理论到牛顿的经典力学,自然科学数学化的极大成功其实都是建立在测量经典观的基础之上的。
② 主要属性(primary quality)和次要属性(secondary quality)的划分散见于英国经验主义哲学家如 Locke、Hobbs 等。主要属性是事物真实的物理特征,是量化的,可以测量的,而次要属性是由主要属性的组合而引起的意识体验,只存在于意识之中,没有物理存在,不属于科学研究的范畴。实际上,不仅经验主义,而且当时像 Descartes、Hume、Kant 等人也都主张心理属性不可测量。Michell(1999)将这一思潮称为反量化论(the quantity objection)。
③ 当时的权威物理测量学家 N. R. Campbell(1920)认为存在两种不同的量化属性,即基础量(fundamental magnitude)和衍生量(derived magnitude)。基础量如长度、重量、体积等具有广延性(extensive),可以通过物理相加的操作直接揭示其可加性结构。对基础量可加性的数字表征过程就称之为基础测量(fundamental measurement)。基础测量使得基础量之间的关系可以表示为数学定律。衍生量是两个或多个基础量的函数,如密度是体积和重量的函数。衍生量具有集中性(intensive)。衍生测量其实就是发现基础量数学定律中的常数,如对于相同的物质而言,质量和体积的比值就是一个常数。该常数即是对该物质密度的一个测量。但 Campbell 并没有从理论上解释如何检验衍生量是否属于连续性量化属性。

属性的测量理论尚未出现①。

(二) 测量经典观的流放和 Stevens 测量观的兴起

1932 年,英国科学促进协会成立了一个委员会,史称 Ferguson 委员会。该委员会由 19 位闻名当世的物理学家和心理学家组成②,包括了当时权威的物理测量学家 N. R. Campbell 和后来以研究心理图式闻名心理学界的 R. J. Bartlett。其职责就是考察心理测量是否可能。经过前后历时八年的辩论,该委员会分别于 1938 年和 1940 年发表了两个报告,以心理实验未能发现心理属性的可加性结构为由,否认了心理属性的可测量性,从而将心理学排除在量化科学阵营之外③。对于当时急于获得自然科学认可、追求量化研究范式的心理学而言,这一结果无疑是非常沉重的打击。正是在这一时代背景下,S. S. Stevens(1946)提出了他的测量学定义,即"测量就是按照规则给事物或事件赋予数字"(measurement is the assignment of numerals to objects and events according to rule; Stevens, 1946, p. 677)。这一定义后来被几乎所有的心理与教育测量学教科书奉为金科玉律。对照测量的经典观,Stevens 的定义显然并没有限制只有量化的心理属性才能被测量。这样一来,Stevens 就轻而易举地从心理学家身上卸去了一个重担,即必须通过实验来检验心理属性是否具有量化属性的内在结构。不仅如此,Stevens 的定义实际上也赋予了心理学家极大的自由度。按照这一定义,心理学家大可放开手脚。因为,无论心理属性具有什么样的内在结构,不管是名义(nominal)、等级(ordinal)、等距(interval)还是比率(ratio)变量,只要遵循某种固定的规则,心理学家对任何事物或事件的赋值过程就是"测量"活动。对于梦想成为量化科学的心理学来说,Stevens 无疑带来了福音。由此,心理学家们重拾对自己研究的科学性的信心。这在一定程度上解释了为什么 Stevens 的概念在短短五年(到 1951 年)就被绝大多数的心理学家所接受(Michell, 1999)。此外,Stevens 测量思想的流行也与当时主流的哲学思想相关。20 世纪中叶,操作主义(Bridgman, 1927)为大批哲学家和科学家所信奉④。

---

① Luce 和 Tukey(1964)所提出的联合测量理论(theory of conjoint measurement)第一次从理论上解释了如何检验心理属性是否具有连续性量化属性的内在结构。
② 该委员会的主席是当时的物理学家 A. Ferguson。
③ 按照 Michell(1999)的分析,该委员会表现的更多是强势的物理学家群体对弱势的心理学家群体话语权的剥夺,而不是真正科学意义上的批判性探究(critical inquiry)原则的实践。
④ Stevens 和 Bridgman 都是哈佛大学教授,前者是心理学教授,后者是曾获得诺贝尔奖的物理学教授。两人都是当时哈佛一个定期讨论科学哲学的小组成员。

在心理学内部,受此思想深刻影响的行为主义已经占据主导位置。这些都为 Stevens 测量观被接纳创造了时势。

Stevens 让心理学家在心理属性是否可以测量这一问题上得到了解脱。但是,这种解脱就像用镇定剂来治疗毒瘾一样,是一种治标不治本的做法。相反,它掩盖了心理与教育测量学应该面对的本质问题,延误了对该问题的思考和研究进展。首先,与测量的经典观相比,Stevens 的测量观无限制地扩大了测量的范畴。只要遵循固定的规则,对事物或事件的分类、排序、枚举(数数)等都被视为"测量"活动。在这里,划分个体在某个类别是否"更典型"和判断个体在某个量化属性上的量之间的界限变得模糊起来。其背后是分类和测量界限的模糊。其次,按照 Stevens 的测量观,测量活动的根本在于制定规则。对于同一事物或事件,任何一种特定的规则都将定义为对该事物或事件的一种测量。这样一来,测量活动被归结为某种规则下的一系列具体操作。这种操作主义的弊端在于用认识论问题取代了本体论问题,其后果是将测量事物或事件某种属性(attribute)的具体操作等同于所要测量的属性本身,掩盖了对属性本身的理解和认识。智力测量领域较好地例证了这一问题。百年智力测量的历史给人造成的一种印象是,有一百个智力测量学家,就有一百个智力理论。众多的智力测量量表,似乎没有一个能够对智力导致个体外在行为表现的因果机制提供一个清晰的阐述。缺乏概念纯化(concept purification)和理论整合机制是其中的重要原因,但操作主义在智力测量领域的盛行也难逃其咎。最后,Stevens 的测量观颠倒了所要测量的事物属性结构与数字系统的关系,将数字系统视为独立于事物和事件属性的实际特征或结构关系之外的存在。在测量的经典观下,数字系统是对属性内在结构所蕴含的数量关系的一种抽象。测量是"发现"属性自身所具有的这一数量关系的过程,而不是通过外在的数字系统来表征的过程。实际上,即使承认数字系统外在于属性结构,要保证按照规则给事物或事件赋予数字的正确性和科学性,首先必须要建立数字系统与所测属性的结构关系之间的同构性(isomorphism)。然而,要建立两者之间的同构性,首先必须发现所测属性的内在结构是什么。因而,又回到了 Michell(1999)所讲的测量的科学性任务上来。

省去了心理属性是否可以测量这一理论问题的"麻烦",心理与教育测量学家们转移注意力,更多地关注如何利用因素分析、多维标度法(multidimensional scaling)等统计技术,或者经典测量理论、概化理论、项目反应理论等测量理论,来构建心理属性的种种尺度(scale)①。他们寄希望于这些测量尺度的确能够测量些什么(Michell, 1990)。然而,正如 Blanton 和 Jaccard(2006)所观察到的那样,心理与教育测量学家们似乎难以如愿。各种心理测验或量表似乎都无法告诉我们:(1)个体观测分数或反应时间在所测属性上对应的量究竟是什么;(2)在观测分数或反应时尺度上一个单位的变化所对应的心理属性量的变化到底有多少。因而,我们需要一种测量理论,不仅能够告诉我们如何检验心理属性是否具有量化属性的内在结构,还要告诉我们如何构建这一心理属性的测量尺度,建立该尺度与量表观测指标之间的匹配关系。Luce 和 Tukey(1964)所提出的联合测量理论(theory of conjoint measurement)似乎提供了这样一种基础。

(三) 联合测量理论

在 N. R. Campbell 看来,某个属性之所以为量化属性,在于能够通过对同一属性不同量之间采用物理相加(concatenation)的方式展示其可加性结构。例如,假设有两根长度分别为 x 和 y 的木棍 L_1 和 L_2,可以较为简单地证明木棍 L_1 和 L_2 头尾相接起来的总长度 z 为 L_1 和 L_2 各自的长度之和,即 $z = x + y$。然而,在心理属性上通常无法定义这样的操作。这是 Ferguson 委员会否认心理属性为量化属性的主要理由。联合测量理论则表明,对同一属性不同量的物理相加并不是检验某个属性是否为量化属性的唯一方式。假设在某个具体情境中,两个不同属性 A 和 X 联合(conjoint)与第三个属性 P 相关联②。所谓联合,是指两个属性中任何一个属性的变化在 P 上所引起的效应可以通过另一个属性的变化在 P 上所引起的效应来消除或取代。在心理测量中,一个常见的情境是个体答对某个智力测验任务的概率受个体能力和任务难度的联合影响。个体因能力水平提高而引起的答对某个任务的概率变化,也可以通过任务难度的变化来实现。该理论证明,可以通过检验 P 不同水平之间满足某些特定的具体关系,来确定 A、X 和 P 分别为连续性量化属性。Luce 和 Tukey(1964)将 P 不同水平所需满足的这些特定关系称为联合测量理论的公理(axiom)。其中核心的四个公理包

---

① 按照 Michell(1999)的分析,将量化(quantification)的理论问题,如心理属性是否可以测量和如何检验心理属性内在结构,转变成量化的技术问题,如通过因素分析和测量模型来抽取潜在属性和建立测量尺度,是心理与教育测量学一个非常有意思的现象。这一传统从 Charles Spearman 开始,经由 Edwards Lee Thorndike,沿袭到 Truman Lee Kelley。它使得 psychometrics 逐渐成为统计学的一个分支。

② 设 a, b, c 分别为属性 A 的不同水平,x, y, z 分别为属性 X 的不同水平,则 $(a, x), (a, y), (a, z), (b, x), \cdots (c, z)$ 表示属性 A 和 X 不同水平配对所对应的属性 P 的不同水平。

括：(1)单重相约(single cancellation)公理。如果属性 A 的任意两个水平 a 和 b 是有序的,那么这一顺序在属性 X 的任意水平上都是成立的。同样的说法对于属性 X 的任意两个水平 x 和 y 也适用[①]。(2)双重相约(double cancellation)公理。设 a、b、c 和 x、y、z 分别代表属性 A 和 X 的三个不同水平,如果属性 A 从 a 转变成 b 在属性 P 上引起的变化大于属性 X 从 y 转变成 z 在属性 P 上所引起的变化,同时属性 A 从 b 转变成 c 在属性 P 上引起的变化大于属性 X 从 x 转变成 y 在属性 P 上所引起的变化,那么属性 A 从 a 转变成 c 在属性 P 上引起的变化就大于属性 X 从 x 转变成 z 在 P 上所引起的变化[②]。(3)有解(solvability)公理。对于属性 A 的任意两个水平 a、b 和 X 的任意一个水平 x,存在 X 的一个水平 y,从而使得 $ax = by$。(4)阿基米德条件(Archimedean condition)公理。对于属性 X 的两个水平 x、y,如果 $x > y$ 或 $x < y$,在属性 A 中存在一系列水平 $a_i (i = 1, 2, \cdots, n)$,满足 $(a_i, x) = (a_{i+1}, y)$。在这四个公理中,满足单重相约和双重相约公理表明 A、X 和 P 至少是等级属性,满足有解公理表明这三个属性具备了与实数或整数相同的水平分化程度,而满足阿基米德条件则确保属性 A、X 和 P 是连续的量化属性。因此,这些公理提出了连续量化属性所应满足的条件,提供了检验某(心理)属性是否属于连续量化属性的理论基础。因此,联合测量理论表明,即使心理属性不能像某些物理属性那样,通过物理相加的方式检验是否具有可加性结构,但这并不意味着心理属性不是量化属性。通过检验某个心理属性是否满足上述公理,至少在逻辑上可以表明该心理属性是否属于量化属性,从而实现在测量经典观的意义上对该属性加以测量。

按照 Michell(1999)的观点,对心理与教育测量学而言,联合测量理论是一场革命性的突破。它使得心理与教育测量学家可以不再掩耳盗铃,盲目相信自己所从事的研究是科学的,从而开启心理领域科学测量之门。但是,联合测量理论只是提供了理论基础,如何根据该理论来检验某个心理属性是否属于量化属性,仍然需要测量学家们解决一系列的实际问题。首先,联合测量理论是一种假设没有误差存在的确定性理论。然而,实际的测量数据则不可避免地带有误差。因此,如何在含有误差的情况下检验某个心理属性的测量数据是否满足这些公理,是心理与教育测量学家必须面对的

[①] 用符号来表示则为,对于属性 A 的任意两个水平 a 和 b,以及属性 X 的某个水平 x,$(a, x) > (b, x)$ 意味着对于属性 X 的任意一个水平 w,都有 $(a, w) > (b, w)$。类似的,对于属性 X 的任意两个水平 x 和 y,以及属性 A 的某个水平 a,$(a, x) > (a, y)$ 意味着对于属性 A 的任意一个水平 d,都有 $(d, x) > (d, y)$。
[②] 用符号表示为,如果 $(a, y) > (b, z)$,同时 $(b, x) > (c, y)$,那么 $(a, x) > (c, z)$。

一个问题。许多后续的研究试图在心理测量背景下提出对这一问题的解决方案（Arbuckle & Larimer, 1976; Davis-Stober, 2009; Karabatsos, 2001, 2005; Karabatsos & Sheu, 2004; Karabatsos & Ullrich, 2002; Ullrich & Wilson, 1993）。其次，在上述公理中，对属性 A、X 和 P 的测量以及对其水平的参数估计需要彼此独立。在常见的智力测量中，这意味着对个体能力参数的估计独立于所施测的任务难度。审视现有测量理论，经典测量理论显然不能满足这一要求。第三，该理论是建立在属性 A、X 和 P 是有明确内涵的单一属性的基础上的。在这一点上，心理学家需要关于某心理属性的实质理论，即前面提及的建构理论，来明确界定所研究的属性本身以及对应测验是同质的。显然，这需要一种能够解释项目反应机制的建构理论和项目设计技术来确保测验项目在属性水平上是同质的。这个问题独立于该属性是否属于量化属性之外。因为，即使该属性是量化属性，仍有可能因为属性内涵模糊和项目设计问题而导致对应数据无法满足上述公理所界定的结构。与此相关，从建构到项目反应的因果理论还提供了鉴别和控制其他影响建构效度因素的基础，从而增大从所测数据中发现心理属性可加性结构的可能性。

如果某些心理属性满足上述公理，则该属性属于连续性量化属性。对应的，这些属性的不同量可以在等比或等距的测量尺度上来表示。这标志着 Michell(1999)所讲的测量科学性任务的完成。后继要做的，则是如何开发各种测量程序或技术，实现对个体在该属性上不同量的合理测量和参数估计。这一任务对应于测量的工具性任务。只有这两部分工作的合理完成，才意味着"psychometrics"（心理与教育测量学）中"metric"（尺度）问题的解决。

七、结语

自心理学从哲学中分离出来，成为一种实证学科开始，对心理属性的测量探究就没有停止过。然而，受心理学对自身研究对象和研究范式不断波动的影响，心理与教育测量学的发展颇为波折。虽然初期的测量学家试图遵循自然科学中的测量学模式开展心理属性的测量学研究，但是受当时理智传统、心理学实质理论和测量理论的发展水平以及社会处境等诸多因素的影响，心理与教育测量学走向了实用主义、功能主义和数理统计的取向。测量学从心理学的研究方法堕落为应用技术，满足社会需求取代了对测量以及属性本身的科学理解，测验分数的统计技术取代了对心理属性量化本质的理论研究。凡此种种，造就了心理与教育测量学中的各种奇怪现象。但是，掩映在这种主流测量模式的浩瀚文献之中的，则是科学测量研究模式的燎原之火。其核心特征，即是理论驱动的心理与教育测量学模式。

放置在对心理属性科学测量的理论框架下，建构实质理论和测量理论在内涵上与当前的理解有所不同。这里，测量所需要的建构实质理论并不仅仅是对该建构的定义，也不是基于项目相关矩阵而抽取出来的因素结构，而是对所测建构的具体表征，以及这些表征导致个体在对应测验项目上外在表现的因果机制的解释框架。从测量的角度看，一个完整的建构实质理论需要对该建构的内涵、结构、发展水平和表现机制等方面作出明确而系统的阐述。这样一种建构实质理论，其作用并不仅仅在于使测验开发和使用者理解某个测验所要测量的建构，而是能够成为系统的、有明确建构指向的项目设计和测验编制模式的基础，从而从根本上解决现有测量模式中的建构效度问题，以及改变经验的、数据驱动的项目设计模式。这种实质理论，与系统化项目设计模式相结合，提供了一种能够在建构的水平上界定同质性项目或测验的可能性。它提供了一种纯化概念的途径。这就为后继利用联合测量理论的公理系统来检验该属性的内在结构提供了实质理论和项目设计技术上的基础。同时，它使得测量学者能够在实质意义上理解不同项目反应之间、不同测验分数之间的相关及其产生的根源，使得测量过程成为对相应建构理论合理性和可推广性的检验过程。另外，在这一框架下，测量某个心理属性的首要问题，是确定该属性是否具有量化属性的内在结构。只有那些经过检验，被判断为属于量化属性的心理属性，才能在等距或等比的尺度上测量不同个体在该属性上的量。也只有在这个基础上，现有各种测量尺度构建（scaling）模型和技术才能够合理地应用到这些属性上。这里，属性内在的量化结构是我们估计和使用各种属性尺度量的基础。以这种方法建立起来的测量尺度，加上建构实质理论对不同尺度量对应特征的刻画，就会像物理学中的长度或温度尺度支撑量化物理学理论一样，成为支撑一种量化心理学理论的坚实基础。

第二章 什么是测量

测量和实验是科学研究的两个基石。实验关注如何从纷繁复杂的现实现象中发现因果关系,而测量则关注如何估计事物或对象在某个特征上的量。测量的重要性几乎无人怀疑。它渗透在人类社会生活的方方面面。每个人在日常生活中都有各种测量的切身体验,因而对这一概念都有直接的经验和朴素的认识。但是,站在科学研究的角度,仅仅依靠直觉的认识是不充分的。我们需要能够在学理上对这一概念的内涵和外延、前提假设和依存条件等形成科学合理的认识和理解。对心理和教育测量学而言,这一任务不仅仅是在一般意义上理解测量的含义,还需要结合人类心理属性的特殊性来思考本学科测量活动所面临的独特问题及其解决途径。心理和教育测量学的历史清楚地表明,对这些问题的认识程度深刻影响着本学科的理智传统和研究模式。

一、测量的内涵

试着从你的日常生活中寻找一个物理测量的例子,然后思考并回答如下几个问题:

1. 在该例子中,你所要测量的究竟是什么?
2. 测量数据是从什么样的对象上获取的?
3. 在该活动中,使用了什么样的测量工具或仪器?
4. 该测量活动中测量结果是否是用数值表示的? 如果有,该数值的单位是什么?
5. 你对所得数值相应的理解或解释是什么?

对于这个问题,一个有着正常生活的个体稍加思索,就可以举出许多案例,比如量一段木头的长度,称一个正在减肥的人的体重,测一个发烧病人的体温,如此等等,不胜枚举。以量木头的长度为例,你对上述五个问题的回答可能是:(1) 在这个例子中,所要测量的是长度；(2)测量数据是从木头这一对象上获取的；(3)该活动使用了软尺(或硬尺)这一测量工具(你或许使用了激光测距仪,但很少有人会有这种工具)；(4)测量结果是用数值表示的,数值的单位是厘米(假如你生活在美国,英寸更有可能成为常见的单位),比如说木头的长度是 200 厘米；(5)对 200 厘米的理解可以多种多样。或许你用这段木头打制一个橱柜,发现 200 厘米的长度太长,需要截短；或许用它做悬挂广告牌的柱子,200 厘米还不够长。但无论何种解释,有一种理解是就该木头长 200 厘米本身而言的。所谓该木头长 200 厘米,是指从木头的一端到另一端的长度包含有 200 个厘米单位。换句话说,相对于你所用的软尺上 1 个厘米的长度而言,该木头的长度是 1 个厘米的 200 倍。

  上述这个例子包含了描述和理解测量内涵所需要的话语体系。这段木头是我们的测量对象(object)；它的长度是我们所要测量的属性(attribute)；此处的软尺是用来测量长度这一属性的工具(instrument)；我们试图通过这一工具来估计该木头在长度这个属性上的量(magnitude)是多少；为了能够表达这一个量,我们选择了一个以厘米为测量单位(unit of measurement)的长度尺度或量纲(scale)。借助于这些,我们发现该木头的长度是 200 厘米,或者说该木头的长度是 200 个厘米单位所对应的长度的量。这一套话语体系,不仅可以描述长度测量,其实也适用于所有的物理测量。设想测一个发烧病人的体温,我们可能使用体温计这一测量工具,试图确定发烧病人这一测量对象在温度这一属性上的量究竟是多少。为了能够做到这一点,我们通常选择的是以 1 摄氏(Celsius)度为测量单位的温度尺度,通过比较该发烧病人的体温和 1 摄氏度的关系,给出该病人的体温读数。在物理测量中,常见的属性包括长度、体积、重量、温度、速度等等。这些属性可以从各种各样的测量对象上获取——它可能是一段木头,也可能是一个女孩或成人；它可能是确定在烹调的汤中加入多少调料,也可能是判断刚刚献完血的人的献血量。而我们用来测量的工具,包括尺子、磅秤、体温计、汤勺、试管等。但不管哪种情况,为了能够确定某个测量对象在某个属性上的量,我们都需要确定一个具体的测量尺度或量纲。不同的测量尺度或量纲界定了不同的测量单位,如厘米或英寸、公斤或磅、摄氏度或华氏(Fahrenheit)度等等。测量的结果实际上是测量对象在某个属性上的量与特定测量尺度下测量单位的比值。从这个意义上讲,测量是利用合适的工具,确定某个给定对象在某个给定属性上的量的程序或过程。在这个过程中,测量结果通常用数值(numerical value)表示。该数值是由测量对象在该属性上的量和给定量纲下测量单位的比值决定的。

让我们再回到测量木头长度的例子。上述分析表明，其实对木头长度的测量结果（即最终的取值）取决于两个方面：一个是该木头的长度（用专业的术语表达，是该木头在长度这个属性上的量）；另一个方面是测量时所使用的特定尺度（或量纲）。对于同一段木头而言，当尺子的单位是厘米时，测量结果为 200 个单位，而当尺子单位变成米的时候，对应的数值变为 2 个单位。这表明，在测量对象在某个属性上的量时，必须首先确定所要使用的测量尺度，并规定对应的测量单位是什么。同样是长度尺度，米和厘米两个不同的测量单位界定了两个不同的测量尺度，进而导致对同一对象在长度属性上量的估计数值的不同[①]。这里，必须要区分在概念意义上的测量尺度和具体表征在测量工具上的刻度。在概念上，以厘米为单位的长度尺度和测量木头长度时所用软尺上的具体刻度是有所不同的。长度尺度是一个抽象的尺度，它是一个线性的连续体，在理论上是无限的。而测量木头长度的尺子，和其他任何具体的长度测量工具一样，都是这个抽象尺度的一个有限区间的物化。就软尺而言，它本身具有一定的长度（整个软尺的长度可能是 150 厘米），但是，相对于其他对象而言，软尺具有特殊性。这种特殊性表现在，软尺的长度是被标准化了的。标准化的依据是长度尺度的结构特征和具体的测量单位（如本例中的"厘米"）。换言之，本例中的软尺提供了对长度尺度中"厘米"这一测量单位的具体标示[②]，因而提供了测量其他对象长度的一个标准（standard）。这是软尺成为长度这一属性的测量工具的基础。

然而，提供了长度单位的标准化标示，并不是尺子成为长度测量工具的全部。要理解软尺为什么能够成为长度测量工具，我们需要超越尺子本身。现在，尝试回答下面这一问题：如何能够用具有有限长度的尺子来测量比它更长的对象呢？实践经验告诉我们，当测量比尺子更长的对象时，我们通常采用图 2.1 所示的测量方法。为了测量对象 O 的长度，首先从 O 的一端 X 开始，测量从 X 到 Y 的长度，假设为 m 厘米。如图所示，这恰好是尺子本身的长度。然后，从端点 Y 开始，重复上

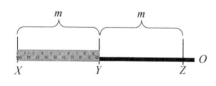

图 2.1　长度测量中的可加性结构

---

① 你或许争辩，2 米和 200 厘米在数值上其实是相等的。从测量的角度看，2 米和 200 厘米的实质基础是该段木头在长度这个属性上的量（magnitude）。两者相等的实质含义是该段木头的长度等于它自身的长度。在这个实质基础上，才能建立 1 米和 1 厘米两个不同测量单位之间的数量关系。然而，如果单纯从测量结果的读数（2 和 200）来看，两个结果在读数上（或者讲，在用于表征测量结果的数字上）是不同的。
② 长度尺度单位物化的典型是"标准米"（standard meter）的确定。1791 年 6 月，巴黎立法会议用纯铂制成了基准档案米尺，保存在法国档案局，用以标示"米"（meter）这一国际单位制的长度单位。

述操作,直到对象 O 的终端为止。假如从对象 O 的端点 X 开始,恰好如此重复 5 次到达对象 O 的终端,对象 O 的长度即为 $m+m+m+m+m=5m$ 厘米。不过,这里所描述的仅仅是如何得到对象 O 的长度的程序(或步骤),并不是对所问问题的回答。上述问题真正所问的是,采用这样一种测量程序的依据是什么?为什么我们能够声称对象 O 的长度就是 5 次测量结果相加的数值?

(一) 属性的可加性结构

对上述问题的回答涉及长度这一属性的内在特征。之所以我们能够采用上述方式获得对象 O 的长度,在于长度这一属性具有某种内在的结构。这种结构使得我们能够基于尺子的有限长度进行某种运算。这种结构被称为可加性结构(additive structure),或者说长度的内在结构具有可加性(Michell, 1999)。我们通常具有这样的经验,假如有两根笔直的木棒 A 和 B,其长度分别为 a 和 b。如果我们将这两根木棒头对头连在一起,形成一条直线。那么,连在一起的木棒 A 和 B 的总长度 c 即为木棒 A 和 B 各自的长度之和,即有 $c=a+b$。此时,我们说长度 a、b 和 c 之间存在可加性。在一般意义上,长度具有可加性结构并不仅仅适用于这一具体例子。它意味着所有可能的长度都必须满足下列四个条件(Michell & Ernst, 1976, 1977[①]; Michell, 1999, 2003):

(1) 对于任意两个长度 a 和 b,如下三种情况有且仅有一种情况为真:

(i) $a=b$;

(ii) 存在另一个长度 c,满足 $a=b+c$;

(iii) 存在另一个长度 d,满足 $b=a+d$。

(2) 对于任意两个长度 a 和 b, $a+b>a$。

(3) 对于任意两个长度 a 和 b, $a+b=b+a$。

(4) 对于任意三个长度 a、b 和 c, $a+(b+c)=(a+b)+c$。

以上四个条件中,第一个条件是讲,任意两个长度要么相同,要么不同,两者之一必然成立,但不能同时成立。如果两者不同,那么两者长度之间的差异对应着一个实际的长度。该条件意味着长度这一属性存在足够密集和分化的不同量,从而使得任意

[①] 按照 Michell(1999)的分析,最早界定可加性和连续性的学者是 Hölder(1901)。Michell 和 Ernst (1976, 1977)将 Hölder(1901)的文章译成了英文。

两个长度之和或者之差都对应一个实际存在的长度。第二个条件是讲任意两个长度之和大于两个长度自身。该条件意味着所有长度都是大于零的。第三和第四个条件在形式上与加法交换律和结合律相同。然而,加法交换律和结合律指向的是抽象数值间的关系,这里两个条件阐述的是具有实质意义的不同长度量(magnitude of length)之间的关系。第三个条件是讲两个长度相连而形成的总长度,与它们联合的先后顺序无关。第四个条件将这种关系推广到了三个不同的长度量。

需要强调的是,上述四个条件指向的是长度这一属性的特征,而不是针对具体长度的测量活动和操作过程。对于两根笔直的木棒 A 和 B 而言,不管我们是否测量了它们的长度,其长度依然是 a 和 b。类似的,不管我们是否真正地将两根笔直的木棒 A 和 B 连接在了一起,$c=a+b$ 依然成立,即木棒 A 和 B 的总长度 c 等于木棒 A 和 B 各自的长度之和。实际上,正如 Michell(2003)所指出的那样,对人类而言,绝大多数长度要么太长,要么太短,都无法进行像木棒 A 和 B 那样的实际操作。因而,上述四个条件描述的是可加性结构所必须具备的特征,因而适用于所有的长度。

那么,这如何能够解释有限长度的尺子能够测量更长的对象呢?既然将两根笔直的木棒 A 和 B 连接在一起时,$c=a+b$,如果 $a=b$,我们有 $c=a+a=2a$。依此类推,则有 $d=c+a=2a+a=3a, e=d+a=3a+a=4a,\cdots\cdots,z=(n-1)a+a=na$。按照上述第三和第四个条件,这一关系与连接顺序和组合顺序无关。因此,对象 O 所得到的长度就可以表示为每次所测长度的和,即 $m+m+m+m+m=5m$ 厘米。不管我们是从对象 O 的端点 X 开始,还是从端点 Y 开始,这一结果都不会改变。这里,尺子的长度无形中作为了测量对象 O 长度的单位,我们利用尺子和对象 O 之间的数量关系来表达对象 O 在长度这个属性上的量。可加性赋予了表达这两者数量关系的可能性。在实际测量中,是尺子上的测量单位,如厘米,而不是尺子本身,被用以表达各种对象的长度。但是,不管是用尺子本身,还是用尺子上的测量单位做单位,可加性是上述操作的基础。

(二) 连续量化属性

可加性结构定义了长度这一属性是一种量化属性。只有当某属性具备可加性时,才能够采用如图 2.1 所描述的操作程序来获得对象在该属性上的量。这里,可加性是我们用属性某个特定的量来表达所有其他对象在该属性上的不同量的基础。但是,某个属性具有可加性结构,并不意味着就可以测量该属性。因为,可加性并没有界定该属性不同量之间是连续的(continuous)还是离散的(discrete)。是否是连续量化属性是区分数数(counting)和测量(measurement)活动的重要基础。早在古希腊时期,Aristotle就区分了数(multitude)和量(magnitude)这两个概念(转引自 Michell,1999)。所谓的数,是指由若干个单独的事物(或事件)组成的集合(aggregate)。集合中每个组成单位都是同类的。每个单位对应着自然界中一个具体的对象,比如班级大小就是一个数,它是由独立的学生个体组成的一个集合。该集合中的每个组成单位,即每个人,都是自然界中一个特定的对象。按照 Aristotle 的观点,某个数的大小不是通过测量获得的,而是通过数数得知的。量则不同,事物或对象在某个属性上的量是通过测量获得的,比如某段木头的长度。数和量两者都具有可加性结构,但是两者在构成单位的性质上有所不同。数的基本单位是离散的、有着实质意义的自然物。因此,对应具体数的事物集合都是以自然物为单位的整数倍。例如,班级大小为30,意味着该班级由 30 个人组成。相比之下,量的基本单位不对应具有实质意义的自然物,而是测量者根据量所在尺度上的一个有限区间人为界定的。例如,"米"这一单位在巴黎立法会议用纯铂制成基准档案米尺之前,其实并没有一个自然界的对应物。该米尺是人们选择长度尺度中某个具体区间而人为规定的。

  判断数和量的根本依据是任意两个数或两个量是否存在通约性(commensurability)[①]。对于由同类事物(或事件)构成的任意两个集合而言,由于都是对应于自然物的基本单位的整数倍,两个集合所对应的两个数总是通约的(commensurable)[②]。例如,假设 a 为对应于某个自然物的基本单位,比如人,则任意两个人群所对应的数 ma 和 na 显然都是单个人的整数倍,因而总是通约的。两者的数量关系可以表示为 m/n,其中 m 和 n 都是自然数。然而,任意两个量之间则有可能是不可通约的(incommensurable)。例如,等边直角三角形的斜边与两个边长之间就是不可通约的,圆的周长和半径之间也是不可通约的。以等边直角三角形直边与斜边的关系为例,我们无法找到一个基本单位,使得直边和斜边都能表示为该基本单位的整数倍。众所周知,等边直角三角形的斜边与任何一个直边的比率关系为 $\sqrt{2}$。虽然我们可以选择一个基本单位,使得斜边在

---

① 某个属性的任意两个水平之间具有通约性的充分和必要条件是,对于该属性任意两个水平 a 和 b,存在自然数 m 和 n,使得 $na = mb$。否则,两者就是不可通约的(Michell,1999)。
② 通约性的直观含义是同一属性的任意两个水平存在一个共同的单位,从而使得任意水平都可以表示为共同单位的整数倍。离散属性的任意两个水平总是通约的,其原因在于离散属性的任意水平都是以某个自然物为单位的整数倍,因而始终具有一个共同的单位。

任何需要的精度上表示为该单位的整数倍。比如,我们选择直边长度的万分之一为基本单位,则斜边可以近似表示为14142个基本单位,但是这种做法始终是近似的。其根本原因在于长度这一属性是一个连续量化属性(continuous quantitative attribute)。

在一般意义上,除了满足可加性对应的四个条件之外,长度这一连续性量化属性还必须满足下面三个条件(Michell & Ernst,1976,1977;Michell,1999,2003):

(5) 对于任意一个长度a,存在另一个长度b,满足$b < a$。

(6) 对于任意两个长度a和b,存在另一个长度c,满足$c = a + b$。

(7) 对于所有存在一个上限(upper bound)的非空(non-empty)长度集合,存在一个最小上限(least upper bound)。

这三个条件的满足确保了长度是一个连续性量化属性。第五个条件表明不存在最小的长度,总能找到一个比给定长度更小的长度。第六个条件表明不存在最大的长度,总能找到一个比给定长度更大的长度。这两个条件表明长度是无限的①,因而可以包含所有的长度区间。第七个条件规定了长度是连续的。Michell(1999)以等边直角三角形的斜边与边长的数量关系为例,对第七个条件进行了说明。如图2.2所示,如果以边长为单位,斜边长度为$\sqrt{2}$个单位。以$\sqrt{2}$为界可以将整个长度尺度分为集合1和2两部分,每个部分都是一个非空的长度集合。假设集合1中任何长度都小于$\sqrt{2}$,那么集合1自身就不存在一个上限。因为对于属于集合1的任意一个上限,如1.41,我们总能找到一个值,如1.414,小于$\sqrt{2}$但大于该上限。假设集合2中任何长度都大于$\sqrt{2}$,那么集合2中任意一个值都是集合1的一个上限,但都不是集合1的最小上限。因为,对于集合2的任意一个值,如1.42,我们总能找到一个值,如1.415,小于该值但大于$\sqrt{2}$。如果长度尺度是由集合1和2组成的,那么长度这一属性就是不连续的。这

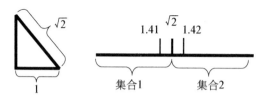

图2.2 连续性的内涵

---

① 可加性第二条确保所有长度都是大于零的。因此,和此处的第六条相结合,表明长度是无限接近于零和无穷大的。

里，$\sqrt{2}$ 是集合 1 的最小上限。第七个条件确保了 $\sqrt{2}$ 包括在两个集合中，从而确保长度尺度是连续的。尽管斜边长度和直边长度无法通约，两者的数量关系（比率）可以用一个实数来表示。确切地讲，以边长为单位，斜边的长度为 $\sqrt{2}$ 个单位。

（三）连续性与相同测量单位

上述七个条件并不仅仅适用于长度这一属性。满足这七个条件的任何属性都是连续量化属性，因而都具有可加性和连续性的内在结构。Hölder(1901)给出了这些条件的一般性描述（详见 Michell，1999，p. 52 - 53）。

为什么我们需要耗费这么多精力来区分离散量化属性和连续量化属性呢？原因在于，只有连续量化属性才有可能在相应属性尺度上界定相同的测量单位。如前所述，班级大小是一个离散量化属性，其基本单位是对应于某个自然物的人。从严格意义上讲，获取某个具体班级大小的过程是一个数数的过程，而不是测量过程。正如美国著名测量学家 Benjimin D. Wright(1999)所指出的，"数数活动并不产生相同单位"(p. 69)。试着回答如下几个问题：什么是一个人？几个人可以抬起 1000 公斤的巨石？一个电梯最多站几个人？几个小孩的饭量相当于一个大人的饭量？虽然我们能够比较明确地确定"人"这一单位，但是回答上述问题，这一单位显然无法满足要求。我们不得不求助于"人"这一单位的其他抽象特征，如力气、身材大小、体重等等，才能合理解答上述问题。虽然两个不同个体在数数中算作相同单位，但是在很多方面，同属相同单位的两个个体存在诸多不同。这种情况在实际生活中有很多。试看这样一个"青椒肉丝"的原料菜谱："猪腿肉一块，青椒两个，豆瓣酱一匙，酱油、淀粉、盐各少许，植物油一汤勺。"虽然这种描述并不妨碍我们的日常生活，但是站在科学研究的角度上，这种以自然物为单位的量化方式，并不能精确刻画事物在不同属性上的量。

与数数不同，测量活动中的基本单位并没有一个现实中对应的自然物，而是对事物（或事件）的某个属性所在尺度上某个区间的人为界定。因此，针对某个属性的测量单位是人为界定的抽象单位。特定事物（或事件）在该属性上的量则表示为相对于该抽象单位的比率。例如，木头长度是 200 厘米，意味着木头的长度相对于厘米这一抽象单位而言，对应的比率是 200。长度这一属性所具有的内在结构（即可加性＋连续性），加上对长度单位的抽象界定，提供了精确刻画事物（或事件）在该属性上量的基础。例如，"青椒 200 克"精准地界定了所需青椒的重量，不管 200 克青椒是两个还是三个①。连续性量化属性使得该属性上任意一个量都可以表示为某个人为界定的测量单位的比值。连续性意味着该比值的定义域为实数。

在心理与教育测量中,一个常用的测量指标是个体在测验上答对题目的数目(number of items answered correctly)。根据前面的分析,该指标显然是离散性的,其单位(答对的题目)对应于实际测验中的具体题目。这一过程是一个数数的活动,并不是真正意义上的测量。正如 Edward E. Thorndike(1904)所指出的,"即便想要测量像拼写这样一个简单的事,我们也会很快发现找不到合适的测量单位。有人或许会随意列一个词单,通过观察正确拼写的单词数来判断(个体的拼写)能力。但是,审视这样一个词单,我们就会发现(测量)单位的不等性。(选择这样一个单位的前提假设是词单上的。)任何一个词与其他词都是等价的。所有建立在这种单词等价性上的结果必然是不准确的"(转引自 Wright,1999,p. 69)。这一评论不仅适用于拼写这一属性,而且适用于任何采用答对题目数的方式来测量心理或教育属性的做法。这意味着,对心理和教育测量而言,必须抛弃这种利用答对题目数的方式来估计个体在不同心理属性上量的实践模式。它需要我们重新审视测量的根本内涵,并在此基础上理解测量心理属性的前提假设和实践模式。

(四)测量的界定

任何测量活动都始于对研究对象(事物或事件)某种属性的认识和界定。属性是事物或事件某个方面的特征,如长度、温度、智力等,或者是这些特征之间的某种关系,如速度或密度等。之所以要关注事物的各种属性,而不是事物本身,是因为研究对象的复杂性和人类认识能力的有限性。它决定了我们无法在一开始就能够从整体上合理把握所要认识的对象。相应的,我们通常选择从局部入手来认识对象。在认识的某些阶段,通过将复杂事物分析成不同的局部或方面,来达到深入认识事物局部的性质或机制的目的。科学分支的形成就是基于这种思想。在具体学科中,对事物不同属性的界定和研究亦是如此。所谓的属性,其本质是人类对事物某种特征或特征间关系的一种抽象。这种抽象使得我们能够跨越完全不同的具体事物,在概念层面上认识和理解它们的异同。例如,当我们讨论"长度"这一属性时,并不仅仅局限于某段木头从一端到另一端的跨度,而是指所有事物具有的某种共同特征。对这种特征的抽象(即形

---

① 这种精确性是指在概念上的精确性。在实践中由于测量误差而导致的重量波动不是此处讨论的内容。

成"长度"这一概念），使我们能够对"长度"这一属性的性质进行描述、认识和研究。这种认识，既是我们理解不同事物在"长度"这一属性上的相似或不同的基础，也是我们认识不同属性之间关系的基础，如"长度"和"重量"的关系。对事物属性和属性间关系的认识，提供了理解事物本身及其所处系统的一种途径。

在对事物或事件属性的认识上，测量活动有别于其他的认识活动。测量活动的典型特征，在于它试图以一种量的方式来描述不同对象在同一属性上的相似或不同。因此，测量的一个核心任务是采用一种什么样的方式，能够合理地表达不同对象在某个属性上的量。在对长度和温度案例的讨论中我们知道，就某个具体属性而言，这是通过比较某个对象在该属性上的量与某个给定测量单位而实现的。例如，通过比较某段木头的长度和厘米单位，我们测得该段木头的长度为200厘米。这里，200是相对于长度尺度上1厘米这一测量单位而言，对该段木头在长度这个属性上的量的一个测量。所谓对该段木头长度的一个测量，是指木头在长度上的量与1厘米这一单位的比值。基于该特定的测量单位，我们说该段木头的长度为200厘米。这里，200厘米的实质含义是该段木头在长度上的量是200个1厘米的长度区间首尾相连所形成的长度区间的量。因此，测量某个属性，要求我们能够通过某个特定测量单位所对应的属性量连续叠加的方式来表达其他的属性量。需要指出的是，这里讲的测量单位的连续叠加，并不是要求进行实际的叠加操作，就像我们将两个1厘米长的短棒头尾相连形成一个2厘米的木棒那样。它是指该属性的不同量之间应具有的某种关系，即该属性上的任何量可以通过测量单位对应属性量的叠加来表示。这种关系要求该属性具有可加性的内在结构。如前所述，具有可加性结构使我们能够像图2.1那样，利用尺子来测量更长的长度。可加性结构能够让我们将类似的做法应用到其他属性上去。

除此之外，测量活动还要求所测属性的任意量都可以作为测量单位，用来表达该属性的其他所有量。从这个意义上讲，测量某种属性时所采用的基本单位是人为选择和界定的，未必一定对应自然界中某个具有实质意义的事物。这一要求将数数与测量活动区分开来。在这一要求下，只有连续量化属性才能进行测量。因为只有某个属性的对应尺度是连续的，才能保证该属性上任意一个量都能表示为任何人为规定的测量单位的一个独特比值。这一独特比值对应于实数数轴上的一个唯一数值。连续性的测量尺度和人为规定的测量单位一起，实现了对某个属性上任意一个量进行测量的可能性。

在上述理解的基础上，所谓的测量，就是估计（estimate）连续性量化属性上的某个量相对于某个测量单位的比值的过程(Michell,2003)。所谓的测量单位是人为定义的,是该量化属性尺度上取值为1的那个量。在测量木头长度的案例中,"1厘米"所对应的长度区间被人为界定为取值为1的长度量,对木头长度的测量即是估计木头的长度与"1厘米"这一单位之间的比值。这一比值对应于实数数轴上的一个数值。这里,属性量与测量单位的比值并不是外在于该连续量化属性的,而是蕴含在该属性不同量之间的数量关系之中。这种数量关系是属性内在结构的外在表现,是选择测量模型和确立测量程序的实质基础。测量过程则是发现属性不同量之间的这种实数关系的过程。

连续性决定了对属性某个量的测量必定存在误差。因而,测量的过程一定是对属性量的估计,而不是完全精准的判定(Michell,2003)。这是因为,相对于连续性的属性尺度而言,任何人为选择或规定的测量单位都是这个尺度上的一个区间[①]。对于属性量而言,必然存在一个估计的成分。就这点而言,所谓木头长度为200厘米,是借助于以厘米为测量单位的工具进行的一个估计。该木头的实际长度有可能是从199.95厘米到200.05厘米这一区间中的任何一点。如果从理论上属性量a相对于测量单位b的比值为r,而在实际测量过程所测结果为t的话,则测量误差$e = t - r$。排除其他测量操作中的各种因素,测量误差e的大小取决于我们所能界定清楚的单位区间。就科学研究而言,在测量某个属性时所能够界定清楚的最小区间,在一定程度上反映了测量技术的发展水平。

(五) 理解测量结果的实质含义

假如告诉你有个人身高7英尺4英寸,你会有什么联想?如果你从小到大都在中国长大,你可能对这个高度没有什么概念。但是,如果告诉你这个人身高是2米24呢?你或许会立即想到这是一个非常高的人,可能是一个篮球运动员,大概是中锋的位置。如果你经常看体育节目,或许会立即想到这是姚明的身高。显然,虽然两个测量结果所标示的实际高度是相同的,我们由此而建立起来的联系则是迥然不同的。类似的,如果有人说今天的气温是摄氏44°,从小生活在中国的你可能立即想到是一个酷热的夏天,骄阳似火。但是如果有人说今天的气温是华氏112°,你可能很难想象到什

[①] 在实际工具中,通常在基本测量单位基础上还会进一步细分,以提高测量的精度。细分的程度受当时科技发展的局限。但无论如何细分,所能实现的程度仍然局限于所能细分的最小区间。在理论上,对连续性属性某个量的实际测量永远只是一个估计。

么,即使两个数值标示的实际温度是相同的。

诸如此类的例子,可以举出很多。它表明,即使是对同一属性量,当我们采用不同的测量尺度时,所测得的具体数值或标示方式是不同的。而且,测量尺度的不同选择影响人们形成所测结果(数值)的现实意义。不过,之所以产生这种不同的影响力,是因为人们对不同测量尺度的使用经验不同而已。如果上述问题询问的是一个在美国长大的人,则情况会迥然相反。恰恰是身高 7 英尺 4 英寸和华氏 112°会令人联想到很多的信息,而 2 米 24 和摄氏 44°则几乎没有什么相关信息。对某种测量尺度的长期使用,使得人们对该尺度上的不同数值建立了与之相关的大量生活实践经验和信息,进而赋予了不同具体数值某些实质性的含义。

然而,换个角度看,它恰恰表明测量单位和相应测量尺度选择的主观性。就合理表达同一属性的不同量而言,上述两个测量尺度(英尺与米,摄氏与华氏)并不存在哪个更加合理的问题。两者的不同,仅仅是所选择的测量单位不同。某个测量尺度与个体实际经验的结合并不是必然的。随着使用经验的增加,个体同样可以建立与另一个测量尺度上具体数值的经验连结。之所以这样,是因为两个测量尺度之间具有某种内在的关系,即它们所表达的是同一属性的量。个体的实践经验之所以能够与测量尺度的具体数值建立联系,其内在基础是个体与特定测量数值所对应的具体事物的经验。具体讲,人们有关姚明身高的经验,决定了对以米为单位的长度尺度的具体数值的理解。在这个基础上,任何能够合理测量事物在该属性上量的测量单位和尺度都是等价的。

因此,属性不同量之间的数量关系和对应属性不同量的具体事物或事件,是测量结果意义产生的根本基础。正是这个基础决定了测量同一属性的不同测量尺度之间的对应性,是具有不同测量单位的尺度之间进行转换的实质前提。

二、测量在科学研究中的位置

科学研究的直接目的在于理解自然世界是如何运作的。通常,科学理解的表达形式是科学知识、原理和理论。然而,任何的科学知识、原理或理论并不是自然世界本身。它们是人类借助于某种方式而形成的对自然世界的一种认识。这种方式的核心即是抽象(abstraction)和概念化(conceptualization)。自然万物纷繁复杂,变幻不定。人类在通过感官所接受到的大量信息面前,感受到的更多的是不确定性和杂乱无序。抽象是人类在错综变幻的现象中寻找秩序和规律的途径。概念形成的基础就是抽象。通过从自然世界中各种各样的事物或现象中抽象出某些共同的方面或特征,概念得以形成。概念可以用来表征各种事物或事件,如桌子、汽车、猫、结婚、升职等等,也可以用来概括事物或事件的某些特征,如长度、温度、智力、动机等。概念化的核心功能在于减少感官信息的无序,使之变得有条理。借助于语词、符号等方式,思维和交流成为可能,事物或事物特征得以界定、分析和整合,从而达到认识、理解和研究它们的目的。

因此,人类对外在世界的认识并不是从一开始就是井然有序的,而是经历了一个从无序到结构化的过程。在这一过程中,从个体主观的闪念到人类公认的科学理论之间存在着一个概念化演变的渐进历程。20世纪美国哲学家Charles Sanders Peirce的符号论(semiotics)提供了对这一过程的一个很好的阐述(Wright,1999;Atkin,2010)。

(一) 观念的演化历程

Charles Sanders Peirce是20世纪美国著名哲学家、逻辑学家、科学家和人文学者。他是John Dewey的老师,William James的终身挚友,他对两个人的思想有着深刻的影响。他被认为是实用主义哲学流派的主要创始人。虽然对数学、科学、心理学、经济学等众多领域都颇有贡献,但Peirce一直认为自己的主要研究领域是逻辑学。符号论是他认为自己在逻辑学方面的核心研究。符号论是一种哲学理论,主要研究自然或人为构建的各种标示(sign)和符号(symbol),以及它们的功能。Peirce将人类认识过程中的符号分成了10种不同的类型。这些类型的演化反映了人类思维过程从质性的直觉到科学过程的数学定律的发展进程。

Wright(1999)将Peirce符号论中六种符号类型理解为人类迈向科学研究的6个阶段,并对这六种符号类型和美国心理学家S. S. Stevens的测量尺度理论进行了比较分析(见表2.1)。按照这一理论,某种想法(idea)除非能够被反复提及,并能够和他人交流和探讨,才能被称为一个"真实的"观念(thought)。在这之前,我们的想法或许只是一种一瞬间的念头,一个转瞬即逝的灵感,只能我们自己来感知其存在。通常,即使是自己,这一念头也很难随意重复,并且难以言表,无法与其他人进行交流。这是Peirce所讲的或然性表象(possible icon)的状态。它充其量只是我们意识中可能存在的一种臆想。某些表象或许在意识中存留下来,形成具有相对明确指向的观念。所谓有明确指向,是说我们能够在意识层面上认识到它的存在,能够用言语对其加以描述,和同样具有这种观念的其他人进行交流或讨论。但是,此时的观念并没有一个现实对象与之相对应。Peirce 将这种观念称为或然性指标(possible index)。

表 2.1 观念演化的阶段及其与测量的关系(改编自 Wright,1999,p.66)

Peirce(1904)	Stevens(1939)	迈向科学的六个阶段
5. 或然性表象(possible icon)		质性臆想(fancy qualitative)
6. 或然性指标(possible index)		质性观念(thought qualitative)
7. 事实性指标(factual index)	名义(nominal)	质性对象(object qualitative)
8. 或然性符号(possible symbol)	等级(ordinal)	量化分数(score quantitative)
9. 事实性符号(factual symbol)	等距/等比(interval/ratio)	量化测量(measure quantitative)
10. 论证性符号(arguable symbol)		量化关系(relation quantitative)

继而,我们能够确定或找到一种对象或现象作为观念的现实指向。例如,我们指着某种行为对别人讲:"看,这就是我说的善良。"此时,这种观念与自然世界有了具体关联,具有了可观察的现实对应物。因此,我们可以在现实中发现它的存在,分析它与其他事物或现实的异同。它是 Peirce 所讲的事实性指标(factual index),对应着 Stevens 提出的名义(nominal)水平上的对事物或现实的质性分析。

有些具有现实指向的某些观念,不仅可以指代某些对象或特征的存在,还可以在某种抽象的维度上对它们进行衡量。这种抽象的维度是对象所共有的某种属性,如长度、温度、智力、兴趣等等。此时,同一类别内的所有对象不再像名义水平分析那样具有等价性,而是在这种抽象的维度上具有了不同的权重。这一阶段标示着量化(quantification)的开始。我们可以按照不同对象在某个维度上的量对其加以比较。此时,我们可以给同一类型内的不同对象赋予不同的分数(score),以标示它们在某个维度上的等级关系(ordinal relation)。Peirce 称之为或然性符号(possible symbol)。

从比较不同对象在某个抽象维度上的相对位置,到找到某种方法能够精确地标示不同对象的量,是观念演化的又一阶段。它需要形成一种更加抽象的符号,这就是某种抽象的相同单位。Peirce 称之为事实性符号(factual symbol)。这需要对所涉及的抽象维度上不同量之间的内在关系形成深刻的认识,从而使得用抽象单位来表示不同对象的量的做法能够与现实中的观察相吻合。它意味着该抽象维度具有 Stevens 所讲的等距或等比尺度(interval/ratio scale)的内在结构,能够通过某种人为界定的相同单位来实现对不同对象在该维度上量的测量。Wright(1999)将这一符号形式称为科学的基本语言。对不同对象在某个属性上量的精确刻画,为用数学形式表达科学知识、原理和理论提供了基础。

在测量的基础上,我们选择和建立各种测量尺度,用以表达不同对象在不同属性上的量。基于某种具有现实意义的现象或事件,我们固定各种测量尺度的原点。例如,我们将纯水的结冰点定义为摄氏温度尺度的0°,或者将分子停止运动(或者不再有热能散发的)的点定义为开尔文(Kelwin)温度尺度的0°。在单个属性测量的基础上,数学成为可以分析不同属性之间关系的一种语言。它使得事物发生、发展的过程得以用一种量化的理论来加以描述。Peirce将这一符号形式称为论证性符号(arguable symbol)。从伽利略的天体运动,到牛顿的经典力学,再到爱因斯坦的相对论,整个17到20世纪物理科学的兴盛就是建立在这样的一种基础上。

(二) 科学理论的阐述方式

理论是一种系统化的概念体系。概念,如前所述,是在对事物及其属性的抽象基础上形成的观念。沿用上述人类观念演变的历程,我们可以由此对科学理论的阐述方式进行区分。

理论是对具体或抽象事物及其属性的系统阐述。这种阐述可以在一种质性的概念水平上进行。不同的概念有着相应的指代对象,可以进行观察和记录,能够举出相应的实例。我们可以将这样一种水平上的理论称为名义或质性水平的科学理论。在这个水平上,理论中的不同概念指向不同类型的事物,或者不同的事物属性。可以对这些类型或属性进行概念界定和特征分析,能够按照这些类型或特征对不同事物进行分类和枚举,也能够对不同事物进行比较。只是,在这个水平上对事物或事物属性的比较是一种质性的特征比较,通常采用"如果事物类型为A,那么特征为B"的形式,如比较男性和女性的第二性征。此时,对事物不同属性之间的关系的分析也是质性的。在这个水平上,没有实质意义上的对事物或属性的量化,但可以用数字作为指代符号来表征不同事物或属性。

纯粹的质性理论不多见。即便是分析概念所对应的各种实例,也常常面临着某个实例比另一个实例是否更加典型的比较。典型性即是对同一类型不同对象等价性的质疑,继而开启了对事物在某种或某些属性上量的分析,开始了基于属性量对事物进行分类的历程(好坏、高低、冷暖、爱憎等)。可以将这样一种水平上的理论称为等级水平的科学理论。此时,男性和女性的类型划分开始被男性化和女性化的观念所取代。

量化理论开始萌芽,但更多的是分析和阐述不同事物在属性上的顺序。不同事物或属性之间的关系是相对的,通常采用"如果在属性 A 上的相对位置较高(低),那么在属性 B 上的相对位置较高(低)"的形式。由于缺乏属性维度上相同的单位,此时对事物及其关系推断的精确性受到很大限制。即使相关理论充分,但受量化程度的影响,对事物在属性上的量及其关系的推断也是不精确的。

测量水平上的理论是在抽象的连续尺度上描述事物特征及其彼此间的数量关系。正如我们前面所讨论的,对事物属性的测量,并不是简单地假设"属性是可测量的"就可以了,需要深刻研究和认识属性对应维度的内在结构。在此基础上,形成合理表达和测量不同量之间数量关系的模型或程序。正是在这个意义上,用数学形式表达的公式或定律才具有了揭示属性内在结构以及不同属性之间关系的实质意义。这个水平上的科学理论达到了完全意义上的量化水平。也是在这个意义上,数学成为 Wright 所谓的科学的基本语言。测量水平上的理论提供了其他类型的科学理论所无法比拟的简约性和精确性。我们能够在确定事物所属类型和具有的特征的基础上,在一个更加精细的层面上描述该类型中不同构成的成员。因此,我们并不是简单地说"A 属于哪个类型,具有什么特征",而是在此基础上进一步阐述"A 在这些特征上的具体量是什么"。此外,在对属性量的测量基础上,科学假设和原理得以用数学的形式来表达。在牛顿第二定律 $F=ma$ 中,力 F、质量 m 和加速度 a 都要能够独立测量。这样一种数学公式,表达了这三者之间的一种非常清楚而严格的规律。对三个概念(属性)的明确界定,对三个属性量的精准测量,再加上这一数学表达所蕴含的严格预测,使这一科学规律成为有着明确检验标准的理论假设,不断接受着来自经验研究和数据的挑战。正是在这个意义上,相应的理论成为一种强理论(strong theory)。

(三)测量在科学发展中的作用和局限

对事物或现象间因果关系的鉴别和寻求通常是科学研究的核心任务。实验通常被认为是发现这种因果关系的最佳方法(the golden method)。对因果关系的研究并不必然需要测量的介入。我们可以在以测量为基础的量化水平上研究因果关系,也可以在质性水平上研究。判定某种病毒是否是导致某种传染病的根源,和研究光照强度是否会引起人们食欲的变化,两者在本质上都属于对因果关系的寻求。前者更多的是一种质性关系,而后者则适宜测量手段的介入。在这个意义上,测量并不是科学研究必不可少的构成。

然而，对于适合用量化手段研究的事物或现象间的因果关系，测量手段的介入具有重要的意义。测量的前提是对所涉及的事物属性的测量尺度的思考。抽象的连续性尺度是建立在对属性内在结构的认识和理解基础之上的。事物属性自身的内在结构和事物或现象间因果关系的性质有着必然的联系。测量是揭示这种内在联系的技术手段。从这个意义上讲，测量的介入具有必然性。测量提供了对具有不同属性量的事物的量化描述，从而实现用数学语言更加精确地刻画事物间因果关系的可能性。测量技术的进步导致的测量精度提高，能够使研究者更加清楚地认识事物间因果关系的具体特征、变动趋势和依存条件，提高描述、解释和预测的准确性。

不仅如此，测量尺度还提供了比较和综合不同实验研究发现的一种途径，从而将不同的局部理论加以整合，或者实现在一种新的层次上认识事物或现象的目的。通常，实验研究是在有限的情境、样本和条件下展开的。因此，不同研究发现的不一致，有可能仅仅是因为实验条件不同而导致的，而非实质意义上的理论分歧。在质性认识的水平上，验证某个实验必须完全严格地重复该实验的所有条件和程序。然而在测量水平上，可以采用一种量的视角来审视不同实验所处的情境和条件。如果按照某种或某些测量尺度，不同实验的情境或条件可以被标定为处于某个尺度上不同的特定区间，或者某几个尺度所构成的坐标空间中的不同点，那么相应研究发现的差异或许会在一种新的框架下得以解释。例如，人们或许早就已经认识到"水"在固态、液态和气态情况下的不同表现特征，但在未能深入到在分子水平上认识"水"这一物质之前，这种认识或许是建立在这三种状态分别代表不同物质的基础上。对"水"分子的认识让人们意识到三种状态背后是一种物质，而对分子运动的认识以及对分子运动程度的测量，则提供了整合三种状态的一种统整的理论框架。类似的，测量技术的发展能够使得零散的、孤立的研究成果得以在一种新的维度上加以整合。在达尔文提出生物进化的思想之后，大量证据来自对地球上的生存物种及其特征的研究。然而，地质研究，尤其是地质年代测量技术的进步，使得这种证据能够从一种新的、更有说服力的途径获得。放射性元素的衰变定律使得同位素地质年代测定法成为可能。研究者通过测定矿物和岩石中放射性母体和子体的含量，就可以准确判定矿物和岩石的年龄，从而判定它们所属地质的年代。利用这种方法，将不同地质年代的生物化石所观察到的物种及其特征统整在一起，就提供了对进化论的一种论证方式（见图2.3）。属性尺度的构建和测量技术的发展，极大地推动了科学理论的发展和完善。

地质年代表

宙	代	纪	世	距今年数	生物的进化	
显生宙	新生代	第四纪	全新世	1万		  人类时代 现代动物 现代植物
			更新世	200万		
		第三纪	上新世	600万		  被子植物和兽类时代
			中新世	2200万		
			渐新世	3500万		
			始新世	5500万		
			古新世	8800万		
	中生代	白垩纪		1.37亿		裸子植物和爬行动物时代
		侏罗纪		1.95亿		
		三叠纪		2.30亿		
	古生代	二叠纪		2.85亿		蕨类和两栖类时代
		石炭纪		3.50亿 		
		泥盆纪		4.05亿		裸蕨植物 鱼类时代
		志留纪		4.40亿		
		奥陶纪		5.00亿		 真核藻类和无脊椎动物时代
		寒武纪		6.00亿		
隐生宙	元古	震旦纪		13.0亿		细菌藻类时代
				19.0亿		
				34.0亿		
	太古			46.0亿	地球形成与化学进化期	
				50亿	太阳系行星系统形成期	

图 2.3 地质年代表以及不同地质年代的物种演变①

但是,测量对科学发展的推动作用,并非适用于所有的研究对象或属性。如前所述,属性的内在结构是决定该属性能否被测量的前提。在实际科学研究中,属性的内在结构并不是不言自明的。对心理与教育测量学而言,没有证据表明所有的心理属性

---

① 本图为改编的网络贴图,原图来源为 http://blog.cersp.com/tb.asp? id=402752。

都是可以测量的。因此,心理和教育测量学不仅仅包括研究如何测量各种心理属性的模型和程序,还包括如何判定或检验心理属性的内在结构(Michell,2003)。然而,心理或教育测量领域中属性的特殊性,导致了在这些领域中测量所需要面对的问题的独特性。

第三章 心理与教育领域中的测量

现在,试着从心理或教育领域中寻找一个测量的例子,回答我们在第二章开头提出的五个问题。心理和教育测量中的案例有很多,最为常见的是对人的智力、学业成就、个性特征、兴趣等的测量。假设我们以智力测量为例,对上述五个问题的回答可能是:(1)在这个例子中,测量的属性是智力;(2)数据是从人这一测量对象上获取的;(3)该活动使用了智力量表这一测量工具。通常,这些量表是由一些需要解决的问题(即测验项目)所组成。

对第四个问题的回答则有些复杂。智力测量的结果是用数值表示的,不过这个数值有可能是通过各种不同形式来呈现的。它可能是我们在这个智力量表上正确解答的项目个数,或者是对每个正确解答的项目加权之后的一个总分。这两种结果通常都被称为测验的原始分数(raw test score)。传统上,智力测量的结果更加常见的呈现方式是对原始分数进行转换而得到的导出分数(derived score)。由于智力测验原始分数的分布通常接近正态分布(normal distribution),因此,几乎所有的导出分数都是以正态分布为基础的[①]。图 3.1 给出了几种常见的导出分数。图中最上端的正态分布用来表示原始分数的分布情况。其中横坐标是原始分数的不同取值[②],纵坐标是不同分数取值的可能性。该图也给出了正态曲线下对应的不同分数区间相应的百分比。可以看出,原始分数在平均数±1 个标准差区间的人约有 68.26%。约有 95% 的原始分数在平均数的±2 个标准差之间。因此,借助于正态分布表,我们可以非常容易地得出不同原始分数区间对应的比例。

[①] 当原始分数不符合正态分布时,通常采用非线性转换的方式将其转化成正态分布,这种转换后的导出分数通常被称为正态化的标准分(normalized standard score)。具体做法参见(Glass & Hopkins, 1996)。
[②] 此处的原始分数取值被表示成以标准差为单位,某个原始分数与平均数的距离。

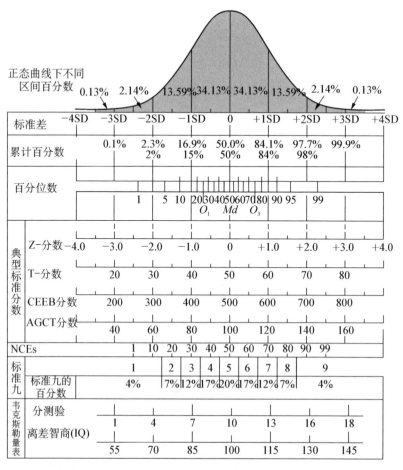

图 3.1 智力测验中常见的测量结果呈现方式（改编自 Thorndike, 2005, p. 83）

最为常见的导出分数是标准分（standard score），也称 Z 分数。Z 分数是对原始分数的一个线性转换（linear transformation）。$Z=(X-\mu)/\sigma$，其中，X 是某个个体的原始分数，μ 和 σ 分别是原始分数的平均数和标准差。以 Z 分数为基础，形成了其他各种导出分数，如 T 分数（T score）、GRE 分数（GRE score）、离差智商（deviation IQ）等。这些导出分数都是对 Z 分数的一个线性转换。例如，$T=10Z+50$，$GRE=100Z+500$，$deviation\ IQ=15Z+100$。

特别值得一提的是离差智商。智商（Intelligent Quotient，IQ）这一概念为社会大众所熟知。它最早来自德国心理学家 William Stern 于 1912 年提出的比率智商（ratio IQ）。所谓比率智商，是指个体的心理年龄（mental age）和生理年龄（chronological age)之比,再乘以 100。为了建立智力的测量尺度,通常从正常人群总体中,抽取一个较大规模的代表性样本进行施测。该样本中,不同生理年龄层在智力测验中的原始分数的平均值即作为该年龄层的智力水平,这成为判定一个个体心理年龄的基础。例如,如果某个体的原始分数与 5 岁儿童群体的平均分数相同,则认为该个体的心理年龄为 5[①]。假如该个体的生理年龄为 5 岁,则其比率智商为 100。如果其生理年龄为 4 岁,则其比率智商为 125。Lewis M. Terman 在第一版的 Stanford-Binet 智力量表中就采用了比率智商这一做法。然而,比率智商作为智力水平的测量尺度,存在内在的不足。生理年龄所在的尺度是线性的,而心理年龄则是非线性的。因而,比率智商在不同年龄阶段的含义并不完全相同,尤其不适用对成年人的智力水平进行刻画。离差智商是为了克服比率智商这一不足而提出的。

Wechsler 最早提出了离差智商这一概念。虽然都叫智商(IQ),离差智商其实是一种正态化了的标准分,而比率智商在严格意义上不是。从正常人群总体中抽取代表性样本后,首先将不同生理年龄层的被试分数转换成正态化了的标准分。与所有 Z 分数一样,此时的测验分数被转换到一个平均数为 0,标准差为 1 的尺度上。然后,将得到的每个 Z 分数乘以 15,再加上 100,就导出了每个原始分数对应的离差智商[②]。在这一尺度下,智商 100 意味着个体拥有中等水平的智力。大约 95% 的个体智商在 70 到 130 之间,约有三分之二的个体智商在 85 到 115 之间。

基于智力测验原始分数的另外一种导出分数是百分位数(percentile)。百分位数的导出过程清楚地表明它是一种等级水平的尺度。其基本过程是将原始分数按照大

---

① 在 Binet 所开发的 Binet-Simon 智力量表中,个体的心理年龄其实不是这样确定的。Binet 将心理年龄称为心理水平(mental level)。在 Binet-Simon 量表中,测验项目是按照年龄分组和施测的。根据对儿童实际施测的结果,每个测验项目被放置到适合某个年龄阶段的分测验中。例如,如果某个测验项目在 5 岁儿童组的正确作答率为 50%,则该项目就被放置到 5 岁分测验中。实际施测时,不同年龄组分测验依次从低到高施测。个体心理水平的确定是根据他(她)所能答对分测验项目所对应的最高年龄水平而定的。例如,如果一个儿童正确回答了 5 岁年龄(所有)分测验中的项目,但是没有答对 6 岁分测验中的任何项目,那么,该儿童的心理水平就是 5 岁。后继的 Stanford-Binet 智力量表的前三个版本其实都是采用这个方法来确定个体心理年龄的。在实际使用时,心理年龄实际是具体到月的,根据个体所处"基准"(basal)心理年龄(即个体答对所有分测验项目所对应的最高年龄),加上他(她)在基准年龄组以上分测验中答对的题目所获得的附加月份。在不同年龄段,答对一个项目所获得的额外心理月份的数量是不同的。

② 20 世纪 60 年代以后,几乎所有的智力测验都采用了离差智商来表示智力水平,但是在具体的尺度上略有不同。例如 Wechsler 智力量表,包括 Wechsler 成人智力量表(WAIS-III, Wechsler, 1997)、Wechsler 儿童智力量表(WPPSI-III, Wechsler, 1991)等,都采用平均数 100,标准差 15 的尺度,而 Stanford-Binet 智力量表一直采用平均数 100,标准差 16 的尺度。直到 2003 年第五版 Stanford-Binet 智力量表才改成平均数 100,标准差 15 的尺度(Roid, 2003; Thorndike, 2005)。

小进行排序,然后计算施测的代表性样本中小于每个原始分数的个体占整个样本的百分比。如果低于某个原始分数的百分比为 P,则该原始分数就是第 P 个百分位数[①]。因此,知道一个个体智力分数是第几个百分位数,就知道了该个体在整个样本中所处的相对位置。标准九(stanine)则是由百分位数导出的。其分配规则如下:处在正态分布下第 4 个百分位数以下的分数转换为 1,第 4 个到第 7 个百分位数之间的分数转换为 2,依此类推(标准九各分值对应的百分位数区间见图 3.1)。实际上,智力测验的原始分数经过大小排序后,每个原始分数即可以根据上述规则转换成对应的标准九分值。

那么,上述各种智力水平的数值表示方式各自的单位又是什么?又应该如何来看待这些表示方法中的单位呢?这两个问题其实触及了心理或教育测量中尺度建立的关键命题。我们先来审视智力测验的原始分数。如前所述,智力测验的原始分数是个体答对的项目数。严格意义上,答对项目数这一尺度的单位是单个项目。如果我们不根据答对项目的多少来推断个体的智力水平,只是就答对项目的数量本身进行分析,那么我们可以合理地讲"个体 A 答对项目的数量是 4 个、个体 B 答对项目的数量是 2 个,个体 A 答对项目的数量是个体 B 的两倍"。之所以这样讲是合理的,是因为答对项目数符合可加性结构,2 个项目加上 2 个项目等于 4 个项目。

显然,我们不仅仅只关心个体答对项目的数量,我们真正关心的是答对不同项目数所对应的智力水平是什么。然而,尽管 4 个项目是 2 个项目数量的两倍,但这并不意味着个体 A 的智力水平是个体 B 的两倍。因为,答对项目数和智力水平之间并不一定存在一个线性的关系。图 3.2 给出了答对项目数和智力水平之间可能存在的几种关系。在图 3.2 中,A_1、A_2、A_3 分别代表了个体答对智力测验项目的数量,B_1、B_2、B_3 则分别代表了与 A_1、A_2、A_3 对应的智力水平。假设 $A_2 - A_1 = A_3 - A_2 = 1$ 个项目(即项目数尺度上的 1 个单位),图 3.2(a)表明答对项目数与对应智力水平之间存在一个线性关系。答对项目数每增加 1 个,对应着智力水平尺度上相同数量的增长(即 $B_2 - B_1 = B_3 - B_2 = 1$ 个智力水平单位)。在这种情况下,不同测验项目具有等价性。以单个项目为相同单位,答对项目数可以作为推断潜在的、无法直接观察的智力水平的一个工具性尺度。然而,图 3.2(b)和(c)中给出了其他的可能。在图 3.2(b)中,每增加 1

[①] 在实际计算中,根据数据量的多少,用原始数据的累积曲线或计算公式可以求取任意一个原始数据的百分位数,也可以求取任意一个百分等级所对应的原始数据值。

个答对项目数虽然可以表明对应的智力水平在提高,但是并不意味着智力水平尺度上同等数量的增长(即 B_1 到 B_2,B_2 到 B_3 之间的距离并不相同)。在这种情况下,根据答对项目数,仅仅可以推断不同智力水平的顺序(order)。在图 3.2(c)中,即使是这种顺序也无法保证。该图表明,答对项目数增加 1 个,对应的智力水平可能有所提高(如从 A_2 到 A_3),也有可能没有变化(如从 A_1 到 A_2)。因此,答对项目数的增加并不必然对应智力水平的提高。不仅如此,答对项目数相同,如果项目构成不同的话,有可能对应着不同的智力水平(如 A_3 对应的智力水平可能是 B_2,也可能是 B_3)。在这种情况下,答对项目数本身,或者答对项目数的增长,都无法作为推断对应的智力水平的依据。在图 3.2(b)和(c)两种情况下,单个测验项目作为答对项目数的基本单位,并不具有等价性。由于并不确定智力测验中原始分数和所推断的智力水平之间究竟是这三种关系中的哪一种,因而,推断答对项目数所对应的智力水平时,单个项目能否作为基本单位是值得怀疑的。

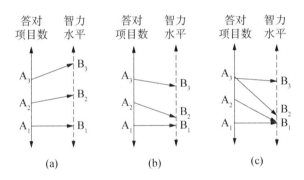

图 3.2　智力测验答对项目数与智力水平之间的可能关系

如果原始分数在推断智力水平时无法界定相同单位,那么基于原始分数的各种导出分数又将如何呢？首先,百分位数和标准九都是在原始分数基础上形成的等级变量。因而,这两个变量本身就不具有相同单位。用来对智力水平进行推断时,显然也不会有相同单位。Z 分数以及相关的各种导出分数都是对原始分数的一个线性转换。这些导出分数虽然具体的取值不同,但都是将原始分数转换到用"标准差"为基本单位的抽象尺度上。然而,这些转换并没有改变原始分数和智力水平之间的对应关系。对这些导出分数而言,图 3.2 中的问题依然存在。因此,当用来对智力水平进行推断时,图 3.1 中的各种导出分数也都存在一个难以界定相同单位的问题。例如,个体离差智商从 100 到 115 的变化,和从 115 到 130 的变化,是否意味着同等程度的智力水平的提高？不仅如此，个体离差智商从100到115的变化是否意味着智力水平有所提高，其实也是一个值得怀疑的问题。正如图3.2（c）所显示的那样，原始分数及其对应的导出分数的变化，未必一定意味着智力水平的提高。因此，无论是原始分数，还是各种线性转换之后的导出分数（如离差智商），在用来推断智力水平时，需要首先解决它们与智力水平之间的对应关系。这种对应关系是需要通过研究加以证明的，而不能理所应当地认为两者就存在线性关系（图3.2a）或者一对一的等级关系（图3.2b）。

由于无法根据原始分数或离差智商来推断个体智力的绝对量或者变化程度，传统心理与教育测量学采取了一种间接的方式。这种间接的方式就是所谓的常模参照（norm reference）分数解释方式。在这种方式下，对个体智力高低的理解，并不是缘于对个体在智力这一属性上的量的直接推断，而是根据常模样本（即大规模代表性测试样本）中该个体所得分数的百分等级（percentile rank）的大小。个体在常模样本中百分等级越高，低于该个体所得分数的人数百分比就越高。因此，如果个体离差智商为100，百分等级为50，该个体智力水平被推断为中等。如果离差智商为130，百分等级约为97.5，只有约2.5%的人得分高于该个体，则该个体智力水平被推断为很高。在常模参照模式下，离差智商在严格意义上只是一个等级变量。它将常模中的个体按照所得分数的百分等级进行了排序，并依据这种顺序对个体智力的高低进行推断。这种分数解释模式并没有解决图3.2中的不确定性。个体分数的百分等级与智力水平之间的对应关系依然是一个有待验证的问题。

一、理想心理和教育测量的特征

智力测量中的问题并不是心理或教育测量中的特例，而是心理和教育测量中共性的问题。在心理或教育测量中，通常直接观察到的并不是个体在所测属性上的量（如智力水平），而是个体在测量工具上的原始分数（通常是答对测量量表中的项目个数）或各种相关的导出分数。不管是原始分数还是导出分数，都成为推测个体在所测属性上的量（如智力水平）的工具性变量（instrumental variable）[①]。原始分数或导出分数可能具有明确的单位或尺度，如答对项目数的基本单位是单个项目，离差智商的基本单

[①] 所谓工具性变量，是指当真正关心的目标变量难以观察或测量的时候，研究者选择一个与目标变量有明确关系，同时又相对容易观测的变量。通过对该变量进行观察或测量的结果，来对目标变量的情况进行推断。这个相对容易观测的变量就被称为工具性变量。

位是标准差等。但是,利用这些观察分数对所测属性进行推断时,首先需要解决两个问题:(1)如何界定所测属性所在尺度上的测量单位;(2)观察分数和所测属性之间的对应关系是什么①。只有这两个问题解决之后,才能进行下述推断:(1)根据特定的原始分数或导出分数,如何确定对应的属性量是多少?(2)原始分数或导出分数所在尺度上一个单位的变化,对应的测量属性的变化量是多少?

在上述描述的智力测量案例中,这两个问题都没有得到解决。正是因为无法解决上述两个问题,测验分数的解释才转向了常模参照的方式。常模参照模式的合理性是建立在如下几个前提假设的合理性之上的:(1)在目标总体中,存在足够分化的、渐进增长的智力水平。换句话说,目标总体中不同的人具有不同的智力水平。智力在目标总体中的分化程度较好地覆盖了智力这一属性的测量尺度跨度。(2)在测量工具中,存在足够分化的、渐进增长的测验分数(原始或导出分数),与总体中不同智力水平的分化程度相对应。也就是说,目标总体中存在多少种智力水平,测量工具就应该能够生成多少种不同的测验分数。(3)排除测量误差的影响,智力水平和测验分数之间存在一种一对一的、正向的匹配关系。所谓正向关系是指较高的智力水平对应于较高的测验分数。这种匹配关系不一定是线性的,但对于每种智力水平,都存在一个对应的、独特的测验分数。只有在这些假设成立的基础上,基于代表性样本的常模参照模式才能实现对个体智力相对水平的合理推断。任何一个前提假设不成立,都会导致根据原始分数推断智力水平的问题。例如,现实中测量工具通常是数量和难度都非常有限的测验项目。因而,所能生成的测验分数与目标总体中智力水平的分化程度无法匹配。这就导致基于原始分数对众多智力水平的推断是不准确的。

更为重要的是,常模参照模式回避了智力测量尺度本身的理论问题,将这一问题转换为如何建立总体代表性样本(即常模)。从测量理论的角度来看,正是这一转换,造成了心理和教育测量中的诸多问题。著名的美国心理测量学家 Louis L. Thurstone 在1925至1932年期间曾经发表了一系列的著作和论文,系统阐述了理想心理测量的特征(Wright,1999)。Thurstone 认为,一个理想的心理或教育测量尺度,需要满足如下几个条件:(1)单维性(unidimensionality)。对事物或对象的测量必须是对该事物或对象的一个属性的描述,而不是同时涉及多个属性。测量尺度的单维性是所有良好测

---

① 其实在这两个问题背后,还有一个有待检验的基本假设,即智力这一属性是一个连续的量化属性。这一假设确保了存在一个连续性尺度,能够对不同智力的水平进行精准的描述,以及能够界定一个测量单位,来实现对不同智力水平之间数量关系的刻画。

量的普遍特征。(2)线性(linearity)。测量的概念本身即蕴含着某种线性的连续体。对事物某种属性的测量就意味着需要建立一个能够反映该属性不同水平的某种线性连续体。因此,如何根据不同个体在某个心理或教育属性上的各种质性的表现特征和水平变化,建立某种线性的测量尺度,是心理或教育测量的关键。(3)抽象性(abstraction)。所有的测量尺度都是某种抽象的线性连续体。抽象性是测量尺度的本质特征。虽然测量尺度可以用来描述不同事物或对象在某种属性上的水平,但是测量尺度并不等同于或局限于这些事物或对象的属性水平,而是在概念上对所有可能的这些水平的一种抽象。抽象性也意味着测量尺度上的单位并不与某种具体的现实对象相等同,而是人们为了实现对事物属性进行测量而形成的一种思维产物。(4)不变性(invariance)。有关某个属性的测量尺度一旦确定下来,排除测量误差的影响之外,对某个具体事物在该属性上量的测量结果也就固定了。同时,该测量结果与其他事物在这一属性上量的测量结果之间的数量关系也固定了。这种不变性在该测量尺度的所有不同区间内都是成立的。测量结果不变性的实质基础是所测属性的内在结构。如前所述,测量要求所测的属性必须是连续的量化属性,具有可加性和连续性的内在结构。正是由于这种内在结构,抽象的、线性的测量尺度的建立才有可能。它是用人为界定的测量单位来表示某个事物在该属性上的量,以及不同属性量之间的数量关系。(5)独立于被试样本的项目标定(sample-free item calibration)。理想的测量实践中,测量尺度必须不依赖于所要测量的某个或某些具体事物。例如,长度这一尺度,并不因为我们是丈量一段木头,还是测量北京到上海的距离而改变。对理想的心理或教育测量而言,某个属性的测量尺度必须不依赖于所要测量的某些具体个体或人群。由于心理或教育测量是基于个体能够正确解答的项目特征进行推断的,这就要求测验项目在测量尺度上的位置一旦标定,就不应该再受所测被试样本的影响。(6)独立于具体测验的被试测量(test-free person measurement)。类似的,测量尺度不应该依赖于所使用的具体的测量工具。例如,对同一个体体温的测量结果,排除误差影响之外,不应该因为我们采用的是水银汞柱温度计还是电子温度计而改变。对心理或教育测量而言,这意味着一旦某个心理属性的测量尺度确定下来,对个体在该属性上的量的测量不应该受到所采用的具体测验的影响[①]。

[①] 需要指出的是,这并不意味着任何两个随意编制的测验应该导致相同的测量结果。正如水银汞柱温度计和电子温度计都必须是测量温度的精准仪器一样,这一特征要求测量同一属性的不同测验都是高质量的。

如果以长度测量作为一个具体的案例,我们会发现长度测量具有 Thurstone 认为的理想测量的所有六个特征。长度刻画了事物或对象的一个独特的属性。长度尺度是一个抽象的尺度,它是一个线性的连续体,在理论上是无限的。而测量木头长度的尺子和其他任何具体的长度测量工具,都是这个抽象尺度的一个有限区间的物化。对长度尺度而言,一旦确定了测量的基本单位,如米或厘米,任何事物的长度都可以借助于该单位来表示,任意两个长度之间的数量关系便可以表示为两个比值(即每个长度和测量单位的比值)之间的数量关系。这种关系贯彻于整个长度尺度,并不随着某个具体长度在整个尺度上所处区间段而改变。此外,长度尺度并不依赖于所要测量的具体对象。排除测量误差的影响,只要所用尺子采用的单位是相同的,对特定事物长度的测量并不依赖于具体采用了哪把尺子。这使得我们即使在不同时空下采用不同的尺子,依然能够在统一的测量尺度下描述某个具体事物的长度在不同时间或空间上的发展变化。例如,借助于以厘米(cm)为基本单位的长度尺度,我们可以知道:(1)在特定年龄点上,某个男性儿童的身高是多少;(2)在某个时间区间上,该儿童身高的变化量是多少。这两种信息的获取,正是依赖于长度这一尺度所具有的上述几个特征。图3.3给出了0—3岁男性儿童身高发育的总体状况。在该图中,我们不仅可以观察到某个特定年龄的男性儿童身高的具体取值区间,还能够知道某个具体身高在该年龄儿童中所处的相对位置(即该身高在该年龄所处的百分等级)。因此,依赖于长度尺度的上述特征,儿童的身高和该身高在相应年龄层身高分布中的相对位置在图3.3中实现了有机的统一。这种统一是对儿童在身高这一属性上的"绝对"量[①]和常模参照的相对量的有机结合。不仅如此,长度尺度所具有的相同测量单位,还使得我们能够知道特定年龄身高分布中不同百分位数之间的差异是多少。类似的这些特征,在体重这一属性的测量尺度上同样也可以得到(见图3.3下半部分的一组曲线)。

反观智力测量的案例,用智商建立起来的智力测量尺度是否具备 Thurstone 理想测量的六大特征是值得怀疑的。首先,智力是否是一个单维的心理属性,在心理学历史上一直存在众多的争议(见 Brody,2000)。其次,前面讲到,离差智商是对原始分数的线性转换。在推断智力水平时,原始分数是否具有相同的单位是值得怀疑的。相应的,用智商建立的智力测量尺度是否具备相同的测量单位也是值得怀疑的。对离差智

[①] 虽然有可能在概念上定义事物在某个属性上的绝对量,但是在实际测量中,事物在某个属性上的量的测量结果(即具体取值)还取决于所采用的测量尺度。因此此处"绝对"两个字加引号,以彰显这一点。

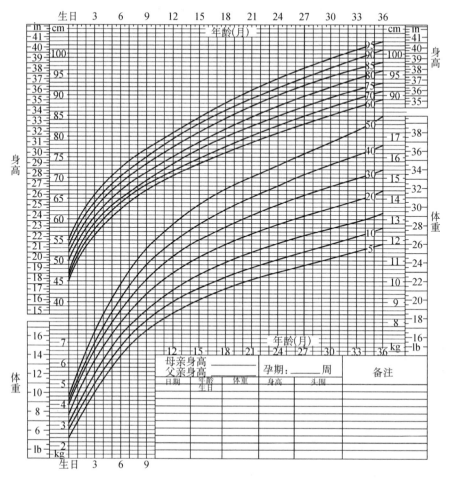

图 3.3 零到三岁男性儿童身高体重发育图①

商的解释更多的是采用一种常模参照的方式。因此,某个个体的离差智商为 130,只是告诉我们在常模样本中大约有 97.5% 的得分低于该水平。这一结论并没有告诉我们该个体在智力这一属性上的量究竟是多少。由于离差智商是基于不同年龄的常模而计算的,这样一种智力水平的表示方式,虽然可以告诉我们在不同年龄阶段某个个体的相对位置,却无法准确考察一个个体在不同时间或空间上智力的发展变化情况。图 3.4 给出了这种模式下的几种假想的可能情况。图 3.4 中每个图的横坐标是年龄,

---

① 本图为改编后的网络贴图,原图来源为 http://depts.washington.edu/fasdpn/htmls/diagnostic-tools.htm

纵坐标是实际的智力水平。图中的曲线描述了个体在不同年龄阶段的智力水平。此外,图中还分别给出了6、15和24岁时个体的离差智商。图3.4(a)中的个体在三个年龄阶段的离差智商都是100。图3.4(b)中的个体离差智商分别为100、115和130。图3.4(c)中的个体离差智商为100、85和70。如果单纯从离差智商的数值来判断,或许会得出图3.4(a)中个体智力水平保持稳定,图3.4(b)中个体智力水平逐步提高,而图3.4(c)中个体智力水平逐步下降的结论。然而,图3.4清楚地表明,在三种情况下,个体的智力水平都在逐步提高。之所以个体在三个年龄阶段智商出现不同趋势的变化,是因为相对于常模在三个年龄阶段的平均智力发展速度而言,三个个体各自发展的速度有所不同而已。图3.4(a)中的个体智力发展速度与常模平均发展速度相一致,图3.4(b)中的个体智力发展速度比常模平均发展速度要快,而图3.4(c)中的个体智力发展速度要比常模平均发展速度要慢。

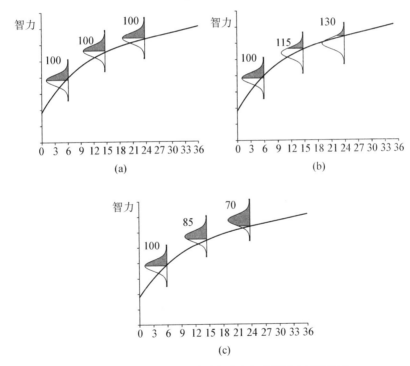

图 3.4　不同年龄阶段的离差智商与智力发展水平的关系

图3.4给出的几种模式只是假想的情况,原因在于图中纵坐标,即智力的测量尺度,是一种潜在的、抽象的尺度。我们根据个体在智力测验中的原始分数,或者图3.1

中任何一种导出分数,都无法准确构建智力的测量尺度。前面提到的智力测量中的问题并不是一个特例,而是心理和教育测量中的共性问题。因此,站在理想的心理或教育测量理论的角度,心理或教育测量研究的宗旨在于寻求一种测量理论和方法,使我们能够选取在心理和教育学研究中所关心的变量或属性,通过测量工具(考试或测验)建立一个具有相同测量单位,不完全依赖于某个具体任务或测量工具的测量尺度,从而能在一个共同的尺度上描述和分析个体或集体在该属性上的发展水平和变化趋势,作出合理的决策,采取相应的措施。

二、心理和教育测量的基本问题

虽然我们用长度作为案例来说明测量的概念,用长度尺度来说明测量尺度应该具有的特征,但是,心理和教育领域中的各种属性与长度有着重要的区别。站在测量的一般意义上来说,长度测量其实具有特殊性。这种特殊性体现在用于测量长度的工具本身具有长度。也就是说,测量工具在所测属性上具有某种特定的量,如某个米尺的长度可能是2米。利用测量工具本身所具有的长度,可以用来界定长度尺度的测量单位。例如,"米"这一人为界定的长度单位,就可以通过米尺本身所具有的长度来加以表示。米尺的这一特性,加上长度尺度的可加性结构,构成了米尺成为长度测量工具的基础。

但是在心理或教育测量中,测量工具本身其实并不具有所测属性的量。例如,智力量表本身并不具有智力水平。心理或教育测量的量表或工具通常是由一系列的测验项目构成的,比如智力量表中的认知任务,态度量表中的问题或者人格量表中的具体生活情境等等。这些测验项目本身并不包含测验所要测量的属性,而是提供了让个体表现出在所测属性上的量的可能性。每个测验项目在本质上都创设了一个具体的问题情境。特定的问题情境包含某些特征,构成了该问题特定的限制条件(conditions for constraints)。这些限制条件就是 Greeno(1994)所指的情境蕴含性(affordance of the situation)。它提供了个体某种特定的认知能力或心理特征得以表现的可能性。这种可能性未必一定变成现实,它转化成现实性的前提是个体具备相应的能力,即具备了适应于问题限制条件(attunement to constraints)的特定心理特征。由于不同问题所包含的任务特征不同,不同问题的蕴含性也有所不同。因此,对心理或教育测量而言,关键环节之一在于能否找到一系列具有不同蕴含性的测验项目,从而能够观测到所测心理属性不同水平的表现特征。

(一) 心理属性的本体论问题

这种间接性导致了心理或教育测量需要面对的其他复杂性问题。复杂性问题之一涉及心理属性的本体论问题,即究竟如何看待心理属性的存在。试着理解下面两个陈述,思考一下你更倾向于认可哪个陈述:

(1) 爱因斯坦很聪明,所以他解决了这个难题。

(2) 爱因斯坦解决了这个难题,所以他很聪明。

陈述(1)预设了在所观察到的个体行为("解决了这个难题")背后存在一个被称为智力的潜在变量(latent variable)。个体在该潜在变量上的状态("很聪明")是导致所观察到的个体行为特征("解决了这个难题")的原因。这里,智力这一心理属性先于个体某个或某些特定行为特征而存在①。它意味着,不管个体能否解决这个难题,智力这一心理属性都是独立存在的。通常我们认为,长度或重量这些物理属性具有物理现实性(physical reality),即可以被直接观察到。智力这一属性虽然没有物理意义上的现实性,但具有所谓的心理现实性(psychological reality),即它反映了人类心理现象中某个特定的、真实的维度。这一维度与个体众多的行为特征相关联,如学习成绩优秀、进入名牌大学、胜任高要求的工作等等。因而,智力这一属性不仅能够解释个体能否解决某个难题,它还是个体其他的众多行为特征背后的共同原因。

与陈述(1)不同,陈述(2)将个体在智力这一心理属性上的状态("很聪明")视为是所观察到的个体行为特征("解决了这个难题")的结果。这里,并不存在独立于行为观察和测量活动之外的心理属性。心理属性的形成缘于我们对一系列行为特征的归纳,其本质是人类通过概括或抽象而建构起来的一种虚化的东西(a fiction)。我们这样做的目的在于,通过这样建构起来的一系列术语(term),可以简化对行为世界的观察。这样建构起来的心理属性并不是所观察到的个体各种行为特征的原因,而是一种概括(summary)。例如,个体智力水平高,是因为我们观察到他(或她)学习成绩优秀、进入了名牌大学、能够胜任高要求的工作等等,而不是前者导致后者。

在一般意义上,陈述(1)所蕴含的心理属性观是一种实在主义(realism)的心理属性观,而陈述(2)所表达的是一种建构主义(constructivism)的心理属性观(Borsboom, 2005)。实在主义认为,存在一个独立于人类观察之外的自然世界,科学研究的目的之

---

① 在因果关系的推断中,原因在时间维度上先于后果而存在。这是判断因果关系成立的必要条件之一(Holland, 1986)。

一在于获取有关这一自然世界的知识(Maul,2012)。实在主义下的心理属性观认为,与物理现象和属性相同,心理现象及其属性也是这一自然世界的构成。虽然心理现象及其属性依托于物理实体的存在和运作机制(如人脑及其神经元间的作用机制),但心理现象和属性无法完全还原于对物理实体的理解和解释。也就是说,对人类大脑和神经机制的理解,无法、也不可能完全解释心理现象的各种特征和属性。心理现象和属性是人脑这一复杂物理系统在特定整合水平上所显现出来的特征(emergent features)。心理属性和人脑之间的这种关系是一种不对称的依存关系,是一种称之为超衍(supervenience)的关系(Davidson,1980;Kim,1993;Searle,2004;Maul,2012)。

只有承认心理属性的独立存在,才有可能假设潜在的心理属性是导致外在行为特征的原因。前者是后者的逻辑前提。站在测量的角度讲,给定测验项目的蕴含性,个体在智力这一属性上的特征决定了他(或她)对测验项目的反应。在这个意义上,心理属性和测验反应之间存在一种因果关系(causal relationship)。这一陈述包含了两层含义。一层含义是心理属性是一种独立于外在行为而存在的实体(entity)。这些实体描绘了人类心理现象的某些"真实的(real)"特征。另一层含义是存在某种"真实的"具体机制,能够清楚表明个体在特定心理属性的特征是以一种什么样的过程导致其在测验项目上的具体反应的。第一层含义属于实体实在主义(entity realism),后一层含义属于理论实在主义(theory realism)的一种(Borsboom,2005)[①]。站在这个立场上,心理学研究的一个重要任务就是发现和界定这些存在的心理属性,并揭示其与相应的外在行为特征之间的因果机制。其实,当前心理学研究中非常流行的潜变量模型,包括探索性和验证性因素分析模型(Exploratory or Confirmatory Factor Analytic Model, EFA or CFA)、结构方程模型(Structural Equation Model,SEM)、项目反应模型(Item Response Model,IRM)等等,都潜在地采用了上述实在主义的假设(Borsboom,2005;Edwards & Bagozzi,2000)。在这些模型中,个体在观测指标上的反应通常都被视为是模型中潜变量所导致的。

与实在主义不同,建构主义并不认为存在一个独立于人类观察之外的自然世界。因此,无论是心理属性也好,还是有关心理属性的理论也好,都无所谓"真实的"的状

[①] 这里讲的理论实在主义是就心理属性和项目反应之间关系的理论。另一种理论实在主义是有关不同心理属性之间关系的理论。心理或教育测量学更多的关注前者,而一般的心理学研究则重在揭示后者。两者都以心理属性的实体实在主义为基础。

态。所谓的心理属性不过是人类心智的一种建构产物(construction),充其量是对所观察到的个体各种行为特征的一种概括。从这个意义上讲,操作主义其实是一种极端的建构主义。在操作主义下,潜变量的操作定义其实就是对应的一组观测变量的某种加权组合。虽然一般意义上的建构主义并不将心理属性等同于某组特定观测指标的加权组合,但其精髓是一致的。这种精髓就是,心理属性和观测指标并不是彼此独立存在的不同对象。因而,"心理属性和测验反应之间存在一种因果关系"这一命题本身就是没有意义的。既然这一命题是不成立的,讨论"心理属性是以一种什么样的过程导致个体在测验项目上的具体反应"也就同样是没有意义的。在实在主义下,将不同的潜变量模型和经验数据相拟合的目的在于找到一个"真"(true)模型,能够正确反映不同潜变量之间、潜变量和观测指标之间的关系。在建构主义看来,不存在所谓的"真(true)"模型,模型拟合的目的在于寻找预测和观察之间的一致性,即所谓的经验充分性(empirical adequacy;Van Fraassen,1980)。但是,正如 Borsboom(2005)所论证的那样,当前心理学中的潜变量分析(latent variable analysis)实际上采用的是实在主义的心理属性观。建构主义心理属性观下的潜变量分析会面临着不可调和的问题[①]。

(二) 如何判定心理属性是否是连续量化属性

心理和教育测量的间接性所导致的第二个复杂性问题是如何判断所测的属性是连续量化属性。前面提到,按照测量的经典观,并不是所有的属性都是可以测量的。只有连续量化属性,才有测量的可能。连续和可加性是连续量化属性所具有的内在结构。对长度而言,可以采用物理相加的方式来验证该属性是否具有可加性结构。例如,我们可以将长度分别为 x 和 y 的两根木棍 L_1 和 L_2 头尾相接,然后检验总长度 z 是否为 L_1 和 L_2 各自的长度之和,即 $z = x + y$。但是,对心理属性而言,同一属性的不同量是借助于具有不同蕴含性的测验项目来间接地加以观测的,通常无法直接定义同一心理属性不同量之间物理相加的操作方式。因此,对心理或教育测量来说,必须寻找其他途径检验某个属性是否属于连续量化属性。Luce 和 Tukey(1964)所提出的联合测量理论似乎提供了这样一种可能(Michell,1990)。

按照联合测量理论,判定某个属性是否具有量化结构,不一定非要采取对该属性

[①] 详细的分析见本书第四章"建构和建构理论"。

不同量之间物理相加的方式。在特定情况下,可以借助于某属性与其他属性之间的关系实现对该属性是否具有量化结构的检验。假设有三种属性 A、X 和 P。属性 A 和 X 都分别对属性 P 的取值产生影响,两者联合(conjoint)决定了在属性 P 上的最终效应。在这种情况下,只要能够鉴别属性 P 不同量之间的等级关系,就可以通过三个属性之间的关系判定它们是否都属于连续量化属性。比如,假设属性 A 是物体的密度(density),X 是体积(volume),而 P 是质量(mass)。众所周知,物体质量既受其密度影响,也受该物体体积的影响。特定物体的密度和体积联合决定了该物体的质量。Luce 和 Tukey(1964)证明,只要能够运用某种工具,比如天平,确定不同物体质量之间的等级关系,通过检验密度、体积和质量三者之间是否满足某些特定关系,就能够同时判定三者是否属于量化属性。

1. 单重相约公理

表 3.1 给出了物体密度、体积和质量三者关系的一组假想数据。假设我们正处于对这三个属性的初级研究阶段,并不知道它们是否属于连续量化属性。我们能够利用一架天平来确定不同物体质量之间的轻重关系。现在的任务是如何根据表中数据所显示出的三个属性之间的关系,来判定它们是否属于量化属性。首先,观察表 3.1 中的第 3 和第 4 列,可以看到第 3 列中物体的质量总是比处于同一行第 4 列的质量要轻。比如处于第 2 行第 3 列的物体质量 M_{23}(其中 M 表示物体质量,下标 2 表示第 2 行,下标 3 表示第 3 列,以下同)要比第 2 行第 4 列的物体质量 M_{24} 要轻。类似的,$M_{53} < M_{54}$。这一关系可以推广到所有列中,即从表 3.1 中任意选择两列,左边一列中物体的质量总是比处于同一行的右边一列的质量要轻。这一关系适用于任意一行,即这一关

表 3.1 物体密度、体积和质量的关系

体积 (cm³)	密度(g/cm³)					
	2.0	4.0	6.0	8.0	10.0	12.0
0.50	1	2	3	4	5	6
1.00	2	4	6	8	10	12
1.50	3	6	9	12	15	18
2.00	4	8	12	16	20	24
2.50	5	10	15	20	25	30
3.00	6	12	18	24	30	36

系是独立于物体体积而存在的。它表明,密度不同取值之间存在等级关系。在特定体积下,密度取值间的等级关系通过物体质量之间的等级关系得以表现。

类似的,从表 3.1 中可以发现,任意选择两行,上边一行中物体的质量总是比处于同一列的下边一行的质量要轻。比如选择第 2 和第 3 行,我们发现 $M_{23} < M_{33}$,$M_{24} < M_{34}$ 等等。同样的,这一关系适用于任意一列,即两行之间物体质量的关系是独立于特定物体的密度而存在的。它表明,体积的不同取值之间也存在一种等级关系。在特定密度下,体积取值间的等级关系同样通过物体质量之间的等级关系得以表现。

上述两个观察表明,借助于表 3.1 中物体质量所表现出的等级关系,可以推断密度和体积两个属性至少都是等级属性。正如表中水平和垂直箭头所示,自左至右,密度水平的变化导致物体质量逐步增加。自上而下,体积水平的变化也导致物体质量逐步增加。由此,我们可以得出,表 3.1 中任意一格中的物体质量总是小于其右方和下方任意一格中的物体质量。两者相结合,还可以得出,表 3.1 中任意一格中的物体质量总是小于其右下方任意一格中的物体质量[①]。如表中斜向箭头所示,也可以比较容易地看出这一点。按照联合测量理论,上述关系表明三者之间满足单重相约公理或独立性公理(Krantz, Luce, Suppes, & Tversky, 1971)。

满足单重相约公理表明质量、体积和密度三个属性至少都属于等级属性,而且体积和密度两个属性在质量上的效应不存在交互作用。假设函数 $f(D)$ 和 $g(V)$ 分别代表密度和体积在质量上的效应。密度和体积间无交互作用意味着两者在质量上的效应是可加的(additive)或可乘的(multiplicative),即有 $M = f(D) + g(V)$,或 $M = f(D)g(V)$[②]。由物理学知识我们知道,此处通常采用的函数形式为 $M = f(D)g(V) = DV$。但是,只满足单重相约公理还不能表明这三个属性属于连续量化属性。要证明这一点,三个属性间的关系还需要满足双重相约公理、有解公理和阿基米德条件公理。

2. 双重相约公理

满足单重相约公理界定了表 3.1 中箭头所示方向(即自左至右,自上至下,自左上至右下)物体质量的等级关系,但没有界定其他方向物体质量间的等级关系。表 3.2

[①] 这一点可以非常容易证明。对于任意一格的质量 M_{ij},由密度水平变化可得 $M_{ij} < M_{i(j+1)}$,由体积水平变化可得 $M_{i(j+1)} < M_{(i+1)(j+1)}$,两者结合则有 $M_{ij} < M_{(i+1)(j+1)}$。

[②] 这两种函数关系存在着本质意义上的一致性。设 $h(\cdot) = \ln f(\cdot)$、$r(\cdot) = \ln g(\cdot)$,则有 $\ln M = \ln f(D) + \ln g(V) = h(D) + r(V)$。在特定测量情境中,选择哪种形式取决于人们认为哪种形式思维上更为简单,或者哪种形式更符合特定领域的传统。

呈现了从表 3.1 中任意截取的三个 3×3 的子表,分别标示为表 3.2(a)、表 3.2(b)和表 3.2(c)。如三个子表中箭头所示,箭头首尾物体的质量存在 $M_{ij} < M_{ji}$、$M_{ij} > M_{ji}$ 和 $M_{ij} = M_{ji}$ 三种不同情况。因此,单重相约公理没有界定在这个方向上物体质量的等级关系。虽然不同子表中箭头首尾的物体质量之间的关系是不确定的,但是在同一个子表中,三个箭头首尾的物体质量的关系却是一致的。这正是双重相约公理的基本内容。该公理与界定三个属性是否属于连续量化属性有着深刻的关系。

表 3.2　表 3.1 中的不同双重相约关系

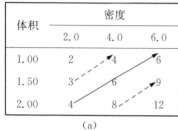

(a)

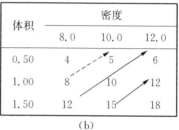

(b)

体积	密度		
	8.0	10.0	12.0
2.00	16	20	24
2.50	20	25	30
3.00	24	30	36

(c)

我们以表 3.2(a)为例来说明双重相约公理。首先来看该表中 M_{21} 和 M_{12} 两个质量之间等级比较的实质内涵。由单重相约公理可知,从 M_{11} 到 M_{21} 是体积从 1.00 变化到 1.50 而导致的物体质量变化。类似的,从 M_{11} 到 M_{12} 是密度从 2.0 变化到 4.0 而导致物体质量变化。因此,M_{21} 和 M_{12} 之间的大小比较实质上反映的是体积从 1.00 变化到 1.50 所引起的质量变化与密度从 2.0 变化到 4.0 所引起的质量变化之间的大小关系。如表 3.2(a)所示,$M_{12}=4$ 大于 $M_{21}=3$。这表明,密度从 2.0 变化到 4.0 所引起的质量变化大于体积从 1.00 变化到 1.50 所引起的质量变化。同样的,表 3.2(a)中 M_{32} 和 M_{23} 之间关系的比较反映的是体积从 1.50 变化到 2.00 所引起的质量变化与密度从 4.0 变化到 6.0 所引起的质量变化之间的大小关系。由该表中 9>8 可知,后者所引起的质量变化大于前者(见表 3.2(a)中上下两个虚线箭头)。

现在,来看该表中 M_{13} 和 M_{31} 两个质量间的关系。由 $M_{12} > M_{21}$ 可知,密度从 2.0

变化到 4.0 所引起的质量变化大于体积从 1.00 变化到 1.50 所引起的质量变化。由 $M_{23} > M_{32}$ 可知，密度从 4.0 变化到 6.0 所引起的质量变化大于体积从 1.50 变化到 2.00 所引起的质量变化。由此可以推出，密度从 2.0 变化到 6.0 所引起的质量变化大于体积从 1.00 变化到 2.00 所引起的质量变化。由表 3.2(a)可知，前者是从 M_{11} 到 M_{13} 的质量变化，后者是从 M_{11} 到 M_{31} 的质量变化，因而可以推出 $M_{13} > M_{31}$。由表 3.2(a)可知，$M_{13} = 6 > M_{31} = 4$，因而表 3.2(a)的数据满足上述的推理关系(见表 3.2(a)中实线箭头)。

用符号表示即给定 $M_{12} > M_{21}$ 和 $M_{23} > M_{32}$，则有 $M_{13} > M_{31}$。这表明表 3.2(a)中的数据满足双重相约公理。实际上，表 3.2 三个子表中的数据都满足双重相约公理。在表 3.2(b)中，给定 $M_{12} < M_{21}$ 和 $M_{23} < M_{32}$，则有 $M_{13} < M_{31}$。表 3.2(c)中，给定 $M_{12} = M_{21}$ 和 $M_{23} = M_{32}$，则有 $M_{13} = M_{31}$。假设 D_1、D_2、D_3 分别代表三个子表中密度的三个水平，V_1、V_2、V_3 分别代表三个子表中体积的三个水平，则表 3.2(a)、表 3.2(b)和表 3.2(c)都可以表示为如下形式：

表 3.3　表 3.2 的符号表示矩阵

体积	密度		
	D_1	D_2	D_3
V_1	$V_1 D_1$	$V_1 D_2$	$V_1 D_3$
V_2	$V_2 D_1$	$V_2 D_2$	$V_2 D_3$
V_3	$V_3 D_1$	$V_3 D_2$	$V_3 D_3$

根据质量、体积和密度三者之间的关系，即 $M = DV$，上述关系很容易证明。以表 3.2(a)为例：

$$M_{12} > M_{21} \text{ 有且仅有 } V_1 D_2 > V_2 D_1,$$

$$M_{23} > M_{32} \text{ 有且仅有 } V_2 D_3 > V_3 D_2,$$

将上述右边的两个不等式分别相乘，则有

$$V_1 D_2 V_2 D_3 > V_2 D_1 V_3 D_2,$$

约去共同项 D_2 和 V_2，则有

$$V_1 D_3 > V_3 D_1,$$

即

$$M_{13} > M_{31}。$$

类似的，表 3.2(b) 和表 3.2(c) 也可以采用相同方式证明。

满足双重相约公理表明，表 3.2 次对角线（即左下至右上）方向上物体质量之间的等级关系，与密度和体积两个属性在质量上的效应不存在交互作用有着深刻的连结。值得指出的是，满足双重相约关系还暗示了，以质量变化为中介，可以界定密度和体积这两个属性各自水平变化的可加性或可比关系。例如，设体积从 V_1 到 V_2 的变化量为 ΔV_1，从 V_2 到 V_3 的变化量为 ΔV_2，从 V_1 到 V_3 的变化量为 ΔV_3。对应的，密度从 D_1 到 D_2 的变化量为 ΔD_1，从 D_2 到 D_3 的变化量为 ΔD_2，从 D_1 到 D_3 的变化量为 ΔD_3。在此例中质量、体积和密度之间采用了可乘关系，即 $M = DV$，因此定义

$$\Delta V_1 = \frac{V_2}{V_1}, \Delta V_2 = \frac{V_3}{V_2}, \Delta V_3 = \frac{V_3}{V_1}, \Delta D_1 = \frac{D_2}{D_1}, \Delta D_2 = \frac{D_3}{D_2}, \Delta D_3 = \frac{D_3}{D_1}。$$

由表 3.2c 和表 3.3 可知，

$$f(\Delta V_1) = \frac{M_{21}}{M_{11}} = \frac{V_2 D_1}{V_1 D_1} = \frac{V_2}{V_1} = \Delta V_1, \quad g(\Delta D_1) = \frac{M_{12}}{M_{11}} = \frac{V_1 D_2}{V_1 D_1} = \frac{D_2}{D_1} = \Delta D_1。$$

因此，$M_{12} = M_{21}$ 意味着 $g(\Delta D_1) = f(\Delta V_1)$，也即 $\Delta D_1 = \Delta V_1$。这表明，以对物体质量变化的效应为中介，可以跨越密度和体积这两个不同属性来界定相同的变化量。类似的，由表 3.2c 和表 3.3 可知，

$$f(\Delta V_2) = \frac{M_{32}}{M_{22}} = \frac{V_3 D_2}{V_2 D_2} = \frac{V_3}{V_2} = \Delta V_2, \quad g(\Delta D_2) = \frac{M_{23}}{M_{22}} = \frac{V_2 D_3}{V_2 D_2} = \frac{D_3}{D_2} = \Delta D_2。$$

由 $M_{23} = M_{32}$ 可以推出 $g(\Delta D_2) = f(\Delta V_2)$，也即 $\Delta D_2 = \Delta V_2$。

给定 $\Delta D_1 = \Delta V_1$，$\Delta D_2 = \Delta V_2$，则有 $\Delta D_1 \Delta D_2 = \Delta V_1 \Delta V_2$。然而，

$$\Delta V_1 \Delta V_2 = \frac{V_2}{V_1} \frac{V_3}{V_2} = \frac{V_3}{V_1} = \Delta V_3, \quad \Delta D_1 \Delta D_2 = \frac{D_2}{D_1} \frac{D_3}{D_2} = \frac{D_3}{D_1} = \Delta D_3。$$

因而有 $\Delta D_3 = \Delta V_3$[①]。这一等式具有深刻的内涵。它表明，以对物体质量变化的

[①] 该等式也可以经由体积和密度两个属性在质量上的效应，以及双重相约公理加以证明。由表 3.3 可知，

$$f(\Delta V_3) = \frac{M_{31}}{M_{11}} = \frac{V_3 D_1}{V_1 D_1} = \frac{V_3}{V_1} = \Delta V_3, \quad g(\Delta D_3) = \frac{M_{13}}{M_{11}} = \frac{V_1 D_3}{V_1 D_1} = \frac{D_3}{D_1} = \Delta D_3,$$

由 $M_{13} = M_{31}$，可知 $g(\Delta D_3) = f(\Delta V_3)$。然而，根据双重相约公理，$M_{13} = M_{31}$ 同时意味着 $M_{12} M_{23} = M_{21} M_{32}$，也即 $g(\Delta D_1) g(\Delta D_2) = f(\Delta V_1) f(\Delta V_2)$。这表明，$g(\Delta D_3) = g(\Delta D_1) g(\Delta D_2)$，$f(\Delta V_3) = f(\Delta V_1) f(\Delta V_2)$。前面已知，$g(x) = x$，$f(x) = x$，故有，$\Delta D_1 \Delta D_2 = \Delta V_1 \Delta V_2$，$\Delta D_1 \Delta D_2 = \Delta D_3$，$\Delta V_1 \Delta V_2 = \Delta V_3$，$\Delta D_3 = \Delta V_3$。

效应为中介,不仅可以跨越密度和体积这两个不同属性来界定相同的变化量,而且可以定义三个属性各自的不同量之间的数量关系(在此案例中,是变量水平间的等比关系)。类似的,也可以界定不同量之间的等距关系。如前所述,只有量化属性的不同量之间才具有数量关系。因此,这表明,假如能够以质量为中介,在体积和密度两个属性的任意量上都能够满足上述关系,就可以证明三个属性属于量化属性。这就涉及下面的有解公理和阿基米德条件公理。

3. 有解公理

如果体积、密度和质量三个属性为量化属性,则三个属性必须具有足够分化的取值水平。这可以保证在三个属性的任何区间内,都能够找到像表3.2(c)一样的数据模式。也就是说,在三个属性的任何区间内,都能够实现跨属性界定相同的量的可能。有解公理就是对这一要求的形式化表述。

假设有三种属性A, X和P。属性P具有无穷多的取值水平,且每个取值都可以表示为属性A和X的一个函数,如$P = f(A, X)$。假设$a, b, c, \cdots$等为属性A的不同取值水平,$x, y, z, \cdots$等为属性X的不同取值水平,则$ax, ay, \cdots, bx, by, \cdots, cx, cy, cz, \cdots$等可以表示属性$P$的不同取值[①]。给定这些条件下,属性$P$的不同取值满足有解公理,当且仅当满足如下两个条件:

(i) 对于属性A的任意两个水平a和b,以及属性X的任意一个水平x,都存在属性X的一个水平y,满足$ax = by$;

(ii) 对于属性X的任意两个水平x和y,以及属性A的任意一个水平a,都存在属性A的一个水平b,满足$ax = by$。

简单地说,有解公理要求属性P的任何一个取值,都能够在属性A和X中找到一个相应的成分。由于属性P具有无穷多的取值水平,也就意味着属性A和X的取值水平也是无穷分化的,即像自然数那样均匀分布,或者像有理数一样密集。这样,就实现了前面所说的在三个属性的任何区间内,都能够实现跨属性界定相同量的可能。

4. 阿基米德条件公理

上述分析表明,给定三个属性A, X和P之间满足双重相约公理和有解公理,我们就可以通过属性A和X在P上的效应,界定属性A和X不同水平变化的数量关系

[①] 此处,ax, by, cz等符号并不是表示两个符号相乘,而是表示每个P的不同取值中分别包括两个来自属性A和X的不同成分。

(等距或者等比)。以等距关系为例,假设 a 和 b 为属性 A 的任意两个水平,则从 a 到 b 的变化可以表示为 $a-b$。由有解公理可知,对于属性 X 任意一个水平 x,都存在另一个水平 y,使得 $ax = by$。由双重相约公理可知,$a-b=y-x$。

将上述结论推广开来,给定 $a-b$,存在属性 X 的系列水平 $x_1, x_2, \cdots, x_i, \cdots, x_n$,满足 $a-b = x_1-x_2 = x_2-x_3 = \cdots = x_{n-1}-x_n$。属性 X 的这一系列水平 $x_1, x_2, \cdots, x_i, \cdots, x_n$ 被称为标准序列(standard sequence; Krantz, Luce, Suppes, & Tversky, 1971; Michell, 1990)。可以看出,以属性 A 的水平 a 和 b 为基础,$x_1, x_2, \cdots, x_i, \cdots, x_n$ 界定了属性 X 上的一系列等距区间。类似的,以属性 X 上任意两个水平的变化,比如 $y-x$,也可界定属性 A 上的一系列等距区间,比如 $a_1, a_2, \cdots, a_i, \cdots, a_n$。

现在,假设 c 和 d 为属性 A 的另外两个任意的水平,且有 $a-b < c-d$。在这种情况下,如果存在一个自然数 n,使得 $n(a-b) \geq c-d$,其中

$$n(a-b) = (x_1-x_2) + (x_2-x_3) + \cdots + (x_{n-1}-x_n) + (x_n-x_{n+1}),$$

那就表明满足阿基米德条件公理。对属性 X 也可以进行类似的陈述。

简单地说,阿基米德条件公理界定了 A, X 和 P 三个属性中没有哪个属性的任意两个水平间的变化是无穷大的。也就是说,属性 A, X 和 P 都不存在无穷大(或无穷小)的水平。从另一个角度讲,阿基米德条件公理同时也表明,相对于属性的任意两个水平之间的变化而言,由标准序列而界定的等距区间不是无穷小的(Krantz, Luce, Suppes, & Tversky, 1971)。就其本质而言,阿基米德条件公理其实界定了 A, X 和 P 三个属性都是连续的量化属性。所谓的阿基米德条件,其实是古希腊数学家阿基米德对连续性的一个定义,因为对一个连续量的两个取值而言,如果其中一个取值比另一个大,那么存在一个整数,乘上较小的取值后所得的数值大于或等于原先较大的取值(Michell, 1990)。

阿基米德条件不仅界定了相关属性是连续量化属性,还提供了构建特定属性的等距或等比测量尺度的基本方法。该条件的满足是以某属性的不同量间标准序列的界定为前提的。按照前面分析,标准序列界定了该属性上的一组等距区间。每个区间可以被视为测量特定属性不同量的测量单位。这样,该属性的测量尺度就可以被视为是由特定标准序列所界定的等距区间序列。例如,在一个1米长的尺子上,如果以毫米为单位,该尺子实际上提供了以1毫米为等距区间的标准序列的前1000个取值水平。如果一根木棒尾端落在该尺子上的500毫米和501毫米之间,我们就说该木棒长度介

于 500 和 501 毫米之间某个取值。如前所述,木棒长度的最终取值取决于所选的测量单位,即特定标准序列所界定的等距区间。如果以厘米为单位,则木棒长度介于 50.0 和 50.1 厘米之间(Krantz, Luce, Suppes, & Tversky, 1971)。因此,如果标准序列所界定的等距区间越来越小,我们就能将木棒的长度精确确定在一个尽可能小的区间内。

综合而言,联合测量理论提供了一种判定某个属性是否为连续量化属性的方式。因而,对心理或教育测量而言,判断所测属性是否是连续量化属性,并在此基础上构建相关属性的等距或等比测量尺度,关键在于能否找到满足上述联合结构(conjoint structure; Krantz, Luce, Suppes, & Tversky, 1971)的属性。

三、心理与教育属性测量尺度的构建

在心理或教育测量中,最为常见的方式是根据个体在一系列测验项目上的反应来标定其在某个特定属性上的水平。但是,确定不同个体的属性水平所依据的测量尺度是什么?如何判定某组测验项目是否构成了测量个体的属性水平的良好工具?基于什么原则或程序实现从测验项目反应到属性水平的量化标定?或者说,如何判定不同项目反应所标示的属性量的多少?这些问题都是心理或教育测量必须要回答的基本问题。对这些问题的合理回答,既需要测量理论和技术的进步,也需要实质理论或模型的不断成熟。需要指出的是,与自然科学领域相比,心理或教育领域中实质理论和模型的发展水平也深刻影响了该领域测量水平的进步。有关实质理论和模型的问题我们将在第四章详细论述。在本节内容中,我们主要讨论测量的理论和原则。

心理和教育领域中,心理测量学(psychometrics)和测量尺度构建方法(scaling method)是集中研究上述问题的。自 20 世纪初以来,测量学家提出了各种构建心理或教育属性测量尺度的方法。这些方法包括因素分析法(Spearman, 1904, 1927; Thurstone, 1947)、瑟斯顿尺度构建法(Thurstonian scaling; Thurstone, 1925, 1927a, 1927b, 1959)、尺度直方图分析法(scalogram analysis)或哥特曼尺度构建法(Guttman scaling; Guttman, 1944, 1968)、展开理论(unfolding theory; Coombs, 1948, 1952, 1964)、拉希尺度构建法(Rasch scaling; Rasch, 1960, 1980)、项目反应理论(item response theory; Lord, 1952; Lord & Novick, 1968; Embretson & Reise, 2000)。然而,正如 Krantz 等人(Krantz, Luce, Suppes, & Tversky, 1971)所指出的那样,这些

测量尺度构建的方法中,绝大多数都只是先验地假定所提出的模型或方法是合理的,而没有对其所依据的基础假设进行检验。限于篇幅,我们在此并不对每种方法都进行介绍,有兴趣的读者可以参阅相关文献。此处,我们将在联合测量理论的框架下,分析其中几种方法所构建的测量尺度的性质,并在此基础上讨论在心理或教育领域中属性测量尺度的构建方法。

(一) 哥特曼尺度(Guttman scale)

表3.4给出了6个个体回答6个测验项目的一个假想数据矩阵。表中每个格中的数据表明了某个体在回答特定项目时的具体反应。

表3.4 6个个体回答6个测验项目的假想数据矩阵

个体	测验项目						答对个数
	6	5	4	3	2	1	
1	0	0	0	0	0	1	1
2	0	0	0	0	1	1	2
3	0	0	0	1	1	1	3
4	0	0	1	1	1	1	4
5	0	1	1	1	1	1	5
6	1	1	1	1	1	1	6
答对人数	1	2	3	4	5	6	

该表中的数据有几个显著特征:(1)答对每个项目的人数自左至右依次递增。如果把答对项目的人数视作项目难度指标的话,则6个项目自左至右难度逐渐降低。(2)6个个体答对项目的个数自上至下依次递增。如果把答对项目的个数作为个体属性水平指标的话,则6个个体的属性水平自上至下逐渐增加。(3)如果某个个体答对了某个项目,那么该个体同时答对了比该项目难度低的所有项目。例如,第4个个体答对了项目4,则该个体同时答对了比项目4难度更低的所有三个项目,即项目3、项目2和项目1。(4)如果某个个体比另一个体的属性水平高,那么较高水平的个体在任意一个项目上的反应都不低于较低水平的个体。上述四个特征相结合,使得表3.4中的数据形成了一个独特的模式,即正确和错误反应形成了数据矩阵的两个不同部分(左上半区和右下半区)。在次对角线上,两半区形成一个清楚的边界,随着属性水平

的递减,答对项目的个数呈现严格的、阶梯式下降。按照 Louis L. Guttman(1944)的观点,在这种情况下,这几个测验项目构成了测量某个特定属性的一个尺度。在这个测量尺度中,每个项目都具有不可或缺的贡献,提供了对某个特定属性水平的独特界定。因而,每个项目都是不同属性水平的一个简单函数(simple function),即项目和属性水平之间存在一个一对一的对应性。由此,表中每个个体的项目反应模式可以根据该个体所在等级水平得到完整的重构。也就是说,只要知道了个体属性所处等级或者答对项目个数,该个体在所有项目上的反应也就完全确定了。例如,如果知道个体答对项目数为 4 个,就可以推知该个体答对了项目 1、2、3 和 4,而答错了项目 5 和 6。

表 3.4 中的数据模式所满足的测量尺度称为哥特曼尺度(Guttman,1944,1950)。哥特曼尺度是一个完美的确定性尺度(perfect deterministic scale)。之所以称该尺度为确定性尺度,是因为项目反应取值完全取决于属性水平和项目特征的特定组合,不存在任何的随机误差。假设 X_{ij} 是个体 $i(i=1,2,\cdots,I)$ 在测验项目 $j(j=1,2,\cdots,J)$ 上的反应。假设 $X_{ij}=1$ 表示个体 i 正确解答了测验项目 j,$X_{ij}=0$ 表示解答错误。重新审视表 3.4 的数据,可以有如下观察:(1)对于任意两个项目 j 和 $j-1$ 而言,如果项目 j 所处的列位于项目 $j-1$ 左侧,那么,对于任意行 i 而言(即在任意给定的属性水平上),$X_{ij} \leqslant X_{i(j-1)}$ 总是成立的。(2)对于任意两个个体 i 和 $i+1$ 而言,如果个体 i 所处的行位于个体 $i+1$ 上端,那么,对于任意列 j 而言(即在任意给定的项目难度上),$X_{(i+1)j} \geqslant X_{ij}$ 也总是成立的。显然,按照前面所阐述的联合测量理论,这两条规律表明,表 3.4 中的数据满足单重相约公理,即独立于属性水平,项目特征存在某种等级关系;独立于项目特征,属性水平间也存在某种等级关系。

我们可以通过如下分析,进一步明确哥特曼尺度所建立的测量尺度的性质。假设 Θ 是我们意图测量的某个心理或教育属性,比如智力,$\theta_i(i=1,2,\cdots I)$ 为属性 Θ 的不同水平,B 是用于测量该属性的测验任务的某种特征,比如难度,$\beta_j(j=1,2,\cdots,J)$ 为 B 的不同水平,则项目反应、属性和任务特征的关系可以简要表示为 $X=f(\Theta,B)$ 或 $X_{ij}=f(\theta_i,\beta_j)$,其中 $f(\cdot)$ 表示某种确定性的函数关系。假设 $\beta_j(j=1,2,\cdots,6)$ 分别对应表 3.4 中从 1 到 6 六个项目难度,$\theta_i(i=1,2,\cdots,6)$ 分别对应 6 个个体智力水平,由上述观察可知,$\beta_1 \leqslant \beta_2 \leqslant \beta_3 \leqslant \beta_4 \leqslant \beta_5 \leqslant \beta_6$,$\theta_1 \leqslant \theta_2 \leqslant \theta_3 \leqslant \theta_4 \leqslant \theta_5 \leqslant \theta_6$[①]。我

---

① 严格意义上,此处应该表示为 $\beta_1 < \beta_2 < \beta_3 < \beta_4 < \beta_5 < \beta_6$ 和 $\theta_1 < \theta_2 < \theta_3 < \theta_4 < \theta_5 < \theta_6$。因为如果项目反应取值完全取决于属性水平和项目特征的特定组合的话,表 3.4 中的数据表明每个项目都对区分不同属性水平有独特贡献。

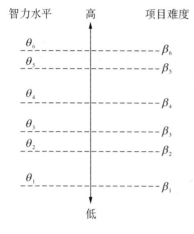

图 3.5 哥特曼测量尺度的基本原理

们可以将 $\beta_j(j=1,2,\cdots,6)$ 想象成不同高度的门槛，$\theta_i(i=1,2,\cdots,6)$ 为不同个体所能跨越的高度。只要知道 $\theta_i \geqslant \beta_j$，就可以推知 $X_{ik}=1(k=1,2,\cdots,j)$，其中 X_{ik} 是智力水平为 θ_i 的个体在难度为 β_k 的测验项目上的反应。例如，如果 $\theta_2 \geqslant \beta_2$，由项目难度间的等级关系可知，$\theta_2 \geqslant \beta_1$，则有 $X_{21}=X_{22}=1$。因此，以 $\beta_j(j=1,2,\cdots,6)$ 间的等级关系为基础，可以根据不同反应模式实现对不同智力水平 θ_i 的标定。这一关系可以直观地表示成图 3.5。

图 3.5 表明，以 6 个不同难度的测验项目为依据，表 3.4 中数据的背后是一个智力水平的测量尺度。图中间双箭头的竖线表示了该尺度由低到高的方向，右侧给出了不同项目难度 $\beta_j(j=1,2,\cdots,6)$ 在该尺度上的相对位置。基于项目反应 X_{ij}、属性 θ_i 和任务难度 β_j 三者之间的确定性关系，我们可以根据不同项目反应模式来标定 θ_i 在该尺度上所处的区间。例如，如果个体在 6 个项目上的反应模式为 [000011]，即答对了项目 1 和 2，但答错了其他项目，我们由此可以推断该个体智力水平 θ_i 处于 β_2 和 β_3 所界定的尺度区间内。由于不同任务难度间的等级关系，判定 θ_i 水平可以简化为寻找特定反应模式下 X_{ij} 取值由 0 到 1 的转变点。例如在反应模式 [000011] 中，转变点在项目 2 和 3 之间，则对应 θ_i 处于 β_2 和 β_3 之间。因此，在表 3.4 中，只要确定某行中 X_{ij} 取值变化所对应的项目，就可以简单地确定所在反应模式对应的属性水平。

但是，哥特曼尺度所形成的是一种等级水平的测量尺度。虽然根据不同反应模式可以判定 θ_i 所处的可能区间，但无法判定 θ_i 在该区间内的准确位置。而且，如图 3.5 所示，相邻的两个不同 β_j 值所界定的区间大小也是不同的。在特定区间内选择更多不同难度的测验项目，可以增加对 θ_i 水平判定的精确性。但无论增加多少项目，理论上仍然无法改变该尺度的等级尺度性质。实际上，根据表 3.4 中的数据特征，除了判定不同 β_j 值的等级关系之外，相邻两个 β_j 值间的距离是无法判断的。

特别需要指出的是，仅仅发现一组个体在一组测验项目上的反应矩阵符合表 3.4 中的数据特征，并不一定就表明该组测验项目构成了测量某个属性的哥特曼尺度。实际上，给定一个由大量个体和大量测验项目形成的反应矩阵，可以从中"选择"部分个体和测验项目满足表 3.4 的数据特征。但是,这并不一定表明这些项目测量的就是同一个属性。有研究表明,相同的数据特征完全有可能只是随机误差所产生的一个结果,其中的测验项目完全和属性测量尺度无关(Schooler,1968)。避免这种现象的关键在于,理解和认识个体在这些测验项目上形成特定反应的实质过程。如前所述,哥特曼尺度背后的一个基本假设是项目反应过程不存在任何的随机误差,项目反应完全取决于所测属性的水平与项目的特征。在构建特定属性的测量尺度时,需要对这一基本假设进行检验。这意味着我们需要一种经过验证的实质理论,能够完全充分解释项目反应形成的内在机制,以及该机制下不同测验项目难度背后的实质含义。换言之,这种理论提供了项目反应、属性水平和项目特征三者之间确定性的实质关系。举一个未必恰当的简单例子。假设施测如下三个测验项目:

1. 你身高是否超过 160 厘米?　　是　　否
2. 你身高是否超过 170 厘米?　　是　　否
3. 你身高是否超过 180 厘米?　　是　　否

显然,如果某个体在第三个项目上回答为是,那么他一定在其他两个项目上回答为是。如果他在第二个项目上回答为是,那么他在第一个项目上回答也为是。因此,所得数据满足表 3.4 的特征。但是,我们判定这三个项目构成了一个测量个体身高的尺度,同时依据了如下假设:(1)有关不同身高之间关系的认识;(2)三个项目所问的内容及其彼此关系;(3)不同个体根据自己的身高如实回答不同项目。所得的数据特征提供了对上述相关认识和假设的一个验证。在一般意义上,只有在这样一种实质理论的基础上,通过一系列测验项目的设计、组合和施测,形成与表 3.4 相同的数据特征,才能确定图 3.4 所示的测量尺度是有关某个心理或教育属性的测量尺度。

(二) 拉希尺度构建法(Rasch scaling)

在现实中,构建哥特曼尺度存在一个难以克服的困难。在心理或教育领域,几乎不可能建立项目反应、属性水平和项目特征三者之间的确定性关系。一种较为现实的做法是研究三者间的概率性关系。拉希尺度构建法就是采用了这样一种方法。图 3.6 给出了项目反应 X_{ij}、属性水平 θ_i 和项目特征 β_j 之间确定性和概率性关系的表示。在该图中,图 3.6(a)的纵坐标为项目反应 X_{ij},而图 3.6(b)的纵坐标为答对项目的概率 $P(X_{ij})$。在确定性关系中(图 3.6(a)),如果 $\theta_i > \beta_j$,X_{ij} 的取值一定为 1。如果 $\theta_i < \beta_j$,X_{ij} 的取值一定为 0。相比之下,在概率性关系中(图 3.6(b)),$\theta_i < \beta_j$ 或 $\theta_i >$

β_j 只会影响到 $P(X_{ij})$ 的取值变化,并不能保证 X_{ij} 的取值一定为 0 或 1。

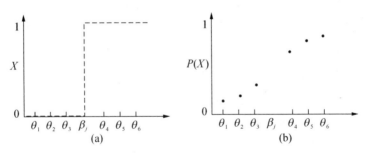

图 3.6 项目反应、属性水平和项目特征间的确定性和概率性关系

表 3.5 给出了表 3.4 中数据的一个概率性版本。该表的每个格中并不是个体回答某个测验项目的反应,而是答对该项目的概率 $P(X_{ij})$。和表 3.4 中的数据不同,对任何一个难度的测验项目,同一个体都有答对该项目的可能性。所不同的是,同一个体答对不同难度的测验项目的概率是变化的。观察表 3.5 中数据的特征,可以发现和表 3.4 类似的规律:(1)对于任意两个项目 j 和 $j-1$ 而言,如果项目 j 所处的列位于项目 $j-1$ 左侧,那么,对于任意行 i 而言(即在任意给定的属性水平上),$P(X_{ij}) < P(X_{i(j-1)})$ 总是成立的。(2)对于任意两个个体 i 和 $i+1$ 而言,如果个体 i 所处的行位于个体 $i+1$ 上端,那么,对于任意列 j 而言(即在任意给定的项目难度上),$X_{(i+1)j} > X_{ij}$ 也总是成立的。显然,按照联合测量理论,这两条规律表明表 3.5 的数据也满足单重相约公理。这表明,项目特征之间存在的等级关系不依赖于任何属性水平。同样的,属性水平间的等级关系也不依赖于任何项目特征。Rasch(1977)将这一特征称为

表 3.5 6 个个体答对 6 个测验项目的概率矩阵

个体	测验项目					
	6	5	4	3	2	1
1	0.332	0.378	0.426	0.475	0.525	0.574
2	0.450	0.500	0.550	0.599	0.646	0.690
3	0.574	0.622	0.668	0.711	0.750	0.786
4	0.690	0.731	0.769	0.802	0.832	0.858
5	0.786	0.818	0.846	0.870	0.891	0.909
6	0.858	0.881	0.900	0.917	0.931	0.943

具体客观性(specific objectivity)原则。该原则可以表述如下：如果一个个体比另一个个体能力水平高，那么前者解答任一项目的概率应该比后者要高；类似的，如果一个项目比另一个难，那么任何个体解答后者的概率要高于前者(Rasch, 1960, 1980)。显然，这是在概率意义上对哥特曼尺度性质的重申。

虽然表3.5和表3.4中的数据都满足单重相约公理，但是两者还是有所区别的。表3.4中，项目反应 X_{ij} 只有两种取值水平，即0和1。表3.5中，$P(X_{ij})$ 的取值水平原则上是无穷多的。因此，虽然 X_{ij} 和 $P(X_{ij})$ 都可以表示为属性水平 θ_i 和项目特征 β_j 的一个函数，按照前面所述的联合测量理论，只有后者满足所谓的联合结构①。

满足单重相约公理表明属性水平 θ_i 和项目特征 β_j 共同影响 $P(X_{ij})$ 的取值水平，两者在 $P(X_{ij})$ 上的效应不存在交互作用。这意味着两者在 $P(X_{ij})$ 上的效应有可能是可加的或可乘的关系。但是，如前所述，这需要检验表3.5的数据是否还满足双重相约公理、有解公理和阿基米德条件公理。虽然有解公理和阿基米德条件公理通常无法直接检验，但是双重相约公理则可以直接检验(Michell, 1990)。实际上，从表3.5中任意选取三行和三列数据组成像表3.2那样的一个3×3的子表，可以验证其中的数据模式是满足双重相约公理的②。这表明，以答对项目的概率变化为中介，可以跨越属性水平 θ_i 和项目特征 β_j 来分别界定两个变量上相同的变化量，从而定义两个变量不同水平间的等距或等比关系。它意味着，如果能够设计或选择测量某个心理或教育属性的一系列测验项目，使得具有不同属性水平的个体回答项目时所形成的数据满足与表3.5类似的特征，就可以判定该属性为连续量化属性，并构建起等距或等比水平的属性测量尺度。

在拉希尺度构建法中，属性水平 θ_i、项目特征 β_j 和反应概率 $P(X_{ij})$ 之间的函数关系通常表示为

$$\mathrm{logit}[P(X_{ij})] = \ln\left(\frac{P(X_{ij})}{1-P(X_{ij})}\right) = \theta_i - \beta_j \tag{3.1}$$

---

① 理论上，根据所选择或设计的测量项目，项目反应 X_{ij} 也可以有无穷多的取值水平。但是，如何在实质理论基础上鉴别 X_{ij} 不同取值之间的等级关系是一个现实难题。按照联合测量理论，三种属性 A、X 和 P 具有联合结构需要：(1)属性 P 具有无穷多的取值水平；(2)每个取值都可以表示为属性 A 和 X 的一个函数，如 $P = f(A, X)$；(3)存在一种方法能够鉴别 A、X 和 P 的不同取值水平(Michell, 1990)。
② 鉴于在第三章第二节对双重相约公理及其验证做了较为详细的阐述，此处不再赘述。有兴趣的读者可以自己尝试进行检验。

其中，$P(X_{ij})/[1-P(X_{ij})]$ 为胜算率(odds)，ln 为自然对数，因而可以将 logit 称为对数胜算率。由于 $P(X_{ij})$ 的取值区间为 $(0,1)$，相应的，$P(X_{ij})/[1-P(X_{ij})]$ 的取值区间为 $(0,\infty)$，logit 的取值区间为 $(-\infty,\infty)$。如果对公式 3.1 中的 $P(X_{ij})$ 求解，则得

$$P(X_{ij}) = \frac{\exp(\theta_i - \beta_j)}{1 + \exp(\theta_i - \beta_j)} \tag{3.2}$$

该模型最早由丹麦数学家 Georg Rasch(1960/1980)提出，通常称之为拉希模型(Rasch Model)。

由公式 3.1 可以看出，属性水平 θ_i 和项目特征 β_j 联合影响着个体答对测验项目的概率 $P(X_{ij})$。而且，该公式还表明，两者在 $P(X_{ij})$ 上的影响存在一种既相互对抗又相互补充的关系，即个体属性水平 θ_i 一定量的增长(或降低)在 $\text{logit}[P(X_{ij})]$ 上所产生的效应，可以通过项目特征 β_j 一定量的降低(或增长)来加以弥补。例如，假设 $\theta_1 = 1$，$\theta_2 = 2$，$\beta_1 = 1$，$\beta_2 = 0$，由公式 3.1 可得

$$\text{logit}[P(X_{11})] = \theta_1 - \beta_1 = 1 - 1 = 0$$

$$\text{logit}[P(X_{21})] = \theta_2 - \beta_1 = 2 - 1 = 1$$

在给定 β_1 的基础上，从 θ_1 到 θ_2 的变化导致了 $\text{logit}[P(X_{ij})]$ 的取值变化。不过，同样的效应也可以通过在 θ_1 基础上 β_j 的取值变化来实现，比如

$$\text{logit}[P(X_{12})] = \theta_1 - \beta_2 = 1 - 0 = 1$$

因此，公式 3.1 界定了属性和项目特征间一种简单的可加性关系。这种关系提供了构建属性水平 θ_i 和项目特征 β_j 测量尺度的基础。

1. 属性与项目特征的测量尺度

以对数胜算率 logit 为共同尺度，公式 3.1 提供了对属性 θ_i 的变化量、项目特征 β_j 的变化量，以及这两者变化量之间可加性关系的一个界定。由联合测量理论中的有解公理和阿基米德条件公理可知，通过这一共同尺度，我们可以界定属性和项目特征上的相同单位。但是，这并没有完全确定属性和项目特征各自的测量尺度。这里所谓的测量尺度没有完全确定，是指我们仍然可以自由选择属性或项目特征测量尺度的原点(origin)和测量单位(measurement unit)，而不改变属性 θ_i、项目特征 β_j 和反应概率 $P(X_{ij})$ 之间的可加性关系。在心理或教育测量中，通常以属性或项目特征不同取值的均值和标准差来表示测量尺度的原点和测量单位。例如，表 3.6 给出了以 $\text{logit}[P(X_{ij})]$

为效应尺度,属性 θ_i 和项目特征 β_j 处于不同测量尺度时的关系矩阵。在该表中,属性 θ_i 的均值和标准差分别为 500 和 100,项目特征 β_j 的均值和标准差分别为 0 和 1。虽然在具体取值上不同,正如表 3.6 中的箭头所示,该表依然保持了和表 3.5 相一致的数据模式。

表 3.6　不同测量尺度下属性 θ_i、项目特征 β_j 和 $\text{logit}[P(X_{ij})]$ 的关系矩阵

θ_i	β_j								
	4	3	2	1	0	−1	−2	−3	−4
900	896	897	898	899	900	901	902	903	904
800	796	797	798	799	800	801	802	803	804
700	696	697	698	699	700	701	702	703	704
600	596	597	598	599	600	601	602	603	604
500	496	497	498	499	500	501	502	503	504
400	396	397	398	399	400	401	402	403	404
300	296	297	298	299	300	301	302	303	304
200	196	197	198	199	200	201	202	203	204
100	96	97	98	99	100	101	102	103	104

事实上,在给定对数胜算率 $\text{logit}[P(X_{ij})]$ 的前提下,公式 3.1 只是众多属性水平和项目特征测量尺度关系的一种。两者可加性更为一般性的表示如下:

$$\text{logit}[P(X_{ij})] = \ln\left(\frac{P(X_{ij})}{1 - P(X_{ij})}\right) = (A\theta_i + B) - (C\beta_j + D) \quad (3.3)$$

其中 A、B、C、D 是某些给定的常数,其他符号的含义与公式 3.1 相同。假设 $\theta_i^* = A\theta_i + B$,$\beta_j^* = C\beta_j + D$,则公式 3.3 就被转换成公式 3.1。这表明,对于任何给定的属性 θ_i 或项目特征 β_j 的测量尺度,我们可以通过选择适当的常数 A、B 或 C、D,将其线性转换到另外一个测量尺度上,而不改变公式 3.1 中的可加性关系[①]。由于这种随意性,从实际方便的角度来看,我们可以人为假设 θ_i 和 β_j 具有相同的测量尺度。在这种情况下,对于给定 θ_i 和 β_j 的相同尺度,只要设定 $A = C$,$B = D$,即对 θ_i 和 β_j 同时进行相同的线性转换,就可以使两者始终在同一个测量尺度上,而不改变数据模式。表

---

① 这里只是说公式 3.1 中所表达的可加性关系没有改变,但是改变属性或项目特征的尺度,就会改变对应的 $\text{logit}[P(X_{ij})]$ 的具体取值。

3.7(a)和表 3.7(b)给出了一个具体的案例。表 3.7(a)中 θ_i 和 β_j 都处于均值为 0,标准差为 1 的尺度上。通过线性转换 $\theta_i^* = 100\theta_i + 500$ 和 $\beta_j^* = 100\theta_j + 500$,则得到了表 3.7(b)。观察两表中的数据可知,其中的数据模式是完全相同的。

表 3.7　同一测量尺度下属性 θ_i、项目特征 β_j 和 $\text{logit}[P(X_{ij})]$ 的关系矩阵

θ_i	β_j								
	4	3	2	1	0	−1	−2	−3	−4
4	0	1	2	3	4	5	6	7	8
3	−1	0	1	2	3	4	5	6	7
2	−2	−1	0	1	2	3	4	5	6
1	−3	−2	−1	0	1	2	3	4	5
0	−4	−3	−2	−1	0	1	2	3	4
−1	−5	−4	−3	−2	−1	0	1	2	3
−2	−6	−5	−4	−3	−2	−1	0	1	2
−3	−7	−6	−5	−4	−3	−2	−1	0	1
−4	−8	−7	−6	−5	−4	−3	−2	−1	0

(a)

θ_i^*	β_j^*								
	900	800	700	600	500	400	300	200	100
900	0	100	200	300	400	500	600	700	800
800	−100	0	100	200	300	400	500	600	700
700	−200	−100	0	100	200	300	400	500	600
600	−300	−200	−100	0	100	200	300	400	500
500	−400	−300	−200	−100	0	100	200	300	400
400	−500	−400	−300	−200	−100	0	100	200	300
300	−600	−500	−400	−300	−200	−100	0	100	200
200	−700	−600	−500	−400	−300	−200	−100	0	100
100	−800	−700	−600	−500	−400	−300	−200	−100	0

(b)

上述分析表明,拉希模型只是规定了满足联合测量结构的属性 θ_i、项目特征 β_j 和对数胜算率 $\text{logit}[P(X_{ij})]$ 之间的数据模式,而没有规定三者各自的测量尺度。这并非只是心理或教育测量尺度构建中的独有问题。实际上,前面提到的质量、体积和密度的案例中,并没有提及质量或体积是在什么样的尺度上加以测量的。对于质量而言,不管我们选择千克还是磅,都不会改变三个属性间的数量关系。

2. 属性与项目特征测量尺度的确定

如表 3.7 所示,即使假设 θ_i 和 β_j 具有相同的测量尺度,也并没有界定两者所在的具体测量尺度是什么。要实现这个目的,需要界定两者所在尺度的测量单位和原点。在公式 3.1 中,既可以根据属性水平来界定测量尺度,也可以根据测验项目特征来界定测量尺度。

在拉希建模分析中,通常以测验项目特征为依据确定测量尺度,将测验项目难度的平均数作为测量尺度的基点,不同项目难度的标准差作为测量单位。这里的测验项目,可以是预想的测量某个属性的所有项目,也可以是具体测量工具中的一组项目(Embretson & Reise, 2000)。通常,经过转换,θ_i 和 β_j 都可以表示成均数为 0,标准差

为1的Z分数形式①。表3.7(a)中给出的就是在这样一种测量尺度上的情况。在这一尺度上,当θ_i和β_j取值相同,即$\theta_i-\beta_j=0$时,$\mathrm{logit}[P(X_{ij})]=0$或者$P(X_{ij})=0.5$。这意味着,当个体属性水平与测验项目难度相同时,个体答对该项目的概率为0.5。当$\theta_i-\beta_j=1$时,$\mathrm{logit}[P(X_{ij})]=1$或者$P(X_{ij})=0.73$,即当个体属性水平高于项目难度1个标准差时,个体答对该项目的概率为0.73。当$\theta_i-\beta_j=-1$时,$\mathrm{logit}[P(X_{ij})]=1$或者$P(X_{ij})=0.27$,即当个体属性水平低于项目难度1个标准差时,个体答对该项目的概率为0.27。图3.7给出了当测验项目难度β_j为0时,不同属性水平θ_i所对应的对数胜算率$\mathrm{logit}[P(X_{ij})]$(左图)和答对该项目的概率$P(X_{ij})$(右图)。由图中可以看出,随着$\theta_i$水平的提高,个体答对项目的对数胜算率和概率都随之增加。当$\theta_i>\beta_j$时,$\mathrm{logit}[P(X_{ij})]>0$,$P(X_{ij})>0.5$;当$\theta_i<\beta_j$时,$\mathrm{logit}[P(X_{ij})]<0$,$P(X_{ij})<0.5$。该图同时还清楚地表明,在某个给定项目难度上,属性水平和$\mathrm{logit}[P(X_{ij})]$间存在一种线性关系,而属性水平和$P(X_{ij})$间的关系则是非线性的。这也解释了为什么拉希尺度构建法中会选择$\mathrm{logit}[P(X_{ij})]$作为属性水平和项目特征的共同效应尺度。

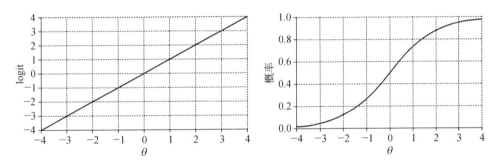

图 3.7 β_j 为 0 时不同 θ_i 所对应的 $\mathrm{logit}[P(X_{ij})]$ 和 $P(X_{ij})$

以测验项目特征为依据确定测量尺度,有助于解释不同属性水平的实质含义。图3.8给出了一个具体案例。图中左侧是一个测量老年人生活自理能力(functional independence)的行为量表(Embretson,2006)。自下而上是一系列老年人可能自理的活动,比如能否控制大便(最低端),或者是否自己走楼梯(最高端)。借助于拉希模型(公式3.1),可以将老年人完成这些活动的难度β_j标定到(calibrate)一个平均数为0,

---

① 在常见的物理测量中,通常给测量单位一个名称,比如厘米、摄氏度等等。原则上,对于心理或教育属性而言,也可以给出类似的名称。但是通常在心理或教育测量领域中并不这样规定。

标准差为1的测量尺度上。由于 θ_i 和 β_j 具有共同的测量尺度,不同老年人的生活自理能力 θ_i 也可以被标定到这一尺度上(图中右侧)。由此,我们可以借助对应于不同老年人 θ_i 水平的项目特征来理解其生活能力的实质内涵。比如,个体1的 θ_i 水平为2,对应的活动为穿上装。这表明,对该个体而言,能够自己穿上装是一个中等难度的任务(该个体自己成功穿上装的概率为50%)。该个体有较高的可能性顺利完成比穿上装容易的活动,比如上下床或者穿下装等。而像洗澡、走楼梯等活动,对该个体来讲就很困难了。类似的解释也适用于对个体2的属性水平,以及对某一组个体的平均属性水平的解释,比如图3.8中的群体1(group 1)和群体2(group 2)。

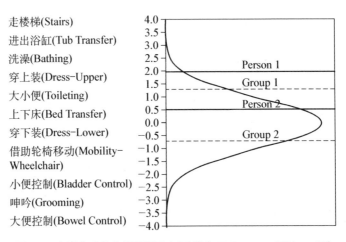

图 3.8　生活自理能力的测量尺度(改编自 Embretson, 2006, p. 52)

从测量尺度构建的角度讲,以项目难度平均数为原点,以难度标准差为测量单位,并不是基于测验项目特征确定测量尺度的唯一方法。其实,图3.8中任一测验项目所对应的难度水平都可以作为测量尺度的原点。实际上,在物理测量中,测量尺度的原点和测量单位也都是人为规定的。比如,常见摄氏温度的测量尺度就是以纯水的凝固点(摄氏0°)作为该尺度的原点,而将凝固点和沸腾点(摄氏100°)之间的温度差的百分之一作为该尺度的测量单位(即1摄氏度)。类似的规定方式也可以应用到心理或教育测量尺度构建中来。比如,某个国家或社会组织将能否穿上装作为老年人生活能否基本自理的评判标准,那么,就可以以该项目对应的尺度水平作为测量尺度的原点。同时,可以将该测验项目对应的尺度水平与另外一个测验项目(比如大小便)对应的尺度水平间的距离作为测量尺度的基本单位,进而实现对其他测验项目难度水平以及个体属性水平的界定①。

确定心理或教育属性测量尺度的另一方式是以所测被试属性水平的分布为依据。这里的被试群体,可以是符合正态分布的某一假想总体,也可以是从该总体抽取的一个代表性样本,还可以是其他实际测试的特定被试样本。例如图3.8中右侧曲线所示,以老年人总体中属性水平分布的平均数和标准差为依据,也可以界定测量尺度的原点和测量单位。该图中老年人的平均生活自理能力被界定为0,标准差为1。根据这一界定,不同老年人生活自理能力就可以被标定到一个从-4到+4的分布区间上。每个老年人的自理能力水平就可以采用类似于Z分数的表示方式。借助于类似于公式3.1的模型,测验项目的难度也可以标定到这一尺度上来。这样一来,不同个体的生活自理能力既可以根据所对应的项目特征加以解释,也可以通过该个体在整个分布中的相对位置加以说明。例如在图3.8中,我们既可以像前面所讲的那样,根据个体1所能完成的活动内容来解释其生活自理能力的内涵,也可以根据该个体属性水平($\theta_i = 2$)在整个分布中的百分等级来理解其在整个老年群体中的相对位置。由标准正态分布可知,该个体的百分等级约为97.5%。也就是说,该个体的生活自理能力高于大约97.5%的老年人的生活自理能力。我们可以按照这种方式来理解该图中个体1和个体2的生活能力差异。类似的方式还可以应用于对不同群体(比如图3.8中的群体1和群体2)的比较。如果基于项目特征来解释属性水平可以被视为一种标准参照解释(criterion-reference interpretation)的话,依据在总体分布中的相对位置来解释属性水平则是一种常模参照(norm-reference interpretation)的解释方式。因此,以对数胜算率$\text{logit}[P(X_{ij})]$的变化为依据,借助于θ_i和β_j所具有的共同测量尺度,图3.8例证了拉希测量尺度构建方法可以解决传统心理或教育测量中只能采用常模参照方式来标定不同属性水平的问题。如图3.3中身高和体重测量那样,该方法实现了个体属性在某测量尺度上的绝对量和常模参照的相对量的有机结合。

3. 拉希测量尺度的特征

如图3.8所示,拉希测量尺度具有和身高或体重等物理测量相类似的特征。其根源在于基于拉希模型所构建的属性θ_i和项目特征β_j的测量尺度具有等距的性质。具

---

① 需要指出的是,这里讨论的是在理论层面上如何界定心理或教育属性的测量尺度,而不是从操作层面上如何设计或选择一组测验项目,从而实现对该尺度的合理测量。从操作层面上,则需要在联合测量理论框架下,通过实验确定不同测验项目间的距离差异相对于所界定的基本单位的数量关系,或者寻找一组测验项目,使得相邻两个项目间距都等于基本单位,从而构成所谓的标准序列。

体而言,以 $\mathrm{logit}[P(X_{ij})]$ 为效应尺度,无论是在属性 θ_i 还是项目特征 β_j 所处测量尺度上,都可以观察到不同量之间关系的不变性。

在属性 θ_i 所在尺度上,这种不变性意味着对于任意两个属性水平 θ_1 和 θ_2,它们之间量的差异并不随着测量该属性的测验项目特征 β_j 的变化而变化。图 3.9 给出了相应的图示。该图给出了不同属性水平在不同难度的两个项目上对应的 $\mathrm{logit}[P(X_{ij})]$ 的取值情况。可以看出,不管是在哪个项目上,θ_1 和 θ_2 之间的差异都是相同的,所导致的 $\mathrm{logit}[P(X_{ij})]$ 的变化也是相同的。不仅如此,跨越两个具有不同难度的项目,图 3.9 所给出的 4 个属性水平中的任意两个属性水平之间的差异都是不变的。在一般意义上,由公式 3.1 可知,

$$\mathrm{logit}[P(X_{1j})] = \theta_1 - \beta_j, \quad \mathrm{logit}[P(X_{2j})] = \theta_2 - \beta_j$$

则有

$$\begin{aligned}\theta_2 - \theta_1 &= \{\mathrm{logit}[P(X_{2j})] + \beta_j\} - \{\mathrm{logit}[P(X_{1j})] + \beta_j\} \\ &= \mathrm{logit}[P(X_{2j})] - \mathrm{logit}[P(X_{1j})]\end{aligned}$$

即任意两个属性水平 θ_1 和 θ_2 的差异是不依赖于项目特征 β_j 的。

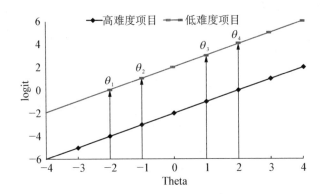

图 3.9 属性水平差异的不变性(改编自 Embretson & Reise, 2000, p.144)

同样的不变性也可以在任意两个项目特征 β_1 和 β_2 之间的差异上观察到。图 3.10 给出了相应的图示。可以看出,在不同的能力水平上,项目难度之间的差异是不变的。这一点,从对应的公式中也可以得出。由

$$\mathrm{logit}[P(X_{i1})] = \theta_i - \beta_1, \quad \mathrm{logit}[P(X_{i2})] = \theta_i - \beta_2$$

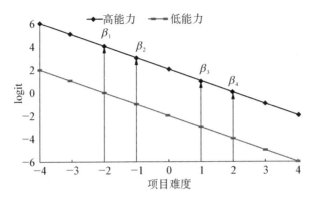

图 3.10 项目特征水平差异的不变性

可得

$$\beta_1 - \beta_2 = \{\theta_i - \text{logit}[P(X_{i1})]\} - \{\theta_i - \text{logit}[P(X_{i2})]\}$$
$$= \text{logit}[P(X_{i2})] - \text{logit}[P(X_{i1})]$$

上述两种不变性在拉希建模分析中分别被称为个体比较不变性(invariant person comparison)和项目比较不变性(invariant item comparison)。它意味着,一旦属性 θ_i 和项目特征 β_j 的测量尺度确定,原则上该尺度上不同量之间的数量关系也就确定了。两个个体不同属性水平之间的差异并不依赖于测量工具中所采用的特定测验项目,两个测验项目特征 β_j(通常是项目难度)之间的差异也不再依赖于用于标定该尺度的特定测试样本。这回应了本章前文提到的良好测量所具有的特征。

不仅如此,图 3.9 和图 3.10 还表明,相同距离的属性水平(或项目特征水平)差异,无论在测量尺度的什么区间范围内,其含义都是相同的。例如,在图 3.5 中,$\theta_1 = -2$,$\theta_2 = -1$,$\theta_3 = 1$,$\theta_4 = 2$,由此可得 $\theta_2 - \theta_1 = 1 = \theta_4 - \theta_3$,即 $\theta_2 - \theta_1$ 和 $\theta_4 - \theta_3$ 是属性测量尺度上的两个等距区间,或者说是处于测量尺度不同区间的两个基本测量单位。由公式 3.1 可推知,

$$\theta_2 - \theta_1 = \text{logit}[P(X_{2j})] - \text{logit}[P(X_{1j})],\ \theta_4 - \theta_3 = \text{logit}[P(X_{4j})] - \text{logit}[P(X_{4j})]$$

进而可知,

$$\text{logit}[P(X_{2j})] - \text{logit}[P(X_{1j})] = \text{logit}[P(X_{4j})] - \text{logit}[P(X_{4j})]$$

即测量尺度上不同区间的相同测量单位所对应的项目反应的效应变化是相同的。类

似的关系在项目特征尺度上也可以观察到。这表明,以 $\text{logit}[P(X_{ij})]$ 为共同效应尺度的属性或项目特征测量尺度,满足等距测量尺度的性质。

按照测量的基本理论(Krantz,Luce,Suppes,& Tversky,1971),在等距测量尺度上,不同属性水平之间的差异和基本测量单位之间存在等比的数量关系。例如,以 $\theta_2 - \theta_1$ 为属性测量尺度上的基本单位,则任意两个属性 θ_l 和 θ_k 之间的差异 $\theta_k - \theta_l$ 与 $\theta_2 - \theta_1$ 的比值具有不变性。前面提到,可以对属性水平所在尺度进行任何的线性转换,而不改变该测量尺度上不同量之间的关系。在一般意义上,对属性所在测量尺度进行转换,使得 $\theta^* = A\theta + B$,则有

$$\frac{\theta_k - \theta_l}{\theta_2 - \theta_1} = \frac{(A\theta_k + B) - (A\theta_l + B)}{(A\theta_2 + B) - (A\theta_1 + B)} = \frac{\theta_k^* - \theta_l^*}{\theta_2^* - \theta_1^*}$$

该式表明,原有测量尺度上不同量之间的关系在转换之后的尺度上仍然保持不变。根据测量的基本理论(Krantz,Luce,Suppes,& Tversky,1971),经历线性转换而不改变不同量之间的数量关系是等距尺度的内在特征。

(三) 瑟斯顿尺度构建法和项目反应理论

瑟斯顿(1925,1927a,1927b)提出了一种心理和教育测量尺度构建的方法,和后继兴起的项目反应理论有着极深的渊源(Bock,1997)。瑟斯顿非常清楚地指出,心理或教育测量的根本在于以一系列的测验项目作为标示,实现对某种属性在某个测量尺度上等距区间的确定[①]。因此,该方法首先假设存在一系列的测验项目 $R_i (i = 1, 2, \cdots I)$,可以按照某种特征或属性组成一个连续体。比如,他曾提到可以按照优劣程度排序一系列书法作品。与每个作品相关联的是对其在该连续体上相对位置 S_j 的鉴别(discriminal process)。由此,对应于所有 R_i 的 $S_j (j = 1, 2, \cdots i, \cdots J)$ 构成了意欲测量的某种特征或属性的连续体。理想情况下,每个 R_i 有且仅有一个对应的 S_i。然而,现实情况下,每个 R_i 有可能对应多个 $S_j (j = 1, 2, \cdots i, \cdots J)$。例如,即便是同一个测验项目反复施测于同一个个体,所得到的反应也不是完全相同的[②]。图 3.11(a) 和图 3.11(b) 分别给出了这两种情况。在图 3.11(b) 中,同一个项目 R_3 对应着从 S_1 到 S_5 五个不同的判断。但是,不同的 S_j 和 R_3 的关联度是不同的。其中 S_3 和 R_3 的发生

[①] 瑟斯顿使用"刺激"(stimulus)这一词来指代测量工具中的问题情境。
[②] 这里假设该个体的属性水平在不同施测中是相同的。

频率最高(图中用较粗的连线表示),S_2 和 S_4 次之(较长的断线),S_1 和 S_5 再次之(较短的断线)。这表明,对测验项目 R_3 而言,最常发生的鉴别过程是 S_3,尽管其他鉴别过程也有可能发生。类似的,同一鉴别过程也有可能对应着多个测验项目,如图 3.11 (b)中,S_5 和 5 个测验项目(从 R_3 到 R_7)相关联,尽管 S_5 和 R_5 的关联最为频繁。瑟斯顿将围绕着某一测验项目 R_i 的鉴别过程 $S_j(j=1,2,\cdots i,\cdots J)$ 的波动程度称为鉴别变异性(discriminal dispersion)。与 R_i 关联最为频繁的 S_i 是 R_i 的众数型鉴别过程(modal discriminal process)。

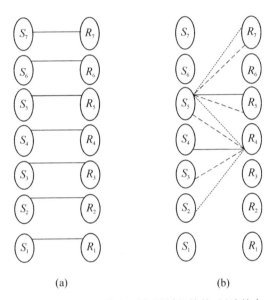

图 3.11　测验项目与相对位置判断的关系(改编自 Thurstone, 1927a, p.66)

然而,图 3.11 只是表明有可能按照某种特征对不同测验项目进行等级鉴别,不管这种鉴别是确定性的(如图(a)),还是或然性的(图(b))。无论是哪种情况,该图都没有明确不同位置的测验项目之间的量化间距,或者是它们所对应的特征水平间的量化间距是多少。正如瑟斯顿所说,这正是尺度构建所要解决的核心问题(Thurstone, 1927a)。他建议,假设围绕某个项目 R_i 的所有 $S_j(j=1,2,\cdots i,\cdots J)$ 符合正态分布,然后以对应于 R_i 的众数型鉴别过程 S_i 为原点,以该分布的标准差为测量单位决定其他 $S_k(k=1,2,\cdots i-1,i+1,\cdots J)$ 和 S_i 的距离。在实际运用中,该距离通过正态分布假设和围绕 R_i 的不同 $S_j(j=1,2,\cdots i,\cdots J)$ 的发生频率加以估计。

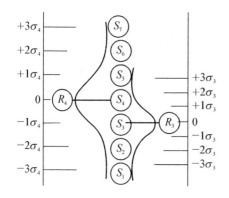

图 3.12 瑟斯顿测量属性尺度构建法
（改编自 Thurstone, 1927a, p.68）

图 3.12 给出了这一方法的一个图示。以项目 R_4 为例，围绕该项目的七个 $S_j (j=1, 2, \cdots, 7)$ 的发生频率符合标准差为 σ_4 的正态分布。以 σ_4 为测量单位，则 S_6 和 S_4 的间距可以表示为

$$S_6 - S_4 = P^{-1}(Z_{64})\sigma_4 \tag{3.4}$$

其中，$P(Z_{64})$ 是标准正态分布曲线下截至 Z_{64} 的概率，$Z_{64} = (S_6 - S_4)/\sigma_4$，$P^{-1}(Z_{64})$ 是 $P(Z_{64})$ 的逆函数，表示标准正态分布曲线下对应于 $P(Z_{64})$ 的 Z 值（见图 3.13 左图）。由该图可以看出，当 $S_6 = S_4$ 时，$P(Z_{64}) = 0.5$；当 $S_6 > S_4$ 时，$P(Z_{64}) > 0.5$，则对应 $Z_{64} > 0$；当 $S_6 < S_4$ 时，$P(Z_{64}) < 0.5$，则对应 $Z_{64} < 0$。因此，不同 S_j 和 S_4 的距离可以通过正态分布下的累积面积（对应于相应的概率）来加以表示。以 S_4 为原点，σ_4 为测量单位，不同 S_j 和 S_4 的距离变化对应于相应的概率变化。两者关系可以用图 3.13 右图来加以表示。

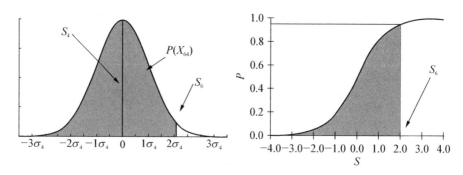

图 3.13 围绕测验项目 R_4 的不同 S_j 间距离的标定

然而，如图 3.12 所示，围绕不同测验项目 R_i 的 S_j 分布具有不同的标准差。如果将项目 R_3 所对应的正态分布标准差 σ_3 作为标定 S_6 和 S_4 间距离的测量单位，则对应公式变为：

$$S_6 - S_4 = P^{-1}(Z_{64})\sigma_3 \tag{3.5}$$

因此，选择不同测验项目的 S_j 分布作为基础，所采用的测量单位是不同的。由此导

致同样的两个 S_j 的距离,因所选测量单位的不同而出现不同取值,处于不同的测量尺度上。所以,在瑟斯顿测量尺度构建法中,属性测量尺度的确定取决于选择哪个测验项目对应的 S_j 分布作为基础,其相应的测量单位(即该分布的标准差)是什么。

利用上述基本思想,瑟斯顿(1925,1927a,1927b)深入研究了态度和心理物理学等领域中测量尺度的构建问题。和传统测量方式不同,他更多地采用了一种比较判断(comparative judgement)的任务形式。比如,向被试呈现两个强度不同的灯光,让其判断哪个更亮,或者呈现有关女权主义的两个不同陈述,让其判断哪个更为激进等等。如图 3.12 所示,假设 R_4 和 R_3 分别代表了上述情况中的两个女权主义的陈述,那么,每个测验项目都存在一个相应的 S_j 分布。该分布反映了鉴别每个陈述所揭示的女权主义程度的波动范围。这表明,即便是重复呈现同一陈述(比如 R_4),对其所揭示的女权主义程度(即 S_j)的判定也是不同的。这就使得即便是在同样条件下,对两个陈述进行重复判断的结果也是波动的。在这种情况下,标定 R_4 和 R_3 对应的不同 S_j 之间的距离,需要同时考虑与两个陈述相关联的 S_j 分布及其标准差的大小。以图 3.12 中分别对应于 R_4 和 R_3 的两个众数型鉴别过程 S_4 和 S_3 为例,则两者间距的一种标定方法为

$$S_4 - S_3 = P^{-1}(Z_{43}) \sqrt{\sigma_4^2 + \sigma_3^2 - 2r\sigma_4\sigma_3} \tag{3.6}$$

其中,r 是分别与 R_4 和 R_3 相关联的两个分布之间的相关。和公式 3.4 或 3.5 相比较,公式 3.6 中所采用的测量单位发生了变化,它综合了与 R_4 和 R_3 相关联的两个分布各自的标准差和两个分布之间的相关。

在特定情况下,公式 3.6 可以进一步简化。比如,假设就某种特定的测量属性而言,围绕不同测验项目的 S_j 分布是独立的,则有 $r = 0$。相应的,公式 3.6 变为

$$S_4 - S_3 = P^{-1}(Z_{43}) \sqrt{\sigma_4^2 + \sigma_3^2} \tag{3.7}$$

但是,不管是公式 3.6 还是 3.7,对不同 S_j 间距的标定,也就是对不同测验项目所反映的属性水平差异的标定,依然依赖于相关测验项目对应的 S_j 分布。这意味着,如果不同项目对应的 S_j 分布不同,对不同测验项目的两两比较就是在不同的测量尺度上进行的。这就好比对一组人的体重进行两两比较。比较张三和李四时采用公斤作为单位,比较李四和王五时采用市斤作为单位。虽然这对判定两个人体重的轻重没有影响,但是当试图将所有两两比较的结果放置在一起时,就存在一个究竟选择哪个单位

作为统一尺度的问题了。

一种更为简单的情况是假设在测量某种属性时,不同测验项目的 S_j 分布不仅是独立的,而且具有相同的标准差 σ(在 1927b 年的文章中,瑟斯顿将这一情况称为第五种情况)。在这种情况下,公式 3.6 简化为

$$S_4 - S_3 = P^{-1}(Z_{43})\sqrt{2\sigma^2} = P^{-1}(Z_{43})\sigma\sqrt{2} \tag{3.8}$$

这样一来,不同测验项目的两两比较就是在一个以 $\sigma\sqrt{2}$ 为基本单位的共同测量尺度上了。

1. 和项目反应理论的关系

通常认为,项目反应理论是由美国著名测量学家 Frederickson Lord 在 1951 年提交给普林斯顿大学的博士论文中提出的。该论文后来作为心理测量学专题论文发表(Lord,1952)。在该文中,他指出,某个被试答对一个测验项目的概率是该个体能力的正态卵形函数(normal-ogive function)。该函数可以明确表示为

$$P(X_{ij}) = P(X_{ij} = 1) = \int_{-\infty}^{z_{ij}} N(y)dy \tag{3.9}$$

其中,X_{ij} 是个体 i 在测验项目 j 上的反应,X_{ij} 为二值计分变量(正确反应为 $X_{ij} = 1$,错误为 $X_{ij} = 0$),$P(X_{ij})$ 是答对测验项目 j 的概率,y 是一个积分变量,$N(y) = \frac{1}{\sqrt{2\pi}}e^{-\frac{y^2}{2}}$,是标准正态分布的概率密度函数(probability density function,PDF)。公式 3.9 中的积分符号表示 $P(X_{ij})$ 对应于标准正态分布曲线下从 $-\infty$ 到 Z_{ij} 的累积面积。$Z_{ij} = \alpha_j(\theta_i - \beta_j)$,其中 θ_i 是个体 i 的能力水平,β_j 和 α_j 是项目 j 的特征,分别为项目难度(difficulty)参数和鉴别力(discrimination)参数。由公式 3.9 可知,对于给定 β_j 和 α_j 的项目 j,$P(X_{ij})$ 是个体能力 θ_i 的函数,随着 θ_i 的增加而增长。图 3.14 给出了两者的关系。该图的横坐标表示的是个体能力 θ_i 所在的测量尺度,纵坐标给出了对应于不同 θ_i 水平的 $P(X_{ij})$。在项目反应理论中,图中的 S 形曲线被称为项目特征曲线(item characteristic curve,ICC)。该曲线所对应的数学表达式被称为项目反应函数(item response function,IRF)。项目难度 β_j 被定义为 θ_i 所在尺度上对应答对项目概率为 0.5 的点。根据这一界定,图 3.14 中对应 $P(X_{ij}) = 0.5$ 的横坐标上的点为 0,则该项目的难度参数 β_j 为 0。项目鉴别力 α_j 则被定义为项目特征曲线上对应项目难度

这一点的斜率①,反映的是个体能力 θ_i 围绕项目难度 β_j 附近变化时所导致的答对项目概率变化的敏感性。α_j 越大,则在 β_j 附近 θ_i 变化所导致的概率变化越大,项目对 β_j 附近能力 θ_i 的变化就越敏感。对于给定参数 β_j 和 α_j 的某个项目而言,图 3.14 表明,答对该项目的概率 $P(X_{ij})$ 对应项目特征曲线下从 $-\infty$ 到 θ_i 的累积面积。比如,当 θ_i 取值为 2 时,$P(X_{ij})$ 即为项目特征曲线下从 $-\infty$ 到 2 的累积面积。

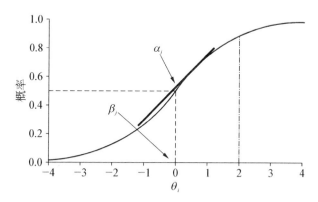

图 3.14　给定参数 β_j 和 α_j 的项目特征曲线

在项目反应理论的文献中,公式 3.9 通常被称为两参数正态卵形模型(Two-parameter Normal Ogive Model,Embretson & Reise,2000)。比较公式 3.9 和公式 3.4,就会发现该模型其实和瑟斯顿方法中依据某个项目相关联的 S_j 分布为基础标定不同 S_j 距离的模型在本质上是一致的。对公式 3.4 中的 $P(Z_{64})$ 求解,则得

$$P(Z \leqslant Z_{64}) = P(Z_{64}) = \int_{-\infty}^{z_{64}} N(y) dy, \; Z_{64} = \frac{S_6 - S_4}{\sigma_4} \quad (3.10)$$

其中,和公式 3.9 一样,y 是一个积分变量,$N(y)$ 是标准正态分布的概率密度函数。对应的,我们有

$$S_6 = \theta_i, \; S_4 = \beta_i, \; 1/\sigma_4 = \alpha_i \quad (3.11)$$

由此,如果我们把对应某项目 R_i 的众数型鉴别过程 S_i 作为该项目难度,围绕该项目的所有 $S_j(j=1,2,\cdots i,\cdots J)$ 视为个体判定(或解答)该项目的能力,瑟斯顿测量尺度构建法和两参数正态卵形模型是相同的。这一点从图 3.14 和图 3.13 也可以直观地看出。

---

① 严格意义上讲,项目鉴别力 α_j 的取值不是该点的斜率,而是与该点的斜率成正比。

寻求两者的一致性有助于我们深刻认识项目鉴别力参数 α_j 的内涵,以及理解两参数正态卵形模型背后的测量尺度。由公式 3.11 可知,该模型中的项目鉴别力参数 α_j 可以理解为以该项目难度参数 β_j 为期望值的正态分布的离中趋势(dispersion),与该分布的标准差 σ_j 成反比。图 3.15 给出了这一理解的图示。图中给出了难度和鉴别力都不同的两个项目的特征曲线。假定横坐标自左至右表示个体能力 θ_i 从小到大的测量尺度,项目 1(左边的项目)显然比项目 2(右边的项目)的难度要低(即 $\beta_1 < \beta_2$)。同时,项目 1 的鉴别力也要低于项目 2(即 $\alpha_1 < \alpha_2$)。也就是说,与项目 2 相比,个体能力的变化在答对项目 1 的概率变化上相对不敏感。这种敏感程度对应于相应正态分布的概率密度函数的具体形态。如图 3.15 所示,项目 1 对应正态分布的标准差较大(即 $\sigma_1 > \sigma_2$)。与瑟斯顿测量尺度构建法相同,这意味着,当我们依据不同测验项目来确定个体能力测量尺度时,不同鉴别力参数的测验项目所形成的测量尺度是不同的。具体来说,以项目 1 为依据时,θ_i 测量尺度的原点为难度参数 β_1,基本单位是项目 1 相应分布的标准差 σ_1。而以项目 2 为依据时,对应测量尺度的原点和基本单位则分别为 β_2 和 σ_2。这表明,θ_i 测量尺度的建立是依赖于所采用的具体测验项目的。这与前文所提的测量尺度独立于具体测量工具的理想测量特征是相违背的。

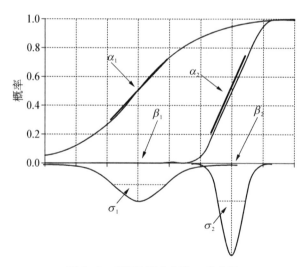

图 3.15 项目鉴别力参数 α_j 的内涵

2. 和拉希测量尺度构建方法的关系

在 Frederickson Lord 提出两参数正态卵形模型五年之后,Alan Birnbaum(1957,

1958a，1958b)提出了另一种形式的两参数项目反应模型。该模型后来在 Lord 和 Novick(1968)主编的心理与教育测量学经典之作 *Statistical Theories of Mental Test Scores* 一书中得到详细的介绍。Birnbaum 所提的两参数模型可以表示为

$$P(X_{ij}) = P(X_{ij} = 1) = \frac{\exp[\alpha_j(\theta_i - \beta_j)]}{1 + \exp[\alpha_j(\theta_i - \beta_j)]} \tag{3.12}$$

如前所述，$P(X_{ij})$ 表示能力参数为 θ_i 的个体 $i(i = 1, 2, \cdots, I)$ 答对二值计分的测验项目 $j(j = 1, 2, \cdots, J)$ 的概率，β_j 和 α_j 分别是项目 j 的项目难度和鉴别力参数。与两参数正态卵形模型所不同的是，该模型假设某个被试答对一个测验项目的概率是该个体能力的逻辑斯蒂函数(logistic function)。由于逻辑斯蒂模型在参数估计时具有很多便利之处，该模型比正态卵形模型得到了更为广泛的应用。

需要指出的是，可以采用不同函数形式来描述属性、项目特征和反应概率之间的关系。这例证了前面提出的一个观点。前文指出，心理或教育测量的关键在于能够证明属性水平、项目特征和反应概率三者之间满足联合测量结构，从而确定属性水平和项目特征在反应概率(或者其某种转换形式)上的效应是可加的或可乘的。籍此，我们可以将反应概率(或者其某种转换形式)作为共同效应尺度，构建属性或项目特征的等距或等比的测量尺度。在这一前提下，选择哪种具体的函数形式取决于具体领域的传统或某种特定因素，比如计算上的便利性等等。实际上，选择正态卵形函数或者逻辑斯蒂函数，只是在不同的测量尺度上来刻画属性、项目特征和反应概率的关系，而没有改变三者间的结构关系。图 3.16 给出了同一项目(即参数 β_j 和 α_j 完全相同情况下)在选择正态卵形函数或者逻辑斯蒂函数时分别对应的项目特征曲线。相比正态卵形函数，逻辑斯蒂函数所预测的反应概率在同等情况下的分布更为离散。表现在项目特征曲线上，逻辑斯蒂函数对应的曲线更为平缓，在低于 β_j 值的区间预测概率高于正态卵形函数的预测概率，而在高于 β_j 值的区间则恰恰相反。但是，两个项目特征曲线在给定参数 β_j 和 α_j 的情况下所揭示的能力水平 θ_i 和反应概率 $P(X_{ij})$ 之间的关系是一样的，即 $P(X_{ij})$ 是随着 θ_i 水平的变化而变化的单调非递减性函数(monotonically non-decreasing function)。研究表明，如果公式 3.12 中的指数函数自变量乘以一个取值为 1.7 的测量尺度因子(scaling factor)D(即 $D = 1.7$)，则对应的两参数逻辑斯蒂模型为

$$P(X_{ij}) = P(X_{ij} = 1) = \frac{\exp[D\alpha_j(\theta_i - \beta_j)]}{1 + \exp[D\alpha_j(\theta_i - \beta_j)]} \tag{3.13}$$

其中的 $P(X_{ij})$ 和两参数正态卵形模型在 θ_i 任何水平上的 $P(X_{ij})$ 差别的绝对值不超过

0.01(Harley,1952)。

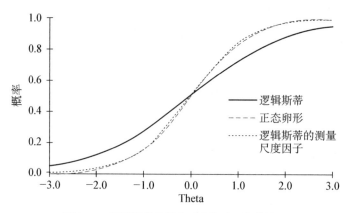

图 3.16　逻辑斯蒂函数和正态卵形函数的关系

从模型的数学形式上看,前文提到的拉希模型是两参数逻辑斯蒂模型的一个特例。假定公式3.13中的所有测验项目的鉴别力参数 $\alpha_j = 1(j = 1, 2, \cdots, J)$,就得到了公式3.2。根据前面讨论的鉴别力参数 α_j 和项目背后正态分布标准差 σ_j 的关系,这意味着假定所有项目的 $\sigma_j = 1(j = 1, 2, \cdots, J)$。由于任何测量单位的取值可以人为界定为1,这一假设的实质是假定所有项目具有相同的 α_j 或 σ_j,也即瑟斯顿测量尺度构建法中公式3.8的情况。从这个意义上讲,拉希尺度构建法也是瑟斯顿测量尺度构建法中的一个特例。

然而,从测量尺度构建的视角看,测验项目是否具有相同的 α_j 至关重要。正是在这一条件下,个体比较不变性和项目比较不变性才有可能实现,构建等距水平的属性或项目测量尺度才有可能。而在两参数逻辑斯蒂模型(以及两参数正态卵形模型)中,这些特征都不复存在。图3.17分别给出了拉希模型(左图)和两参数逻辑斯蒂模型(右图)的三个项目特征曲线。两个图形中三个项目的难度参数自左至右依次为-1,0和1。对左边符合拉希模型的三个项目而言,除了难度参数差别之外,项目鉴别力是相同的。这表现为三个项目特征曲线是平行的。如果将左边的项目特征曲线平行右移,会依次和右边两个项目特征曲线重合。这意味着对任意两个项目而言(如项目1和项目2),如果能力参数为 θ_i 的个体答对项目1的概率低于答对项目2的概率,那么在能力测量尺度上任意一点,项目1比项目2难这一结论都是成立的。这就是我们前面所说的项目比较不变性。如果将图3.17左图的纵坐标转换成对数胜算率 $\text{logit}[P(X_{ij})]$ 的话,可以得到类似图3.9的形式。而对右边三个项目特征曲线而言,除了难度参数差异之外,三个项目的鉴别力参数自左至右依次为 0.5,1.0,1.5。这表现为三个项目特征曲线的斜率依次越来越大,项目特征曲线之间是交叉的。由此带来的一个后果是,个体答对两个项目的概率高低不仅取决于项目难度,还取决于个体能力 θ_i 水平。比如,对项目1和项目2而言,当个体能力 $\theta_i < 1$ 时,答对项目1的概率高于答对项目2的概率(即项目2比项目1难),而当个体能力 $\theta_i > 1$ 时,答对项目1的概率低于答对项目2的概率(即项目1比项目2难)。因此,对两参数逻辑斯蒂模型而言,项目之间的难度关系不再独立于能力水平,项目比较不变性不复存在。类似的,个体比较不变性对两参数逻辑斯蒂模型而言也是不成立的。图 3.18 给出了当纵坐标转换成对数胜算率 $\text{logit}[P(X_{ij})]$ 时具有不同鉴别力参数的项目情形。和图 3.9 相比,在属性 θ_i 所在尺度上,两个属性水平之间量的差异现在依赖于测量该属性的测验项目的具体特征。因此,当测验项目具有不同鉴别力参数时,属性 θ_i 的测量尺度就无法实现等距水平了。

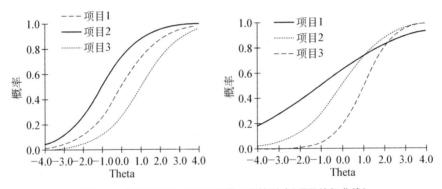

图 3.17 项目鉴别力参数对测量尺度的影响(项目特征曲线)

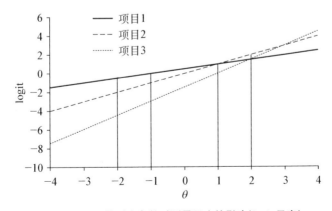

图 3.18 项目鉴别力参数对测量尺度的影响(logit 尺度)

四、本章结语

到目前为止,我们讨论了心理或教育测量的理论依据,以及已有文献中构建心理或教育属性测量尺度的逻辑。不过,这里所讲的理想测量的特征、判断测量属性是否为连续量化属性的联合测量理论以及构建等级或等距测量尺度的思想方法,都只是为研究者开发测量工具提供了一个理论或方法上的基础。研究者如果想要实际开发某个特定属性的测量工具,需要寻找或设计一系列具有不同蕴含性的测验项目,观测到该属性不同水平的外在表现。继而检验属性水平、项目特征和个体外在表现之间是否满足联合测量理论所预期的数据模式,并在此基础上构建测验项目的标准序列,以及具有相同单位的属性测量尺度。

要实现上述目的,我们需要一种理论,一种有关所测属性的实质理论。这种理论能够告诉我们所测属性是什么,它具有什么样的特征或构成,是以怎样一种机制导致个体外显的、可观测的行为的,以及不同个体在该属性上的个别差异是如何显现为他们在各种观测指标上的个别差异的。只有在这样一种理论基础上,研究者才能确定什么样的测验项目是合理的候选,测验项目蕴含性的实质含义是什么。它能解释为什么测量数据满足(或不满足)理论预期的模式,并提供了控制无关因素影响测量尺度构建的理论和技术基础。这样一种实质理论就是我们接下来讨论的测量建构理论。

第四章　建构和建构理论

如果把心理或教育测量比作毛的话，那么心理或教育领域中的属性或者建构①就是所谓的皮，皮之不存毛将焉附。如果缺乏对所要测量的建构的理解和认识，测量活动就会变成无的放矢，失去了必要的前提基础。逻辑上，对建构的认识和有关建构的理论应该先于对建构的测量而存在。建构理论提供了测量活动的实质基础，因此，应该重视建构理论在测验编制、实施和结果解释中的核心地位。强调建构理论在测量活动中的作用，其意义不仅在于明确所要测量的建构，提供项目设计、测验编制和数据分析的理论依据，而且对建构理论自身的完善也产生深远的影响。要实现这一目的，就需要深刻反思心理或教育领域中建构究竟是一种什么性质的存在，以及什么样的建构理论才能满足测量的需求。

---

① 确切讲，属性（attribute）和建构（construct）两个术语在内涵上并不等同。我们可以在两个层面上运用"属性"这一词。一个层面是指基于不同事物或对象的某种（些）特征而形成的某种概念（concept），比如，在看到各种各样的猫之后形成"猫"这一概念。我们可以用"猫"或"cat"等符号来表述这一概念，可以借助于语言习俗或语法规则来描述该概念所蕴含的特征。从这个意义上，我们可以说"猫"这一概念是我们构建起来的（constructed）。然而，存在另一个层面的运用，即用这一词来指代某种客观存在，比如邻居家养了一只猫。在这个意义上，"猫"这一符号指的是一种现实对象，并非我们构建起来的。
然而，从"construct"一词的本义可以看出，它直接的含义是指人们创造或构建起来的某个东西。尽管在第一层含义上运用该词没有问题，但是在第二层含义上，"construct"未必一定具有现实存在与之对应，比如"天堂"。因此，就其本义而言，"construct"一词并不能涵盖本章所欲表达的全部含义。但是"construct"已经在心理学文献中被广泛应用，而且从 MacCorquodale 和 Meehl（1948），Cronbach 和 Meehl（1955）等学者将该词引介到心理学中时就被赋予了和"attribute"一词相同的内涵。因此，本章依然延续这种传统，用"建构"一词来指代心理或教育领域中的"属性"。有兴趣的读者可以参阅 Michell（2013）。该文系统梳理了"construct"这一术语的哲学根源及其在心理学中的内涵演变。

一、什么是建构

我们先来看一个具体的案例。图4.1中给出了两个图形,请尝试着判断这两个图形是否相同。对大多数人而言,这是一个比较简单的任务,可以很容易判断两个图形是不同的。现在,反思一下你是如何发现这两个图形是不同的。心理学研究表明(Carpenter & Just, 1978; Just & Carpenter, 1985; Shepard & Metzler, 1971),个体在解决该任务时通常经历了三个阶段。当图形呈现时,个体首先对两个图形的形状进行编码,认识每个图形有几个构成成分,以及不同构成的空间关系和方位等等。在此之后,个体选择两个图形中的某个部分作为参照点,将其中一个图形在头脑中进行"旋

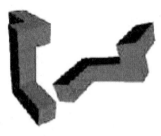

转",将其置于与另一个图形空间方位相同的位置(比如以左边图形中间立臂为参照,想象着将右边图形"旋转"到相同的方位)。然后,个体对两个图形不同构成及其关系的异同进行比较。如果发现不同之处,则判定两个图形为不同。否则,则判定两个图形为相同。此例中,左边图形中间立臂和上端水平部分的拐角方向与右边图形不同,因而两个图形是不同的。

图4.1 理解测量建构的一个案例

图4.1所示的任务被称为心理旋转任务(mental rotation task)。上述陈述中所描述的三个环节,即对图形进行编码、想象着对图形进行旋转以及对图形的不同构成及方位进行比较,构成了解决该类任务的认知过程。图4.2下半部分给出了这一认知过程的图示。当呈现心理旋转任务时,该图表明了个体从看到刺激(即图形)到给出反应(即判定相同或不同)所经历的认知加工过程。其中,编码、心理旋转和比较都是发生

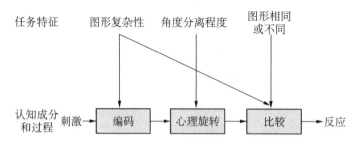

图4.2 心理旋转任务的信息加工模型(改编自 Lohman & Ippel, 1993, p.49)

在个体头脑中的、无法直接观察的认知活动,因而图中用灰色框图来加以表示。可以看到,这一认知加工模型,不仅设定了解决心理旋转任务所需的各种认知成分,同时给出了不同成分所指向的认知操作(cognitive operation)及其各成分间的结构关系。

那么,站在测量的角度上,该案例中所要测量的建构是什么?在心理学研究中,空间旋转任务通常用来测量个体的空间能力(spatial ability;Vanderberg & Kuse, 1978; Cooper & Shepard, 1973; Peters, Laeng, Latham, Jackson, Zaiyouna, & Rechiardson, 1995; Voyer & Hou, 2006)。因此,这里所要测量的建构可以理解为空间能力,而心理旋转任务则是用来揭示个体的空间能力水平的刺激类型。当采用心理旋转任务测量个体的空间能力时,图4.2给出了相应的认知加工模型。此处,我们暂且将该认知加工模型视为空间能力在心理旋转任务中具体的建构表征。两者的关系将在后文中进一步具体阐述。

(一) 建构作为一种理论意义上的变量

由此,我们区分了三个不同的概念:建构、建构表征和任务(task)。当谈及建构这一概念时,Cronbach 和 Meehl(1955)这样写道:"建构是某种假想性的个体属性,假定是可以通过(个体在)测验中的表现反映出来的。"(p. 283)按照这一理解,当我们借用某个属性试图来理解测验分数,或者对个体在测验上的表现进行解释时,该属性就是所谓的建构。由此,心理测验中常见的智力、人格、态度,以及教育测验中的学业能力、成就动机等等都属于建构。然而,在更为一般的意义上,可以将建构理解为刻画或描述心理现象或活动的理论变量(theoretical variable),未必一定能够通过在特定测验上的表现反映出来(Embretson, 1983)。它不仅仅局限于对测验表现进行解释,同时也是研究者用以描述相关心理现象,整合和解释相关的研究证据,推论和预测心理特征及行为表现的一种思维工具。在这个意义上,心理或教育领域中的建构和自然科学领域中诸如长度、温度、速度等物理属性在本质上是一样的,都是研究者对所研究对象的某种特征或特征间关系的概念化(conceptualization)。就像物理属性是用以描述或解释自然世界如何运作的科学理论的基本构成一样,心理或教育领域中的建构也是研究者构建心理学或教育学理论的基石。

强调建构未必能够通过测验表现反映出来,是基于如下几个方面的原因。首先,并非所有的建构都是可以测量的。某些建构,如性别、精神分裂症等,是质性的属性。个体要么是男,要么是女,或者要么患有精神分裂症,要么没有。判断个体是否具有该属性,通常是根据个体是否具有与该属性相应类别的具体特征,而不是在该属性上的量的多少。如前面第二章所讲,只有连续性量化属性,测量才是可能的。因此,建构是否能够通过测验表现反映出来,取决于该建构是否属于量化属性。其次,即便属于量化属性,建构也未必完全能够通过测验表现反映出来。Gorin(2006)区分了预期建构(intended construct)和实测建构(enacted construct)。预期建构是研究者试图研究或测量的建构,而实测建构则是测量工具中的具体任务类型实际测量的建构。这两者未必是一致的。预期建构是研究者所关心的理论建构,揭示的是心理现象或活动某个方面的一般性特征,往往跨越一系列不同的测验任务。因而,预期建构的建构表征是一系列表面不同的任务背后共同的深层理论机制。相比之下,借助于特定任务类型而测量的实测建构,往往会出现 Messick (1995) 所讲的建构窄化 (construct underrepresentation)和建构无关变异(construct-irrelevant variance)两种情况。前者是指实测建构过于窄化,未能包含预期建构中的某个或某些重要维度或构成。后者是指实测建构过于宽泛,包含了与预期建构无关的元素。不管是哪种情况,预期建构都无法通过测验表现得到合理的反映。最后,即使测验任务类型所蕴含的实测建构与预期建构是一致的,依然无法保证预期建构可以通过测验表现反映出来。这是因为即便在理论上,预期建构中的某个或某些成分是个体解决测验任务的必要构成,但是在特定的测试群体中,这个(些)成分未必会引起系统的个别差异(Embretson, 1983)。例如,在导论中我们曾经提到代数应用题。从理论意义上的任务分析来看,解决以语言形式呈现的代数应用题必然包括对个体阅读技能的需求。但是,如果特定施测群体中的所有个体都具备了相应的阅读水平,则阅读能力成分在代数应用题解决中就不会导致个别差异。相应的,测验表现中也就不会提供有关阅读技能的信息。正是在这一点上,此处所讲的建构更多的是指一种理论层面的属性,跨越用以观察或测量该建构的各种不同的具体任务。虽然有可能蕴含于某种具体任务的解决过程中,但未必会在不同个体实质的项目反应中显现出来。

(二) 理论建构、操作定义中的建构以及观测指标之间的关系

上述讨论表明,理论层面的建构具有一定的概括性或抽象性。因此,研究者需要将试图指向的建构和采用某种操作性定义的建构区分开来。比如,在前面案例中,研究者要把空间能力和利用图 4.1 中的心理旋转任务所测量的空间能力相区分。在一般意义上,空间能力是指个体理解或记忆各种对象间空间关系的能力(Carroll, 1993;

Lohman et al.，1987）。个体在日常生活中，许多任务的成功解决都依赖于这种能力，比如借助地图在一个陌生的城市旅游，在高速公路上换车道，决定需要多大的箱子能够把出差所需用品装下，以及看着镜子梳头等等。众多研究表明，空间能力也是个体在许多领域学习成功与否的重要因素之一（Humphreys，Lubinski，& Yao，1993；Shea，Lubinski，& Benbow，2001；Wai，Lubinski，& Benbow，2009；Webb，Lubinski，& Benbow，2007）。数学、自然科学、工程等领域都涉及空间能力。比如，工程师需要能够想象机器不同部件的彼此关系以及运作时部件间的互动情况。在数学中的几何部分，个体需要能借助二维图形想象三维甚至多维物体的空间特征。由于空间能力涉及诸多内容领域，贯穿多种不同的任务类型，因此可以用来测量空间能力的任务类型有很多，常见的任务类型包括如图4.1中的心理旋转任务、折纸（paper folding；Embretson，1994；Kyllonen，1984）、对象组装（object assembly；Embretson & Gorin，2001；Mumaw & Pellegrino，1984）、表面演变（surface development；Shepard & Feng，1972）、镶嵌图形（embedded figure；Bejar & Yocom，1991）等。图4.3给出了空间能力测量使用的几个具体任务类型。

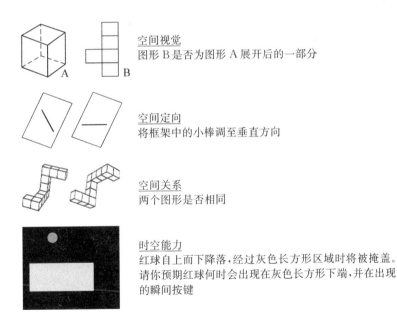

图4.3 测量空间能力的几种具体任务类型（改编自Yilmaz，2009，p. 87）

在实际测量中，研究者通常采用一种或几种特定的任务类型来测量空间能力。比如，著名的明尼苏达纸张形式版测验（Minnesota Paper Form Board Test，MPFBT；

Likert & Quasha,1970)就是采用了对象组装的任务类型。该任务是给出一个图形凌乱放置的若干部件和 4 个选项,个体需要判断哪个选项是这些部件组装后的图形。图 4.4 给出了该任务类型的一个案例。这样一来,理论意义上的空间能力就被"操作化"地界定为通过对象组装这一任务类型所测量的空间能力。虽然这一界定使得测量活动得以开展,但是这一操作化界定下的空间能力和原有的空间能力不是等同的。它有可能包含了该任务类型所独有的建构成分,和理论上的空间能力并不完全一致。从这个意义上,不同的操作化定义界定了不同的空间能力。这些界定虽然名称相同,比如将心理旋转任务(图 4.1)和对象组装任务所测的建构都称为空间能力,但是其具体表征有可能是不完全相同的。这一区分非常重要,因为研究者通常感兴趣的不是操作化定义的某个建构,而是试图在一般意义上进行推论(Cronbach & Meehl,1955)。当研究者根据特定任务,试图对一般意义上的空间能力及其与其他相关建构的关系进行解释或推断时,该任务类型所独有的建构成分有可能导致这些解释或推断是无效的。因此,当不同研究者对同一个建构进行研究时,他们对该建构的不同理解或分歧有可能只是因为采用了不同的操作化定义,或者利用了不同的具体任务类型而已,并非建构水平上的差异。这意味着当我们对某个建构进行测量时,需要检验在某种特定任务类型上所得到的测量结果能否推广到其他任务类型上去。同时,我们更需要一种方法或技术,揭示不同操作化定义或不同任务类型下所测建构的具体表征,从而能够在深层次上理解一般意义上的建构表征及其与其他相关建构的关系。我们将在后面详细阐述这种意义上的建构理论。

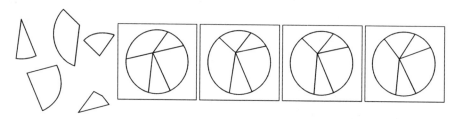

图 4.4 对象组装(object assembly)项目的具体案例(改编自 Embretson & Gorin,2001,p.353)

与操作化定义相关的一个问题是所测建构与观测指标之间的关系。在严格的操作主义下,通常会将具体测验任务上的表现直接作为对理论建构的界定。由此,观测指标、操作化定义下的测量建构和理论层面的测量建构的界线产生了混淆。正如我们在导论中指出的,将观测指标直接等同于所测建构,所带来的一个问题是结论的可推广性。实际观察到的指标特征以及不同指标之间的关系能否推广到建构所能涵盖的领域范围,是严格意义上的操作主义所面临的一个难题。而要解决这一难题,就需要正确认识观测指标和建构之间的合理关系。这种关系的实质,就是将观测指标视为由所测建构的一系列可能指标的一个(或一组)构成(Messick,1995),而所测建构是这一系列观测指标背后抽象的、具有一定概括性的共同基础(Cronbach & Meehl,1955)。

　　这一关系彰显了心理或教育领域中建构的一个核心特征,即建构是潜在的变量。作为潜变量的建构虽然不可以直接观察,但是可以通过其他可以观察的指标加以推断(Kozak & Miller,1982)[①]。之所以在一系列的观察指标背后需要这样的潜在变量,是因为建构是研究者用以描述或刻画心理现象所指向的某种存在(entity)、过程(process)或事件(event)。建构所描述的是内在的(internal)对象或特征(Cone,1979)。它们直接或间接与一系列表面看似不同的外部特征相关联。因此,建构提供了一种深层基础,用以理解或解释个体在各种情境下种种外部表现的发展变化、一致性及其相互关系。在建构水平上形成的理论,能够超越表面现象,在抽象和概括水平上对心理现象或过程进行描述、解释和预测。实现这一目标的一个关键环节,是能够形成一种系统的理论或方法,揭示观测指标和作为潜变量的建构之间关系的实质,明确从潜在建构到观测指标之间的具体机制。只有在这种基础上,才能形成像Cronbach和Meehl(1955)所倡议的假设,即"拥有某种建构[②]的个体将会(以某种明确的概率)在情境X中按照Y方式行动"(p.284)。显然,这样一种建构理论假设在潜在建构和观测指标之间存在某种(或然性的)因果关系。

　　如果潜在建构和观测指标之间存在因果关系,那么,作为原因的潜在建构和观测指标需要是不同的东西,而且在逻辑上和时间上潜在建构需要先于观测指标而存在。然而,由于心理或教育领域中的建构大多为潜变量,是不可以直接观测的,潜在建构是通过观测指标而加以推断的,这就引出了潜在建构的实质究竟是什么的问题。简言

---

① 然而,按照 Borsboom(2005)的观点,不存在所谓的可观察变量(observed variable)和不可观察变量(unobserved variable)的区别。所有的变量都是不可观察变量。所谓的可观察变量(比如性别),其实是指该变量和相应指标的因果过程非常明确,以至于我们认为这一过程是确定性的(deterministic)。比如当问及一个人性别时个体所给出的回答。就性别这一变量本身,其实我们并不能直接从个体身上观察到。按照这一观点,"可观察"变量是那些和项目反应存在确定性因果关系的属性,而"不可观察"变量,也就是"潜"(latent)变量,则是那些存在或然性因果关系的属性。因此,两种变量在本体论上是一样的,其区别是在认识论层面,即变量和项目反应之间因果关系的确定性程度不同。
② 原文用的是属性(attribute)一词。

之,当我们讲空间能力是一种潜在的建构时,我们究竟是在什么意义上使用这一概念?建构是一种独立于观测指标之外的客观存在(objective entity),还是我们用以简化观测指标的工具性抽象(instrumental fiction),或者用 MacCorquodale 和 Meehl(1948)的话说,是一种中介性变量(intervening variable)?这就涉及接下来要讨论的建构本质问题了。

二、建构究竟是一种什么性质的变量

如果区分建构与观测指标之间的不同,并且认可建构和观测指标之间存在因果关系,我们无形中就秉承了对建构是怎样一种存在的某种特定立场。Borsboom(2005)阐述了心理和教育领域中潜变量性质的三种哲学立场,即操作主义(operatinalism)、建构主义(constructivism)和实在主义(realism)。按照他的观点,心理或教育领域中的理论建构模式,以及在该领域流行的测量和统计模型,包括探索性和验证性因素分析模型(Exploratory or Confirmatory Factor Analytic Model,EFA or CFA)、结构方程模型(Structural Equation Model,SEM)、项目反应理论模型(Item Response Theory Model,IRT)等等,其实都潜在地采用了实在主义的理论立场。

(一) 不同观点下建构的性质

在操作主义观点下,其实并不存在真正意义上的建构。所谓的建构并不是一种潜在变量,而是对一组观测指标的某种加权组合。比如,将空间能力操作化定义为个体在以心理旋转任务为测验项目的测量工具上的表现,用答对项目的个数来指代空间能力水平。在这个意义上,操作主义观点下的建构也是一种观测变量,它只是我们用以简化观测指标的一种数理工具或技巧(trick)。建构的内涵或外延并不超出对应的观测指标所能涵盖的范畴(Borsboom,2005)。个体在特定任务上的表现,就被视为该个体在所测量的理论建构上的表现。因此,在操作主义观下,并不存在观测变量和建构的区别,两者在本质上是同一个东西,并不是彼此独立存在的不同对象。

和操作主义不同,建构主义承认建构是一种潜在变量,否认其与对应的观测指标的等价性。在建构主义看来,所测量的建构是一种理论变量,这种理论变量在内涵和外延上都超越了具体的观测指标,可以跨越一系列的具体任务或外部特征。不过,在建构主义看来,这种理论变量缘于我们对一系列行为特征的归纳,其本质是人类通过概括或抽象而创设起来的一种虚化的东西(Borsboom,2005)。通过创建这样一系列术语,可以简化我们对行为世界的观察。按照这种观点,建构并不独立于观测指标而存在。它是我们对所观察到的各种行为特征的一种概括,而不是导致后者的原因。从这个意义上讲,操作主义其实是一种极端意义上的建构主义(Borsboom,2005)。

而站在实在主义的观点上,建构是一种真正的存在(a real entity)。它反映了人类心理现象中某个特定的、真实的维度或特征(Borsboom,2005)。建构主要指向心理现象背后的潜在过程或事件,但它以各种直接或间接的方式与外部特征相关联(Cronbach & Meehl,1955)。不过,建构和外部特征并不是像建构主义所认为的那样,是一种概括和被概括的关系,而是存在一种因果关系。建构独立于观测指标而存在,虽然可以通过一系列的观测指标得以表现,但它是个体在这些观测指标上的表现特征的原因。

显然,建构主义和实在主义在理解建构和观测指标的关系问题上存在根本性分歧。这种分歧可以用图 4.5 来表示(Borsboom,2005)。在图 4.5(a)中,θ 表示所关注的建构,X_1,X_2,X_3 表示与该建构相关联的各种观测指标。连接 θ 和 X 的箭头及其方向表明 θ 是导致不同研究对象在各种观测指标上取值的内在原因。λ_1,λ_2,λ_3 表示建构与不同观测指标的关联程度。通常,潜在建构无法完全解释研究对象在各种指标上的表现。E_1,E_2,E_3 被用来表示指标表现中 θ 无法解释的部分,即所谓的误差。E 的大小反映了我们对建构的认识程度,以及相关观测指标的质量。该模型被称为反应性测量模型(Reflective Measurement Model;Edwards & Bagozzi,2000)。它建立在两个基本假设之上:(1)所关注的建构是存在的;(2)该建构和相应观测指标之间存在某种因果关系(Borsboom,2005)。

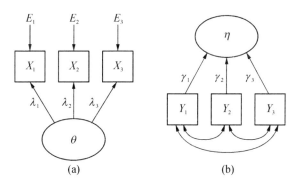

图 4.5 建构和观测指标之间的关系(改编自 Borsboom,2005,p.61)

和图 4.5(a)类似,图 4.5(b)中的 η 表示所关注的建构,而 Y_1,Y_2,Y_3 则表示相应的可观测指标。然而,与 θ 和 X_1,X_2,X_3 不同,η 并不是 Y_1,Y_2,Y_3 之间产生关联的原因,而是对不同观测指标所含信息的综合(箭头是由 Y 指向 η)。因此,η 是 Y_1,Y_2,Y_3 的某种加权组合,γ_1,γ_2,γ_3 是相应的权重。该模型被称为形成性模型(formative model;Edwards & Bagozzi,2000)。它表明所关注的建构并不独立于观测指标,而是形成于这些指标,是对相应指标的抽象和概括。

显而易见,实在主义建构观对应于图 4.5(a),而建构主义建构观对应于图 4.5(b)。在前面的阐述中,当我们区分了建构与观测指标的不同,并且认可建构和观测指标之间存在因果关系的时候,我们也就秉承了实在主义的建构观。更为重要的是,虽然图 4.5(a)和结构方程模型在形式和符号表征上更为相似,但其背后的逻辑同样适用于项目反应理论(Embretson & Reise,2000)、潜在类别(latent class)或潜在结构(latent structure)模型(Lazarsfeld & Henry,1968;Bartholomew,1987)等其他一系列潜变量模型。考虑到这些模型在心理和教育领域中的广泛应用,该领域中对潜在变量的测量以及在此基础上的实质理论其实也都无形中暗合了实在主义观。

(二) 心理或教育领域中的建构是一种什么性质的存在

建构主义和实在主义的分歧根本在于,是否承认在人类观察之外存在一个独立的自然世界。建构主义否认这一自然世界的存在,而实在主义则是认可的。这种不同导致了两种观点在理解建构和建构理论上的一系列差别。

1. 建构理论的真假或经验充分性

在实在主义看来,不管自然世界是否被我们所觉知或认识,它都是客观存在的。而科学研究的目的之一就在于理解这一客观世界是如何运作的(Maul,2012)。所谓的科学理论,本质上是对自然世界是怎样的,以及是如何运作的一种理解或解释。科学理论是建立在假设和概念基础上的。概念对应的是客观世界中的各种事物、现象及其特征。假设对应的是这些对象以及不同特征之间的某种关系。囿于特定时空情况下人类的认识程度和发展水平,特定阶段的科学理论有可能在很大程度上背离现实情况,或者局部甚至大部分背离现实情况。这种背离或许来自把握现象及其特征之间关系上的偏差,也有可能来自概念界定上的问题。这里包含了两层含义,揭示了理论(或假设)和概念(即此处的属性或建构)可以是不同步的。在逻辑上,对事物及其特征的认识(即属性或建构的建立)先于对事物及其特征之间关系的认识(即原理或假设的形成)。但是在现实中,有时会在暂时没有对事物的特征准确理解和界定的情况下实现对不同事物特征间关系的预设。但是不管哪种情况,在实在主义看来,属性(或建构)和理论都存在一个"真"或"假"的问题。所谓真假,是指研究者所界定有关事物的属性(或建构)以及有关自然世界如何运作的理论,是否与现实世界的实际情况相符合(Borsboom,2005)。

如果秉承一种实在主义的心理建构(属性)观,那就意味着需要认可心理现象和物理现象一样,都是这一自然世界的构成。同时,这也意味着存在独立于我们认识之外的"真实"的心理现象、过程和特征。心理学研究的一个重要任务就是发现和界定这些存在的心理建构及其彼此的关系,解释心理现象的发生发展和运作机制。因而,上述有关自然世界的讨论也适用于心理或教育领域中的建构。这意味着,在这些领域中,建构及其相关理论也存在一个和现实世界实际情况是否相符的问题。

是否秉承实在主义立场对如何认识心理或教育测量具有深刻的影响。实在主义其实是前文提到的测量的经典观(Michell,1999)的哲学基础。测量的经典观认为,只有连续量化属性才能够被测量。某个属性是否属于连续量化属性,取决于该属性是否具备可加性和连续性的内在结构。这种结构并不是研究者赋予该属性的,而是独立于研究者认识之外的。测量过程其实就是发现某个属性是否具备这种量化结构,并在此基础上采用合理的方式来揭示或描述这种量化结构的过程。从这个意义上讲,认同测量的经典观也就意味着必须秉承实在主义的建构观[①]。

综上,实在主义承认心理建构的客观性,主张建构是独立于观测指标之外的客观存在。虽然心理建构并不是像物理属性那样,是一种物理意义上的存在,但它反映了心理现象的真实维度或特征。只有在这一基础上,才有可能假设潜在的心理建构是导致外在行为特征的原因。承认建构独立于观测指标而存在是两者存在因果关系的逻辑前提。正如 Borsboom(2005)所讲的,"实在主义通常和因果性相关联:理论存在物(theoretical entities)是导致观察到的各种现象的原因"(p.60)。例如,在地球表面上,将物体抛掷到空中,物体都会下落到地面上来。我们将这些现象归结为是由地球引力而引起的。类似的,在心理或教育测量中,在给定测验项目蕴含性的情况下,我们通常假定个体在所测建构上的水平决定了他(或她)对测验项目的反应。在这个意义上,心理建构和测验反应之间存在一种因果关系。在不考虑测量误差的情况下,个体在特定

[①] 但是,反之并不一定成立。实在主义建构观并不必然导致测量的经典观。

测验上的反应变动情况是该个体相应心理建构变化的函数。逻辑上,后者的变化先于前者。按照实在主义立场,这同时意味着存在某种"真实的"具体机制,能够清楚表明个体在特定心理建构上的特征是以一种什么样的过程导致其在测验项目上的具体反应的。因此,对心理学研究而言,除了发现和界定各种建构之外,另一个重要任务就是揭示这些潜在的建构与相应的外在行为特征之间的因果机制。

与实在主义不同,建构主义并不认为存在一个独立于人类观察之外的自然世界。籍此,无论是心理建构也好,还是有关心理建构的理论也好,都无所谓"真实的"的状态。所谓的心理属性不过是人类心智的一种建构产物,充其量是对所观察到的个体的各种行为特征的一种概括。因此,建构和观测指标并不是彼此独立存在的不同对象。因而,"心理建构和测验反应之间存在一种因果关系"这一命题本身就是没有意义的。既然这一命题是不成立的,讨论"心理建构是以一种什么样的过程导致个体在测验项目上的具体反应"也就同样是没有意义的。所以,在建构主义看来,不存在所谓的建构或建构理论"真"或"假"的问题。因为根本就不存在一个客观的自然世界与之相对应。在建构主义立场上,建构和建构理论的意义在于理解(make sense)我们所观察到的各种现象,不管这种观察是直接来自我们的感官,还是借助于各种仪器工具。既然如此,不同事物或个体在某个建构上的量及其之间的数量关系也就不是该建构的"内在"结构,而是人类心智的产物。在这种情况下,某个建构究竟概括的是什么,以及这种概括所带来的预测效果是怎样的,就成为建构主义者形成该建构的主要动机,而不是寻求该建构的本体论状态(Borsboom,2005)。

上文曾经指出,对于建构和观测指标之间的关系,建构主义和实在主义的区别可以通过图4.5(a)和图4.5(b)来演示。但是,两者的影响不仅仅限于模型的形式。在测量中,研究者借助于特定的测量模型将观测指标和所测建构关联起来。在这个意义上,不同测量模型实际上反映了研究者所理解的建构和观测指标之间因果关系的具体形式(杨向东,2010)。对实在主义而言,将不同的测量模型和经验数据相拟合的目的,在于找到一个"真"(true)模型,能够正确反映不同建构之间、建构和观测指标之间的关系。排除测量误差导致经验数据不能反映现实情况之外,对测量模型和数据之间拟合程度的评估在本质上是对该模型和现实情况吻合程度的评估。在这个意义上,模型结构、参数估计的准确性都预设了存在一个"正确"的模型和参数"真"值(Borsboom,2005)。因为,假如不存在一个参数的真值,也就不存在所谓的估计误差的问题。类似的,假如不存在一个"正确的"模型,也就不存在所谓的错误规定的模型

(Misspecified Model)这一说法[1]。

而在建构主义看来，不存在所谓的"真"模型，模型拟合的目的在于寻找预测和观察之间的一致性，即所谓的经验充分性(empirical adequacy；Van Fraassen，1980)。按照这种观点，某个模型如果在误差许可范围内，在总体水平上充分拟合了所观察到的项目反应模式，也就意味着满足了经验充分性。然而，正如 Borsboom(2005)所指出的那样，建构主义这样一种观点会面临着不可调和的问题。其中一个问题就是如何解释和处理等价模型(Equivalent Model)。所谓等价模型是指拟合程度相同的两个或多个不同结构的模型。Borsboom(2005)给出了如图 4.6 所示的一个案例。对于同一个数据，这两个模型会拟合得同样好，因此都满足建构主义所谓的经验充分性。但是，两个模型所表明的潜在建构数量、观测指标和建构之间的关系都是不同的。对建构主义而言，如何站在实质意义上解释这种差异是具有挑战性的。而同样的问题对于实在主义而言并不构成挑战。从具有实在意义的建构来看，两个等价模型中有一个必然是符合现实情况的。它需要超越经验数据本身来解决这一问题。这就涉及下面所讲的建构作为假设性理论变量的内容了。

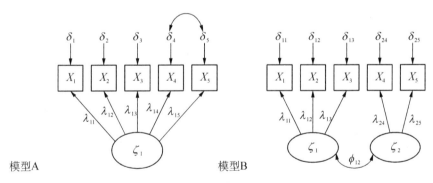

图 4.6　两个等价模型(改编自 Borsboom，2005，p.67)

---

[1] 在统计和测量领域存在一个著名的说法，即"所有的模型都是错误的，有些模型是有用的"(all models are wrong, some models are useful)。这种说法和实在主义所认为的存在一个和现实情况相符的"真"模型并不矛盾。确切地讲，实在主义所谓的"真"模型的存在是在本体论意义上的。而从认识论的角度看，人类在特定认识阶段所提出的各种模型(及其背后所代表的理论)都只是对这一模型的接近。从这一意义上讲，"所有的模型都是错误的"。但是，不同的模型反映了特定阶段对现实世界的认识程度，在某些方面或特定范围内有助于我们描述、解释和预测各种现象。从这个意义上，可以说"有些模型是有用的"。

2. 建构作为假设性理论变量或中介变量

实在主义和建构主义有关"建构"性质的区别,在一定程度上对应了 MacCorquodale 和 Meehl(1948)所阐述的"假设性建构"(hypothetical construct)和"中介变量"(intervening variable)的区别①。在他们看来,假设性建构和中介变量的根本区别在于是否假设某种不可观察的实体、过程或事件的存在。假设性建构假设在可观察的现象背后存在某种实体或过程。虽然这种实体或过程无法直接观察,相关知识是部分的、不全面的,只能通过可观察的现象加以推测,但是它(们)是解释这些可观察的现象的原因(Lavasz & Slaney, 2013)。相比之下,中介变量是指从这些可观察的现象中提取出来的一个概念,纯粹起到一个"概括"的功能。所以,中介变量不涉及是否存在什么不可观察的实体或者潜在过程。换句话说,中介变量除了所概括的可观察的现象之外,不具有任何附加含义。而假设性建构在可观察现象之外,有一个"事实性的指代物"(factual reference),具有除了可观察的经验内容之外的"附加含义"(surplus meaning)。

MacCorquodale 和 Meehl 举了物理学中的"电子"和"电阻"两个概念来说明假设性建构和中介变量的区别。当使用"电子"这一概念时,我们实际上是指某种存在物。虽然通过各种手段,我们可以观察到"电子"所表现出的种种特征,但是没有什么方法能够直接观察到"电子"本身,也不能只是通过这些特征来定义什么是"电子"。因此,"电子"这一概念具有超越与之相关的种种特征的"附加含义"。相比之下,"电阻"则可以通过某些经验现象来加以界定。当说某种电线的"电阻"如何时,我们通常是指"在一定电压下,通过该段电线的电流是多少安培"(p.96)。换言之,就"电子"而言,我们无法通过观察现象给出一个合理的操作定义,而"电阻"的操作定义就相对比较直接。因此,他们认为"电子"就属于一种假设性建构,而"电阻"则属于中介变量,是对一系列可观察现象的概括。

按照这种理解,假设性建构和中介变量在很多方面不同(MacCorquodale &

---

① 需要指出的是,MacCorquodale 和 Meehl(1948)的"中介变量"一词,和一般意义上使用该术语的含义似乎有所不同。一般意义上,中介变量是指介于原因和结果之间,能够解释因果间具体作用机制的变量,或者是指介于外在刺激和反应之间的有机体内部各种转换过程。比如,从看到图 4.1 中的图形到给出两者相同的反应之间,个体经历的编码、心理旋转和比较等过程。相比之下,MacCorquodale 和 Meehl(1948)在使用"中介变量"一词时,更加关注这一概念所指代的内容(referential content)。这可能和该文提出的背景有关。当时,心理学正经历从行为主义到认知心理学的转变期。著名的学者如 Hull、Tolman 等人按照操作主义或逻辑实证主义的做法使用这一概念(参见 MacCorquodale & Meehl, 1948; Michell, 2013)。

Meehl，1948)。首先，从包含假设性建构的陈述中，我们可以通过演绎的方式推导出可以检验的经验假设。但是，假设性建构无法还原到经验现象或关系，也不能通过经验现象来加以完全界定。比如，假如我们将"空间能力"理解为假设性建构，那么，在"一个具有较高空间能力的个体能够借助地图，较快地确定自己在一个陌生城市的方位"这样一种陈述中，我们可以对不同个体相关的表现进行检验。但是，"空间能力"这一概念却不能界定为"借助地图在陌生城市的定位表现"。而对中介变量而言则是可行的。比如当我们观察到同等电压下，不同材质的电线流经的电流大小不同时，就可以界定不同电线的"电阻"。其次，和第一条密切相关的是，对中介变量而言，相关经验假设的正确与否，是包含该概念的抽象陈述正确与否的充分且必要条件。而对假设性建构而言，前者是后者的必要但不充分条件。比如，"个体具有较高的空间能力"蕴含了"该个体能够借助地图较快地确定自己在一个陌生城市的方位"的正确性，但反之则不一定成立，除非我们将"空间能力"操作化定义为后者。最后，这意味着，当用公式或模型来表示不同假设性建构之间的关系，以及假设性建构和各种可观测指标的关系时，公式和模型中的各种变量并不只是一种抽象的表征性符号。我们实际上赋予了这些符号某些实质性的内涵。这些内涵包括符号所代表的建构是否存在，具有些什么样的特征等等。它们是基于某种理论而提出的有关这些建构的假设，在很多情况下是超越经验数据的。因为，从经验数据中我们只能进行归纳。在很多情况下，这些假设是在对假设性建构的认识基础上演绎出来的。

比如，在空气动力学中，波义耳律(Boyle's Law)通常表示为 $PV = K$，其中 P 是容器中气体分子的压力，V 是容器体积，K 是一个常数。该公式表明，当容器中气体分子温度和数量保持恒定时，压力和体积成反比。但是，这样一个公式的提出是建立在一系列的基本假设基础上的。这些假设包括：气体是由大量微粒构成的。这些微粒如此之小，以至于微粒本身的大小和微粒之间的距离相比，简直微不足道。因而，容器中绝大多数空间是空的。气体微粒做匀速线性的随机运动，彼此之间以及和容器壁之间，不断产生弹性碰撞，碰撞中不会有能量产生或丧失。气体微粒间的运动是彼此独立的、不产生引力或斥力等等。因此，当我们检验波义耳律是否与实际观察相吻合时，不仅仅是检验 $PV = K$ 这一公式是否能够充分描述所观察到的压力、容器体积和气体温度之间的关系(即模型和数据的拟合程度)，同时还是对这些基本假设以及在此基础上所作的各种演绎推论的一种检验。因此，这些假设赋予了 $PV = K$ 这一数学公式的实质内涵，而这些内涵是无法直接通过数据拟合(或者说经验观察)而得到的。类似的思维也应用到图 4.6 中的等价模型情况中。虽然两个模型拟合同一数据的程度是相同的，但是从假设性建构的实质性内涵出发，可能只有一个模型是符合有关该假设性建构的理论认识的。因而，对实在主义的建构观而言，正是超越了具体观察指标的"附加含义"决定了等价模型并不是一个难以克服的难题。

假设性建构和中介变量的区分，对应着 20 世纪中叶科学哲学领域的思考。MacCorquodale 和 Meehl(1948)有关中介变量的理解类似于此时的分析哲学家、逻辑实证主义代表人物 Rudolf Carnap(1937)提出的"倾向性概念"(dispositional concept)。比如，Carnap 认为"电阻"就是一个倾向性概念。按照 MacCorquodale 和 Meehl(1948)的理解，中介变量或倾向性概念对应着 Benjamin(1937)提出的人类认识事物的"抽象法"(abstractive method)，而假设性建构则对应着"假设法"(hypothetical method)。另一个逻辑实证主义哲学代表 Feigl(1950)提出了类似的概念，分别称之为"分析假设"(analytic hypothesis)和"存在假设"(existential hypothesis)。利用抽象法或分析法，我们有意识地忽略经验中的某些特征，按照其中几个关键性特征对事物或现象进行分类。不同类别之间的关系可以通过观察加以发现。在这一过程中，观察之外不曾有什么附加的东西。相比之下，假设法试图通过创设一个假想的实体、过程或观念来将各种经验关联起来，并通过它们来对各种经验进行描述。换句话说，假设法采用的是加法，即在经验现象之外假设某个东西的存在。抽象法或分析法采用的是减法，从经验现象的各种特征中抽取部分特征对其加以描述。因此，两者的本质区别正是实在主义和建构主义的区别所在。这一点，从"建构"这一术语的演变历史也可以看出。

在自然科学领域，科学家通常使用"理论概念"(theoretical concept)这一术语，而不是"建构"，来描述可观察的现象背后众多的实体存在或隐含的原因，比如原子、基因或地球引力。通常，"理论概念"所指向的对象被认为是客观存在的，是导致各种可观察的现象的原因。比如地球引力是导致抛掷到空中的物体落地的原因，各种化学现象是由不同性质的原子彼此作用导致的等等。虽然这些"理论概念"所指向的对象无法直接观测，但很少有人怀疑它们的存在(Michell，2013)。显然，"理论概念"带有明显的实在主义特征。但是，"建构"这一术语从创生伊始，就与实在主义有着不相兼容的地方。Michell(2013)对"建构"这一术语在哲学和心理学中的发展轨迹进行了系统梳理。按照他的分析，"建构"一词最早是由 Pearson(1892)所使用，但真正使其流行起来的是英国哲学家、数学家和逻辑学家 Russell(1914)。Russell 最初试图从逻辑的角度建构数学的概念。后来，他认为可以采用类似的方法，从感官数据中建构相关对象，以形成有关外部世界的知识。Carnap将这一想法实际应用到自然科学领域的"理论概念"上。然而,采用Russell的方法所形成的"理论概念",完全是由可观察的概念(或现象)建构起来的。这样一来,"理论概念"和所对应的可观察的现象就不再是逻辑上彼此独立的了。"理论概念"也就无法成为可观察的现象背后的原因。显然,这与自然科学领域的相关认识是不相兼容的。如何解决这一矛盾,是逻辑实证主义者Carnap、Feigl等人试图回答的问题。意识到这一问题,Carnap(1936,1937)后来主张,理论建构虽然是从可观察的现象中获取内容,但它们的含义却无法完全还原到这些可观察的现象中。Feigl(1950)将这一立场推进了一步,认为理论建构可以进行"存在假设"的检验,其实就是认可了理论建构涵盖真实的实体或过程。可以看出,从Russell到Carnap,再到Feigl,逻辑实证主义从纯粹的建构主义逐渐演变成具有了浓厚的实在主义色彩。然而,即便如此,逻辑实证主义的理论建构,只要仍然从可观察的现象中获取意义,就与实在主义立场的"理论概念"是不一致的。按照Michell(2013)的观点,这种分歧的根本在于,逻辑实证主义(也称逻辑经验主义)将"理论概念"和经验现象(或概念)在认识论层面上的区别,错误地理解为本体论层面上的区别。在认识论层面上,经验现象或者可观察概念通常先于"理论概念"(或不可观察概念)被人类所了解,然而这并不意味着前者在本体论上先于后者而存在,或者比后者更加接近现实。

  MacCorquodale和Meehl(1948)有关"假设性建构"的理解显然受到了后期逻辑实证主义的影响①。当Cronbach和Meehl(1955)说建构是"某种无法操作化定义的属性或品质(quality)"(p.282)时,其实就隐含了建构的含义无法完全还原到可观察的现象中。当MacCorquodale和Meehl(1948)认为"假设性建构"包含了无法观察的实体、过程或事件的假设时,反映的就是Feigl有关理论建构的"存在假设"的立场。所有这些,都可以看作心理学家试图接近自然科学领域中"理论概念"这一术语含义的尝试。如前所述,"建构"一词从一开始就是建构主义的产物。虽然在心理学中的含义越来越带有实在主义的色彩,但选择"建构"一词取代"理论概念"这一术语,不能不说是个遗憾。使情况更为糟糕的是,"建构"一词在20世纪30年代进入心理学领域之时,恰逢行为主义盛行。通过外部行为操作化定义的一系列概念被心理学家称为"建构"。在严格意义上,这种操作主义下形成的"建构"只是对可观察变量进行某种具体操纵(比如加权平均)而获得的变量,并不符合"理论概念"这一术语的含义。从这个意义上,Meehl

---

① Feigl于1940年到明尼苏达大学,曾是Meehl的老师和后来的合作者(Michell,2013)。

等人的工作具有重要的理论和现实意义。但是,正如 Michell(2013)所指出的,心理学家在采纳了 Meehl 等人有关"建构"和"建构效度"这一概念的同时,并没有抛弃操作主义,以至于直至今天,建构效度的检验仍然带有浓厚的操作主义色彩。

综上所述,遵循约定俗成的原则,我们依然采用"建构"这一术语来指代心理或教育领域中的各种属性,但在内涵上应该将其理解为这些领域中的"理论概念"。这些"建构"可以被视为是基于理论的一些假设,从而使检验各种观察现象背后的存在物或过程成为可能(Kozak & Miller, 1982)。从这个意义上,这些"建构"并不只是一种描述可观察的现象的辅助手段,而是具有某种"事实性的指代物"(Lovasz & Slaney, 2013; MacCorquodale & Meehl, 1948)。这种指代物无法直接观察,它们的存在需要经由可观察的现象加以推断。由于无法完全还原为可观察的现象,它们在内涵上带有一定程度的开放性。对其内涵的理解会随着科学的进展日趋完整(Lovasz & Slaney, 2013)。和自然科学领域中的"理论概念"相同,这些"建构"可用来解释可观察的现象及其关系。不过,心理学领域中"建构"所指向的存在带有某些独特性。

3. 心理或教育领域中建构的本体论特性

无论是基因,还是电子,当说它们真实存在的时候,其实隐含了它们都是物理意义上的存在。而心理或教育领域中的各种建构并没有与之对应的物理意义上的实体存在。因此,如果建构是指某种"事实性的指代物",就需要进一步理解这种指代物究竟是一种什么性质的存在。

心理建构的存在离不开心理现象和大脑这一物理系统的关系。历史上,心身问题(mind-body problem)一直是哲学家们所关心的议题。古希腊时期,Plato 就提出死亡就是灵魂(soul)和身体相分离。这样一种二元论(dualism)的思想对西方哲学影响深远,并且集中体现在 17 世纪 Descartes 所提出的心身实体二元论(substance dualism)中。实体二元论认为,心理和身体是两种不同的实体存在,具有个别的属性,遵循不同的规律。比如,身体或其所属的物理现象具有特定时空中的延展性(extension),然而心理现象或属性则不具备这种性质。实体二元论面临许多问题,和人的主观体验以及脑科学研究成果不相吻合。比如,某个大脑部分损失的话,会导致人无法思维,因此两者并不是彼此独立的。更为主要的是,实体二元论无法回答心身是如何彼此影响的(Russell, 1972)。这导致有些哲学家采取了物理主义(physicalism)的立场。

物理主义认为,世界上一切事物都是物理的,或者至少依赖于物理属性而存在。所谓"物理的",是指某物是遵循物理法则或原理的,或者其核心属性是物理的

(Melnyk，2003)。因此，和实体二元论相比，物理主义是一元论(monism)的。在一元论内，物理主义和唯心主义(idealism)相对。在物理主义看来，包括心理现象在内，所有对象或事件本质上都是物理的，都遵循物理法则。每个物理事件背后都有一个物理性原因，其因果机制满足物理法则，即所谓的物理界因果封闭原则(causal closure of the physical)。物理主义是唯物主义(materialism)的一种发展。众所周知，唯物主义主张世界本源是物质的(matter)。物理学的发展表明，用"物质"一词来刻画最基本的实体不尽准确，比如物质有可能转化成能量，但却依然遵循物理法则。虽然所有的物理主义者都承认心理现象并不是一个单独的实体存在，但并非所有的物理主义者都是还原论者(reductionist)。所谓的还原论，是指包括人的意识在内的所有事物都可以最终还原成物理事件。换句话说，所有的心理现象最终都可以在神经或生理学水平上得到解释(Churchland，1979；Maul，2012)。

介于实体二元论和还原物理主义之间，Donald Davidson(1970，1980)提出了一种属性二元论(property dualism)。属性二元论起源于Spinoza的一体两面论(dual aspect monism)，即世界只存在一种实体，但具有两种不同的属性(property)，彼此无法还原或转换。属性二元论认为，存在同一心理现象的多重实现可能性(multiple realisabiity)。比如，如果在生命早期左大脑受伤，某些功能有可能在右大脑上恢复。这说明心理事件和物理事件之间并不是完全相同的。但是，这并不表明二元论是合理的，因为心理现象和物理现象之间存在着交互作用的问题。合理的解释是，在本体论上心理现象也是物理世界的一部分，是大脑的一种属性。但它们是物理世界中的反常状态(anomaly)。心理属性和人脑之间既不是等同的，也不是分离的，而是一种被称为超衍(supervenience)的关系(Davidson，1980；Kim，1993)。

超衍是处于不同水平的属性之间的一种不对称的依存关系。比如一幅油画具有两个不同水平上的属性。它具有物理属性，比如油墨的构成，油墨在画布上的分布等等；同时，它也有各种审美属性，比如刻画事物的精准性、均衡性等等。此处，油画的审美属性超衍于其物理属性。不改变油墨的构成或在画布上的分布等物理属性，油画的审美属性也就无法改变。但是，这并不意味着审美属性和物理属性是等同的。就心脑问题而言，虽然心理现象超衍于物理实体(如人脑及其神经元间的作用机制)，但心理现象无法完全还原于对物理实体的理解和解释。也就是说，对人类大脑和神经机制的理解无法、也不可能完全解释心理现象的各种特征和属性。在这一意义上，属性二元论有时也被认为是一种非还原论的物理主义(non-reduction physicalism)。

有学者认为,超衍关系其实并没有阐明心理现象和物理现象之间的本体关系(Humphreys,1997)。因为假如属性 A 超衍于属性 B,那么属性 A 的存在其实是属性 B 存在的必要条件。在这种情况下,只需要阐明属性 B 的本体性就可以了。类似的,假如心理现象超衍于大脑的物理属性,那么只需要确定大脑的本体性就可以了。但这样一来,心理现象的本体论特性并没有得到解决。Humphreys(1997)认为,心理现象的本体性可以用显现(emergence)来阐述①。按照这一观点,心理现象或意识是人脑这一复杂物理系统在特定整合水平上所显现出来的特征(emergent features)。心理现象虽然依存于人脑这一物理系统,但其出现是人脑及其神经元间交互作用的产物。正是这种不同构成之间的交互作用,产生了心理现象这一相对于人脑这一物理系统的新颖特征。就像我们无法在分子水平上看到物体的固体性(比如坚硬度、挤压不变形等)一样,我们也无法在大脑神经水平上看到心理属性。从这一意义上,心理现象是人脑整体上的特征,而不是人脑不同构成的局部特征。与大脑的物理属性具有质的不同,它具有自身的核心特征,无法完全降解到神经或生理水平上。

由此,虽然不像物理对象或属性那样具有实体性的存在,心理建构依然是自然世界的真实构成。我们依然可以从大脑神经或生理水平上试图去理解心理现象何以产生,但是这种在更为基本的水平上提供的"因果式"解释并没有否认在心理水平上心理建构的特征。就这一点,美国当代哲学家 J. R. Searle(2002,2004)认为,心理现象或意识具有本体不可还原性(ontological irreducibility),不可等同于人脑神经递质的释放,但可以具有因果还原性(causal reducibility),即可以通过脑神经过程来说明心理或意识。这一观点确立了心理现象在神经生理水平和行为水平之外的本体论位置,为理解建构和观测指标间的因果关系奠定了理论基础。

三、理解建构和观测指标之间的因果关系

如前所述,心理建构和所观察到的各种行为指标之间并不等同,而是超越行为指

---

① 也有人将 emergence 翻译成突现。Emergentism(突现论)在西方哲学思潮中其实由来已久,是 19 世纪末 20 世纪初 Mechanical Reductionist(机械还原论者)和 Vitalist(活力论者)的调和。英国学者 J. S. Mill 和 C. D. Broad 都曾对突现论的发展有过突出的贡献。其共同的基本观点是突现存在(emergent entities),不管是实体还是属性,都是起源于更为基本的存在。但突现存在相对于更为基本的存在而言是新颖的,不可还原的(Timothy & Wong, 2012)。

标的独立存在。在这种情况下,心理建构和观测指标(或观测变量)之间的关系可以用图 4.7 来表示。在一般意义上,心理建构是导致个体的各种外在行为特征的原因。但因为心理建构是无法直接观测的潜变量,不同个体在心理建构上的特征是通过其在各种观察变量上的表现加以推断的。

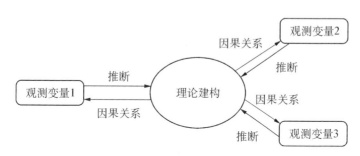

图 4.7 理论建构和观测指标之间的关系

需要指出的是,这一描述并不局限于测量的范畴之内,因为理论建构和观测变量之间的因果关系可以是质性的关系。比如随手丢弃的烟头导致了一场火灾。这里,烟头和失火之间的因果关系是质性的。从测量的角度看,我们所要测量的属性是一种理论建构。不同个体在该理论建构的量是导致其在不同观测变量上的取值的原因。换句话说,个体在不同观测变量上取值的一致性是由该个体在所测心理建构上的量决定的。相应的,个体在该建构上的量是可以通过其在这些观测变量上的取值进行推断的(杨向东,2007)。这里,观测变量(或者说观测指标)并不是指测量工具中的刺激任务(比如测验中的项目),而是指个体在这些刺激任务上的反应。对测量而言,如何设计或选择合理的刺激任务(即项目设计),从而观察到个体的反应是一个至关重要的环节。但在此处,我们将关注点放在如何理解心理建构和观测变量之间的因果关系上,项目设计则在下一章详细阐述。

(一) 被试间和被试内因果关系(between-subject or within-subject causality)

按照英国哲学家 J. S. Mill 的观点,判断一个对象或事件 X 是否是另一个对象或事件 Y 的原因,需要满足三个标准:(1) X 先于 Y 存在;(2) X 和 Y 之间存在共变关系(covary);(3) 假如 X 没有发生,则 Y 不会发生(Mill, 1843)。站在实在主义的立场上,心理建构是指某种事实性的存在,因而先于观测指标而存在。随着心理建构水平的变化,可以看到不同个体在相应观测指标上的取值变化。比如随着空间能力水平的不同,个体在陌生城市定位的速度不同。因而两者之间存在共变关系。假如不具备空间能力或空间能力水平非常低,就不会看到或难以看到个体在陌生城市的定位表现,因而满足上述第三条标准。按照这一分析,似乎可以判定心理建构是观测指标的原因,两者之间存在因果关系。

然而,上述表述存在一个隐含的问题。传统理解上,心理或教育测量学通常被认为是研究个别差异的学科。其目的似乎不是揭示人类心理现象或活动的一般规律或过程,而是描述不同个体在特定心理建构上的量(比如,不同的智力水平),以及具有特定建构水平的个体所对应的外在表现特征(比如,在智力测验中的项目反应情况或得分)。这就引出一个问题,即前面有关建构和观测指标之间因果关系的表述究竟是被试间(between-subject)还是被试内(within-subject)的。所谓的被试间因果关系,是指不同个体在某个建构上量的区别和对应观测指标上取值变化之间的依存关系。在这种情况下,理论上,只要假设不同建构水平导致不同观测指标的取值即可,不涉及个体水平上从建构到观测指标间的产生机制(generating mechanism)。所谓被试内因果关系,是指就同一个体而言,在建构上量的变化和对应观测指标取值间的依存关系。在个体水平上,理论上,可以研究从建构到观测指标间的产生机制,以及在个体水平上这种机制的可推广性(generalizability)。比如,我们可以研究某个体解决智力测验任务的认知加工过程。随着时空的变化,当该个体智力水平发生变化时,这一解决问题的认知加工过程是否依然适用(比如结构恒定,具体参数发生了变化),还是形成了完全不同的加工机制。只有当这种个体水平上的因果机制及其时空可推广性能够推广到具有相同或不同建构水平的其他个体身上时,被试内因果关系和被试间因果关系才具有了内在的一致性。因此,这种区别,对于如何理解心理建构和观测指标之间的因果关系具有实质性的影响。

Borsboom(2005)指出,图4.5(a)所隐含的建构性质及其与观测指标的关系,是当前心理或教育领域中广泛运用的潜变量模型(包括因素分析、项目反应理论模型、结构方程建模等等)所采用的基本思维模式。这种模式认为,建构是具有现实指向的存在,是各种观测指标的取值变化和一致性背后的共同原因。不过,在Borsboom(2005)看来,这里所描述的建构和观测指标的关系属于一种被试间因果关系。这样一种判断来自于对图4.5(a)模型结构所采用的常见解释。通常,该模型结构是建立在一种随机抽样(random sampling;Holland,1990)或者重复抽样(repeated sampling;Meredith,1993;Borsboom,2005)的理解基础上的。例如,假设图4.5(a)对应的是单参数逻辑

斯蒂模型,则有

$$E(X_j \mid \theta, \beta_j) = P(X_j \mid \theta, \beta_j) = [P(X_j = 1 \mid \theta, \beta_j)]^{X_j}[1 - P(X_j = 1 \mid \theta, \beta_j)]^{1-X_j}$$
(4.1)

其中 X_j 是二值计分的项目反应($X_j = 1/0$),β_j 是项目 j 的难度。在随机或重复抽样解释下,$P(X_j = 1 \mid \theta, \beta_j)$ 是在取值为 θ 的被试中随机抽取一个被试答对项目 j 的概率[①]。这里,概率 $P(X_j = 1 \mid \theta, \beta_j)$ 或概率分布 $P(X_j \mid \theta, \beta_j)$ 是在取值为 θ 的所有个体上定义的。它是指在取值为 θ 的所有个体中反复抽样而形成的概率或概率分布。项目反应的期望值 $E(X_j \mid \theta, \beta_j)$ 是指取值为 θ 的被试子总体的项目反应均值(Borsboom,2005)。因此,这一解释关注的是取值为 θ 的被试子总体的特征,而不是其中某个个体如何解答项目的特征。该解释中,随机性是来自从取值为 θ 的不同个体中的抽样过程,而不是取值为 θ 的个体是如何解答测验项目的。

在这种解释下,建构和观测指标之间的因果关系应该采用如下更为准确的表述:不同被试(或被试子总体)在建构上量的不同是导致他们在观测指标上取值不同的原因(Borsboom,2005)。在这一解释下,Mill 因果关系中的 X 是不同个体在建构上量的区别,而 Y 是他们在观测指标上的取值。审视三个标准:首先,建构先于指标的立场没有发生变化。其次,建构和指标之间存在共变关系,但是这种共变关系是发生在个体之间,而不是同一个体水平上的。例如,张三和李四在智力水平上的差异是他们在观测指标上取值差异的原因。最后,X 没有发生是指不同个体间在建构上的量没有差别,而不是某个个体不具备在建构上的量。因此,在 Borsboom(2005)看来,当前心理或教育领域中广泛运用的潜变量模型(包括因素分析、项目反应理论模型、结构方程建模等等)中所假设或研究的因果关系其实是一种被试间因果关系,并没有涉及个体水平上从建构到观测指标间的产生机制。

与对图 4.5(a)模型结构的随机抽样解释相关联的是对该模型的随机被试解释(stochastic subject interpretation; Holland, 1990; Ellis & Van den Wollenberg, 1993)。在这一解释下,公式 4.1 改写成

$$E(X_{ij} \mid \theta_i, \beta_j) = P(X_{ij} \mid \theta_i, \beta_j)$$
$$= [P(X_{ij} = 1 \mid \theta_i, \beta_j)]^{X_{ij}}[1 - P(X_{ij} = 1 \mid \theta_i, \beta_j)]^{1-X_{ij}}$$

[①] 这里的 θ 没有下标,因为在随机抽样解释中,它并不是指哪个具体的被试,而是界定了总体中取值为 θ 的一个子总体。在这一子总体中,所有被试彼此是可以互换的(exchangeable)。

其中其他不变，θ_i 和 X_{ij} 均被赋予了下标。与公式4.1不同，此处的 i 是指取值为 θ_i 的某个具体的被试，而 X_{ij} 则是该被试在项目 j 上的反应。在随机被试解释下，$P(X_{ij} | \theta_i, \beta_j)$ 是指对建构取值为 θ_i 的被试 i 反复施测项目 j 所得的概率分布。$E(X_{ij} | \theta_i, \beta_j)$ 是被试 i 多次施测情况下的项目反应期望。因此，随机被试解释关注的是被试个体。它潜在的假设是个体在解答项目时具有内在的不可预测性（Holland，1990）。给定个体建构取值 θ_i 和项目难度 β_j，X_{ij} 的产生是受某个随机机制（stochastic mechanism）控制的。即使是同一个被试回答同一个项目，在不同尝试中也会产生不同的项目反应。第一章曾经提到，在经典测量理论中，个体的真分数 T 可以定义为该个体在无限多次地独立重复施测某测验时所得测验分数的数学期望（Lord & Novick，1968），其实就是采用了随机被试解释的模式。Holland（1990）对在心理或教育测量中随机被试解释的情况进行了简要的综述。

在随机被试解释下，图4.5(a)的模型是否依然刻画建构和观测指标之间的因果关系？按照Borsboom（2005）的观点，答案是"不一定的"，这取决于所刻画的建构的性质。如果在重复施测的过程中，个体在建构上的位置（或取值）是恒定不变的，那么对应观测变量的变异都是误差方差（error variance）。同一个体内，不同施测间的观测变量是彼此独立的①。此时，建构取值和观测指标取值之间并不存在共变关系，违反了Mill有关因和果之间需要共变的标准。所以，在这种情况下，不能说个体在建构上的量是观测指标取值的原因。Borsboom（2005）将这样一种建构称为局部无关建构（locally irrelevant construct）。相比之下，如果在重复施测的过程中，个体在建构上的位置是变化的，且对应着观测指标取值的变化，那么建构和观测指标之间在被试内的因果关系就是成立的。

Borsboom（2005）由此认为，由于心理学中的许多建构，比如人格测量中的"大五"因素、智力测量中的智力等，都属于相对稳定的建构。因而按照上述逻辑，它们似乎都属于局部无关建构，都不应该被认为是解释个体水平上行为特征的原因。这一结论不尽合理。Borsboom（2005）的分析是针对当前心理或教育领域中标准测量模型（或者更为宽泛一点，是潜变量模型）在实际领域中的运用和解释展开的。通常在测量活动中，

---

① 这里，当观测变量是指单个测验项目，或整个测验总分（不论是CTT下的答对题目数，还是IRT下的能力参数）时，这一表述都是成立的。但是，如果这里的观测变量是指在同一个体水平上，不同施测条件下不同测验项目反应之间的关系，由于项目反应和项目特征（比如难度或区分度）可能存在关系，严格意义上也不是彼此独立的，而是和项目特征相关的。

较少对同一被试进行反复施测。即便是纵向研究设计,对同一被试重复施测的条件和时间跨度也是非常有限的。因而,上述分析或许成立。但如果是站在个体终身发展的角度,恐怕极少有心理建构是稳定不变的。因而,在一般意义上,被试内建构和观测指标的因果关系应该是可以立论的。

不管是被试间,还是被试内的因果关系,其实都只是对建构和观测指标之间是否存在因果关系的判定,没有涉及从建构到观测指标之间的因果机制。一般来说,因果关系可以从三个不同的角度加以推断(Holland,1986)。一种是由因及果,即给定某种原因,推断它所导致或引发的结果是什么。另一种是由果溯因,即给定某种结果,推断导致该结果产生的原因是什么。这两类因果关系的思维方向是相反的。在由因及果的推断中,原因(或某种事件)假定为已知的,该事件的引入所引发的结果有可能不是单一的,而是复杂多样的。这里因果关系的判定主要关注原因所引发的效果,通常将这种因果关系称为因果效应(causal effect)。而在由果溯因的因果关系中,某种结果(或后果)已经确定,因果关系的推断主要表现为对事件的原因进行分析,属于一种归因(causal attribution)的过程。从表面上看,心理或教育中的建构是潜在的变量,无法直接观测,我们所能观察到的是不同个体在观测指标上的表现。这样看来,似乎这些领域因果关系的推断更像是一种归因过程。其实不然。如前所述,作为一种假设性的理论变量,建构并不仅仅是对各种外在行为特征的概括。特定建构的概念界定背后,其实蕴含了基于某种理论而提出的有关这一建构的各种基本假设,以及在此基础上通过演绎方式推导出来的一系列可以检验的经验假设。因此,建构和观测指标因果关系的判定不是一种简单的由果溯因的过程,而是带有理论演绎性质的经验验证过程。在这个意义上,符合由因及果的推断关系。

因果机制(causal mechanism)与前两类因果推断不同,旨在探寻原因是如何导致某种(或某些)结果的。换言之,因果机制是从过程的角度来阐述或解释因和果之间是如何建立连接的。在一般意义上,所谓的因果机制是指"以某种方式组织起来,能够生成从初始到终结条件之间有规律变化的某些实体(entities)或活动(activities)"(Machamer, Darden, & Craver, 2000, p. 3)。这些实体或活动是某些特定领域中最为基础的构成或活动。站在因果机制的角度来审视前面讨论的被试间和被试内因果关系,就提出了心理或教育领域中建构理论需要思考的关键问题,即因果机制在不同层次上的同质性问题。

(二) 同质性与异质性因果关系 (homogenous or heterogeneous causality)

承认被试间因果关系,即不同个体在建构上量的变化是导致他们在观测指标上取值变化的原因,并不意味着对不同个体而言,从建构到观测指标的因果机制是同质的。类似的,承认被试间因果关系,也没有蕴含在不同的建构取值上,从建构到观测指标的因果机制是同质的。这里,我们需要明确(1)就某个个体而言,在特定建构的取值上,所谓的从建构到观测指标的因果机制究竟是指什么? (2)所谓的同质性或异质性因果机制,其内涵分别是什么?

前面提到,因果机制是指因和果之间是如何建立关联的。Woodward(2002)给出了因果机制的一种解释。他认为,对因和果之间产生机制的描述或表征需要满足以下几个条件:"(i)描述了一组有组织的或结构化的组成部分或成分,其中(ii)对每个成分行为(表现)的描述都具有可推广性,即在各种干预下保持不变,并且(iii)每个成分的可推广程度是可以改变的,彼此之间是独立的,由此(iv)这一表征使得我们可以看到,在条件(i)、(ii)和(iii)情况下,(因果)机制的整体输出(overall output)将如何随着操纵每个成分的输入,以及这些成分本身的改变而变化的。"(p.375)按照这一理解,如果我们想要建立特定心理建构和观测指标之间的因果机制,就需要构建一个模型。这一模型刻画了从建构到观测指标之间存在哪些中介环节或构成成分,以及这些成分或中介环节是按照何种方式组织在一起,实现了建构到观测指标间的关联的。例如,我们说个体解决图4.1中的"图形是否相同"的任务是源于个体所具有的空间能力。而图4.2的下半部告诉我们这一连接是如何具体建立起来的,其中所刻画的编码、心理旋转和比较等成分描述了从空间能力到问题解决之间所需经历的中介环节,以及这些环节之间的结构关系。

不仅如此,这一理解还要求因果机制中的这些构成成分及其结构关系具有一定的稳定性。具体来说,当通过实验或其他手段改变了一个(或几个)成分的取值时,虽然对应的结果在取值上随之而变化,但因果机制本身(即构成成分及其结构关系)在一定情况下保持不变。仍以空间能力为例,假如我们改变呈现给被试的任务特征,使之对被试进行图形编码的要求提高。这一改变有可能导致被试问题解决的结果(比如判断错误,或者判定时间延长),但图4.2所刻画的编码、心理旋转和比较等成分及其结构关系则保持不变。正如Woodward(2002)所指出的那样,因果机制的这种不变性并不要求其成为一个永恒不变的固定法则。即使没有系统的理论支撑,或者存在某些例外情况,只要在一定的时空条件下,因果间的构成成分及其结构关系能够保持不变,就可以称之为稳定的或可推广的。

按照 Woodward(2002)的观点,满足因果机制的第三个条件是因果机制中的各种构成成分之间是彼此独立的。其中某个成分的改变不受其他成分的影响。这一特征被称为模块化(modularity)。模块化可以使研究者独立操纵或改变因果机制中某个(或几个)成分而不改变其他成分,从而可以系统地分析每个(或几个)成分的变化对整个系统的影响。不过,按照这个条件,图 4.2 所揭示的心理旋转任务的认知加工模型似乎无法满足模块化的要求。虽然我们可以通过改变任务中图形相同还是不同,来独立改变对比较这一成分的要求,但是改变图形的复杂性似乎对多个成分(编码和比较)都产生影响[①]。

综上,这一理论提供了一个理解建构和观测指标之间因果机制的基本框架。按照这一理解,同质性因果机制是指建构到观测指标间的构成成分及其结构关系是相同的。否则,因果机制就是异质性的。同质性的因果机制允许在不同的建构取值和不同的观测指标取值之间建立不同的对应关系。只是这种关系要满足同质性因果机制,不同取值水平上从建构到指标的构成成分及其结构是相同的。比如,仍以图 4.2 中空间能力的认知加工模型为例,个体空间能力不同,会导致其心理旋转任务的反应准确率和反应时间的变化。如果不同的空间能力,表现为在图形编码、心理旋转或比较等构成成分上的取值(或参数)不同,比如具有高空间能力的个体可能在心理旋转速度上会更快,但不同水平上该认知加工模型的基本结构是保持不变的,那么,就满足同质性因果机制。按照这种理解,如果建构到观测指标之间在构成成分上或者构成成分之间的结构关系上存在不同,就属于异质性的因果机制。

结合前面所述的被试间和被试内因果关系,建构和观测指标之间的因果关系似乎可以通过对一系列相关联问题的思考来加以理解:(1)就某个个体而言,在特定建构取值上,建构到观测指标之间存在怎样一种因果机制?即存在哪些构成成分,以及这些构成成分以何种结构组织起来,实现建构到观测指标间的连接?(2)建构和观测指标之间的因果机制,在同一个体的不同建构取值上是否具有同质性?比如,随着认知的发展,个体从出生到成年期间其智力水平会不断提高。那么,对同一个体而言,不同智力水平上智力这一建构和对应观测指标之间的因果机制是否是同质的?这种可推广

---

① Woodward 在该文结尾部分指出这一对因果机制的理解与心理学家的思维是一致的。但他同时指出,心理学家所提出的因果机制往往缺乏令人信服的证据支持。这一点,究竟是由于心理现象的特殊性,还是由于心理学研究水平,值得思考。

性,可以被称为被试内同质性因果机制(homogeneous within-subject causal mechanism)。(3)在特定建构取值上,建构和对应观测指标的因果机制在不同个体之间是否是同质的?具体而言,对应取值都为 θ 的两个个体 i 和 j,是否具有同质性的因果机制?这种可推广性,可以被称为特定建构水平上的被试间同质性因果机制(homogeneous between-subject causal mechanism at a particular construct level)。(4)建构和观测指标间的因果机制是否同时具有被试内和被试间的同质性?如果是的话,可以称之为跨被试间和被试内同质性因果机制(homogeneous between-subject and within-subject causal mechanism)。

需要指出的是,就某个特定的心理或教育建构而言,上述四种情况并不是想当然的。特定建构和相应观测指标之间究竟存在一种怎样的因果机制,需要通过系统深入的理论分析和经验研究才能揭示。这种因果机制究竟在上述(2)、(3)或(4)的哪种情况下具有同质性,同样需要研究和检验。就特定建构而言,假如能够确定该建构和相应观测指标之间的某种因果机制,能够确定在何种水平上这种因果机制具有同质性,那么,这样一种建构理论就提供了一个基础,使得我们不仅能够在一般意义上阐述人类在与特定建构相关联的一系列观测指标上外在表现的一般规律,而且能够在这一理论框架下解释个别差异的问题。前面提到,心理或教育测量学通常被理解为是研究个别差异的学科,而实验心理学(包括认知、发展等领域)则旨在揭示人类心理现象中的一般规律。整合来自这两种不同取向的认识,就需要反思特定建构理论在何种意义上回答了上述几个问题。因此,这四个问题提供了审视心理或教育测量领域中现存的建构理论的一个基本思路。

四、心理或教育测量领域中的建构理论

综合上述的讨论,真正能够支撑测量活动的建构理论,至少能够告诉我们所意欲测量的建构是什么,以及具有怎样的一些特征或构成。这种理论需要阐明建构是以怎样一种机制导致个体外显的、可观察的行为的。假如不同个体,或同一个体在不同发展阶段,在建构上具有不同的水平,那么这种不同水平的建构所对应的实质含义是什么?不同建构水平上建构和观察指标之间的因果机制是否是同质性的?假如不同质,那么不同水平上具体的因果机制各是怎样的?如果不同建构水平上存在异质性的因果机制,那又应当如何理解不同建构水平所对应的测量尺度问题?在接下来的部分,

我们将以此为基础,审视当前心理或教育测量领域中的相关建构理论。

(一) 宏观层面的建构理论

Snow 和 Lohman(1989)在长达 67 页的综述文章中,提出了认知领域所测建构的一个分类框架。这一框架虽然比较宏观,但提供了理解认知领域中不同建构之间关系的重要思路。整个框架由两个维度构成,一个维度是传统认知心理学所研究的人类基本或一般性认知功能,诸如感知、模式识别、记忆、推理、思维、语言理解、知识表征以及问题解决等。另一个维度则以人类在现代生活、工作或教育领域中的重要活动为组织原则,比如阅读、写作、数学、特定领域的问题解决等等。这些重要活动可以按照其领域一般性(domain general)或领域特异性(domain-specific)加以重组。一般而言,领域一般性活动跨越各种不同的任务类型或具体领域,而领域特异性活动则对具体领域的知识结构和特定技能有更多的依赖。在传统心理或教育测量中,前者被认为更多依赖于个体特定的或一般性的能力倾向(aptitude),而后者则通常被称为成就表现(achievement)。这两个维度相结合,构成了如图 4.8 所示的一个基本框架,其主对角线则形成了跨越心理和教育领域的各种具体建构。

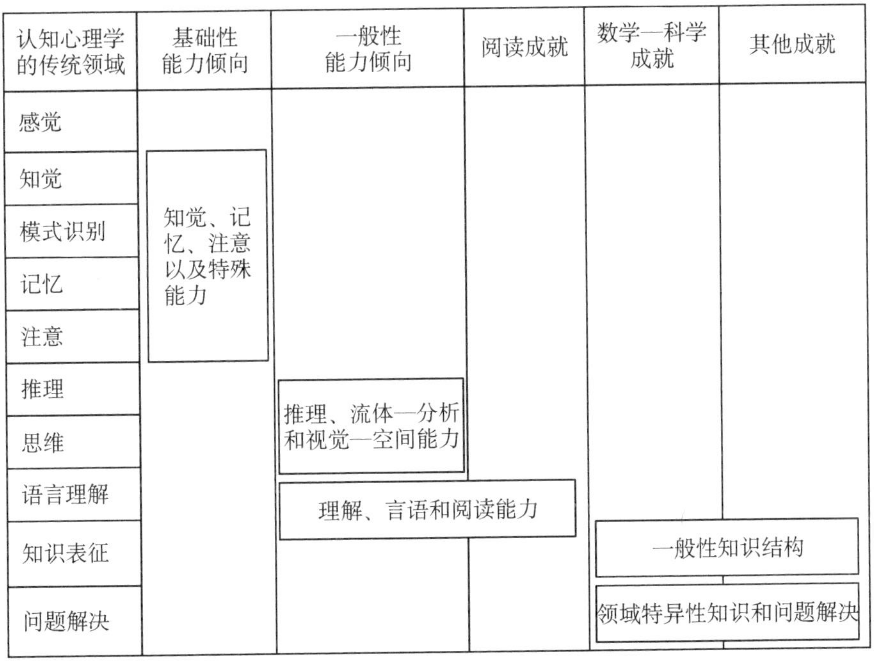

认知心理学的传统领域	基础性能力倾向	一般性能力倾向	阅读成就	数学—科学成就	其他成就
感觉	知觉、记忆、注意以及特殊能力				
知觉					
模式识别					
记忆					
注意					
推理		推理、流体—分析和视觉—空间能力			
思维					
语言理解		理解、言语和阅读能力			
知识表征				一般性知识结构	
问题解决				领域特异性知识和问题解决	

图 4.8 认知领域中的建构 (改编自 Snow & Lohman, 1989, p. 272)

从该图可以看出,认知领域中的建构可以分为五个不同的功能领域。按照领域一般性和特异性特征,这五个领域自左上至右下可以组合成三个模块。最左上角的模块是由一些比较基本的认知功能所构成的。这些认知功能涉及信息如何在人类感觉—记忆系统中登记(即感觉),特定模式的信息如何被感知或识别(即知觉或模式识别),信息如何被转换到工作记忆或长时记忆中(记忆)等等。它们是人类在各种认知任务解决过程中编码、加工或储存信息中不可或缺的构成。在实验室中,研究这类认知功能的任务模式是按照特定时间序列或结构向被试快速呈现实验刺激,变化刺激组合或任务要求,以考查或测量被试的知觉或记忆的速度及其加工过程。比如,在经典的Posner字母匹配任务中(Posner,1978),分别呈现"aa"或"Aa"等不同刺激,要求被试判断配对的字母(在形状或读音上)是否相同。通过反应时间的变化研究信息加工阶段(视觉和言语)的不同。

中间的第二个模块由两个部分构成。一个部分包括了分析、推理、空间图形加工等方面的能力,另一个部分主要是对言语信息的理解和加工。这两部分构成了传统的智力测验的主要内容。通常,智力测验的目的不是判定个体在某个特定领域所能达到的潜在认知水平,而是预测其在一系列不同领域所能达到的潜在认知水平。这一模块表现出两个明显的特征:一个特征是所使用的任务要较之左上角的模块更为复杂,不仅需要基础性的信息加工能力,还包含更多高水平的认知活动;另一个特征是这些任务通常属于所谓的过程密集(process-intensive)型任务。所谓过程密集型任务,是指这些任务的解决较少依赖于个体在某个特定领域的知识和技能,或者说在该领域的教育程度,而更多地涉及跨领域复杂认知操作的速度或水平。此处,语言虽然在一定程度上也受后天教育训练的影响,但是具有特殊性。作为人类进化历程中的关键性符号系统,对言语符号及其承载含义的加工和理解在人类认知中具有特殊价值和意义,在一定程度上构成了人类在各种具体领域智能活动的基础。

右下角的模块也由两部分构成。解决数学、科学或其他具体专业领域的任务,既需要个体具备一般性的认知技能,也需要他们具有这些专业领域内的特异性知识、原理和专门性的问题解决技能。后者更多地依赖于个体在特定领域内所受的训练经历和教育程度。这一模块的建构更多地反映了个体在特定领域中实际达到的成就表现。这一部分是传统学业成就测验(academic achievement test)或特定行业(或职业)表现性评价(performance test)的内容。毋庸置疑,个体在特定领域的成就水平在一定程度上依赖于其知觉—记忆—注意系统中的基础性认知功能,以及推理、分析、言语理解或加工等一般性能力倾向。但这些认知功能无法完全解释个体在解决专业领域中知识密集(knowledge-intensive)型任务的表现。因而,学校教育以及现实专业领域中的问题解决包含了更为复杂的认知过程和知识结构之间的互动。

沿着图 4.8 所提供的这一框架的主对角线,自左上至右下,认知领域的不同建构似乎存在一种逐渐增加的认知复杂性,形成了存在于不同建构(模块)之间的一个连续体。该连续体最低端是具有跨领域一般性的基本认知功能,是人类进行信息加工的基础。最高端是特定专业领域中以领域特异性知识结构为基础的复杂认知活动。传统的一般智力或能力倾向处于两者之间。此外,该框架表明,传统意义上的能力倾向测验和成就测验的边界并不是截然分开的,而是一个逐渐变化的过程。这样的一种认识,无论是对理解两类测验背后的建构之间的关系,还是对建立相应测验的建构理论、设计开发项目都是有益的。不过,这一框架更像是一个宏观的领域理论(domain theory),提示了如何理解不同建构之间的关系,但并没有提供前面所述的各具体建构的含义或特征,也没有提供这些建构以怎样一种机制导致个体外显的、可观察行为的实质信息。因此,站在测量的角度来看,这一框架过于宏观和概括,缺乏可以用于指导项目设计、测验开发以及分数解释的具体内容。

(二)中层的建构理论

自从 20 世纪 70 年代以来,一部分心理学家和测量学家就意识到认知心理学对测量领域的意义(Carroll & Maxwell,1979;Embretson & Gorin,2001)。测验项目作为一种认知任务,可以采用认知心理学的理论视角和研究方法来加以分析和研究,以辅助或改变原有测量模式的建构界定、项目设计和结果解释。其中,有两个案例在几个方面都突出体现了这一思想。这两个案例分别是 Kyllonen 等人(Kyllonen,1993,1994;Kyllonen & Christal,1990)所提出的认知能力测量(CAM)的认知理论和 Das 等人(Das & Naglieri,1997;Das,Naglieri,& Kirby,1994)提出的人类智能的 PASS 理论及其测量。

1. 认知能力测量(CAM)的认知理论

在美国空军阿姆斯特朗实验室,Kyllonen 等人开展了一个颇为宏大的学习能力测量项目(Learning Abilities Measurement Project,LAMP)。该项目的直接目的在于开发各种认知能力测量工具(Cognitive Abilities Measures,CAM),测量各种与学习紧密相关的认知能力(Kyllonen & Christal,1989)。这些测量工具的一个突出特征是理论驱动,直接依赖于对相应认知理论的认识和理解。因此,该项目的一个重要目的是开发人类各种认知能力的本质和组织的理论模型。在研究基础上,Kyllonen等人提出了一个两维的认知能力分类框架(CAM Taxonomy;Kyllonen,1993a)。

按照Kyllonen(1990)的观点,CAM的认知框架需要能够涵盖一系列的认知能力,既要吸纳认知心理学的思维模式和研究方法,又要满足基于因素分析获得的各种认知能力之间的已有关系。基于这一思路,CAM框架由认知维和内容维两个维度构成。其中,认知维度的分析是基于一个四成分的认知加工模型(Kyllonen & Christal, 1989)。借鉴信息加工认知心理学的研究成果,人类的认知架构是由一个有限储存空间及保持时间的工作记忆(working memory)和两个包含不同类型知识的长时记忆(long-term memory)构成。一个长时记忆储存陈述性知识(declarative knowledge),另一个储存程序性知识(procedural knowledge)。图4.9给出了一个基于该认知架构的人类信息加工的过程性模型。

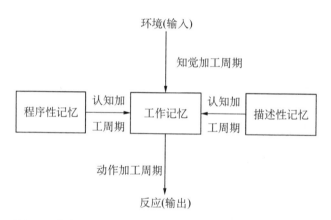

图 4.9 人类信息加工的记忆和加工过程模型(改编自 Kyllonen & Christal, 1990, p.391)

按照这一模型,人类在各种认知任务的个别差异主要有四个来源:加工速度(processing speed)、工作记忆空间(working-memory capacity)、陈述性知识宽度(breadth of declarative knowledge)、程序性知识宽度(breadth of procedural knowledge)。不过,个别差异的四个来源成分同时还受到测验任务的内容领域的影响。因此,该分类框架的另一维度将测验任务分成了言语(verbal)、数量(quantitative)和空间(spatial)三个内容领域。这两个维度相交叉,形成了如表4.1的认知能力测量的理论框架。该表中,每个格中一条线代表一个具体的测验工具(具体测验内容和简要陈述参见 Kyllonen,1993a)。后来,另外两个成分,即陈述性学习(declarative learning)和程序性学习(procedural learning),被添加到认知维度,并在不同内容领域中设计了相应的测量工具。修改后的 CAM 理论框架见表 4.2。

表 4.1 认知能力测量(CAM)的分类框架(改编自 Kyllonen, 1993b, p.107)

	言语(V)	量化(Q)	空间(S)
加工速度(PS)	PSV	PSQ	PSS
工作记忆(WM)	WMV	WMQ	WMS
陈述性知识(DK)	DKV		
程序性知识(PK)		PK	

表 4.2 修改后的认知能力测量(CAM)的分类框架(改编自 Kyllonen, 1993b, p.110)

	言语	量化	空间
加工速度(PS)			
工作记忆(WM)			
陈述性知识(DK)			
陈述性学习(DL)			
程序性知识(PK)			
程序性学习(PL)			

2. PASS 智能理论和认知测量系统(CAS)

不满于传统智力研究过分重视数据驱动的模式,Das 等人(Das & Naglieri, 1997; Das, Naglieri, & Kirby, 1994)主张对认知功能的评估需要建立在智力的理论框架基础上。由此,他们在认知心理和神经生理心理学研究的基础上提出了一个人类智能理论,即PASS理论。按照Naglieri(1999)的说法,基于PASS模型的智力测验系统是建立在"理论驱动的多维度观上的,其中的建构是基于现代人类认知研究而提出的"(p.7)。

PASS理论将人类认知功能划分为四个领域:计划(planning)、注意(attention)、同时性加工(simultaneous processing)和继时性加工(successive processing)。计划包括问题解决的执行控制过程,比如形成替代方案、监控和评价认知过程等。注意包括选择性关注某个特定刺激,而忽略对抗性的其他刺激。同时性加工包括整合一系列刺激或关系以形成连贯的整体,而继时性加工则指形成某个具体顺序的刺激的使用。

PASS理论根源于Luria(1973)的脑功能分区理论。Luria认为,人脑可以分成三个既独立而又彼此关联的脑功能分区(见图4.10)。这三个功能区构成了上述四种不

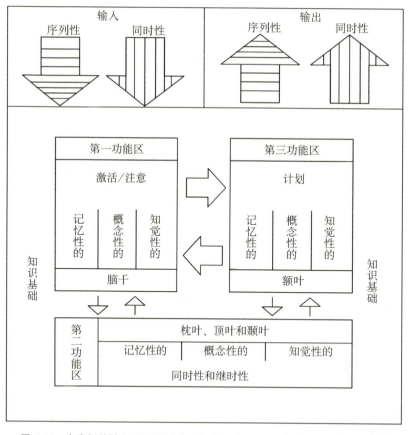

图4.10 人类智能的PASS理论(改编自Das, Naglieri, & Kirby, 1994, p.21)

同认知活动的基础。第一个功能区主要负责维持合理的激活水平和注意,接受感觉皮层信息。其对应的大脑部位是脑干(brain stem)。激活是一种活跃或保持清醒的状态,是学习得以发生的重要条件。只有在合理的清醒状态下,个体才能接受和加工信息,维持注意。第二个功能区主要负责对所接收的信息进行同时性或继时性编码和储存。其对应的大脑部位为枕叶(occipital)、顶叶(parietal)和颞叶(temporal)。第三个功能区负责协调、管理和监控心理活动,其对应的大脑部位为额叶(frontal)。计划的生成、选择和执行是这个功能区的核心。

任何有意识的活动其实都包括三个功能区的参与以及不同功能区之间的协调。此外,除了上述四种认知功能,该理论中一个重要的成分是个体已有的知识基础(knowledge base)。知识基础源于个体正式或非正式的教育背景、生活习惯和倾向等,是指个体已有经历或经验的总体,包括了个体所在的文化和社会背景、语言使用等。知识基础提供了个体信息加工的背景和信息来源,设定了输入信息如何编码和加工的限制。因此,个体特有的知识基础,加上上述四种认知加工过程,构成了其信息加工或问题解决的基础。

认知测量系统(CAS; Das & Naglieri, 1997; Das, Naglieri, & Kirby, 1994)是在PASS模型指导下编制的。特定的实验任务或已有测验中的任务被选择或加以改编,用以分别测量PASS模型所揭示的四种认知功能。表4.3给出了PASS认知测量系统中用以测量不同认知功能的具体测验名称(各分测验的具体介绍详见Das & Naglieri, 1997; Naglieri, 1999)。和CAM测量系统相类似,CAS测量系统在测验或任务类型的选择和改编上遵循了几个基本原则:(1)各分测验实际测量的认知加工过程需要与模型中对应的认知加工过程的结构相一致;(2)针对同一认知功能的不同测验任务在内容、形式和感觉通道上有所变化。不过,CAM系统中各分测验是集体施测的,而CAS系统则是个别施测的。

表4.3 基于PASS模型的认知测量系统

认知功能	分测验名称
计划	数字匹配、计划性编码、计划性连接
注意	表达性注意、接受性注意、数字查找
同时性加工	非言语矩阵、图形记忆、言语—空间关系
继时性加工	单词序列、句子重复、句子提问或言语速度

和图 4.8 中认知领域的建构分类框架相比，Kyllonen 等人的认知理论（CAM）和 Das 等人的 PASS 理论具有一个共同的特点，即都提供了一个人类如何进行信息加工的过程性模型。两个理论中的不同建构成分都是基于模型提出的，是对这一信息加工过程的分析。借助于相应的理论模型，不同的建构成分彼此结合，能够在一般意义上解释人类一系列认知任务解决的因果机制。也正是这一原因，从两个不同理论模型中所提出的建构成分被认为会影响个体在大量不同类型的认知或学习任务上的表现。

Crocker 和 Algina（1986）曾经指出，"心理测量，如果不能按照其背后潜在的理论建构来加以解释的话，即使是基于可观测的反应，也是难以有意义或有用的"（p.7）。CAM 理论和 PASS 理论将这一思想推进了一步。在这两个理论所对应的测量系统中，特定的任务类型或分测验被用于测量该理论模型中的特定建构成分。整个测量系统在该理论指导下构成了一个理论自洽（theoretically coherent）的系统性测评工具。这一系统，不仅可以通过所对应的理论建构成分来解释个体在各种具体任务上的表现，而且可以借助于其背后的理论模型来解释其在整个测量系统上的表现。因此，这两个建构理论，不仅阐述了所意欲测量的具体建构及其特征是什么，同时借助于相应的理论模型，在建构水平上阐述了个体外显行为背后的理论机制。

因而，理论模型在这两个案例中起到了至关重要的作用。不过，在这两个案例中，理论模型的重要作用不仅在于指导具体建构成分的析取，以及对应测验组（test battery）如何保持系统性，而且也是解释不同个体个别差异的参照框架。换句话说，无论是图 4.9 中的四成分认知加工模型，还是图 4.10 中的 PASS 模型，都潜在假设了具有相同或不同发展水平的不同个体，或处于不同发展阶段的同一个体，在其外显任务表现背后都遵循同质的信息加工机制。这种同质性，体现在不同个体在加工机制的构成成分和结构关系上是相同的，个别差异则主要表现在个体在不同构成成分及其结构关系的参数上（Kyllonen & Christal，1990）。因此，这里所列出的两个案例中的建构理论，在一定程度上回应了我们在前面所讨论的被试间和被试内因果机制的问题。

然而，这两个案例所揭示的不同个体信息加工机制的同质性，并不是在具体建构成分和观测指标之间的，而是在不同建构成分的结构关系层面上的。在这两个案例中，理论模型虽然用来指导如何理解特定建构成分及其特征，以及如何选择特定任务类型来测量模型中不同的建构成分，但并没有在具体建构成分和相应任务上的观测指标之间阐明因果机制。由于缺少这样一种水平上的因果机制，CAM 和 CAS 测量系统中项目开发的具体过程仍然带有较强的经验性特征，项目中任务特征的变化与所需建构的量之间缺乏明确的定义和操纵原则。其后果是具体项目特征对于项目测量学特征的影响是未知的(Embretson & Gorin, 2001)。正是基于这一原因,这一层面的建构理论并没有回答建构和观测指标之间因果机制的同质性问题。

(三) 微观的建构理论

前面提到,心理学家和测量学家从20世纪70年代就意识到,可以将测验项目视为一种认知任务,采用认知心理学的理论视角和研究方法来分析和研究(Carroll & Maxwell, 1979; Snow & Lohman, 1989)。这一研究趋势试图解决Cronbach(1957)提出的实验心理学和个别差异心理学的不断分野,产生了大量传统智力或能力倾向测验中各种类型项目的认知加工模型。从建构理论的角度看,这些结合具体任务类型的认知加工模型可以被视为微观层面的建构理论。此处仅举几个案例加以说明,而不是试图覆盖所有相关的研究成果。

1. 类比推理(analytical reasoning)的认知加工模型

推理通常被认为是智力的核心,而类比推理则是推理的一种常见形式。R. J. Sternberg(1977)提出了一种认知成分分析(cognitive componential analysis)的方法,对几种类比推理的任务类型所包含的认知成分以及解决该类问题的认知加工模型开展了较为深入的研究。Sternberg认为,解决类比推理至少包括五个认知成分:编码(encoding)、推断(inference)、匹配(mapping)、应用(application)、反应(response)。以下面的言语推理项目为例:

华盛顿:1::林肯:?   a. 10   b. 5

个体要解决这一项目,需要(a)对该项目中的各个术语进行编码,(b)推断华盛顿和1之间的关系,(c)匹配华盛顿和林肯之间的关系,(d)用类比的方法,将所推断的华盛顿和1之间的关系应用到林肯和各选择项上,选择最符合该关系的那个选项,(e)反应。

在对不同术语进行编码时,个体识别这一术语(比如华盛顿),从长时记忆中提取和该术语有关的特征,以及每个特征的取值,进而在工作记忆中形成一个特征—取值名单(attribute-value list)。例如,有关华盛顿的特征—取值名单可能包含华盛顿是美国第一任总统,是1美元上的头像,是独立战争英雄等。类似的,有关数字1的可能名单是作为自然数的1,作为序数的1和作为单位的1等。基于这些特征,个体继而对头两个类比项的关系进行推断。例如,在华盛顿和1之间,华盛顿是美国第一任总统或者是1美元上的头像都是可能的关系。在匹配阶段,个体对第三个类比项林肯进行编码,并形成有关林肯的特征—取值名单,例如林肯是美国第16任总统,是5美元上的头像,是南北战争的英雄等。基于这些特征,个体对华盛顿和林肯之间的关系进行匹配,比如两者都是美国总统,都是美元上的头像,都是战争英雄等。在上述过程的基础上,个体对选择项进行编码,并试图用类比的方式将华盛顿和1之间的关系应用到林肯和每个选项上。应用的结果是林肯和10之间没有适用的关系,而林肯和5之间存在一个适用的关系。个体由此选择选项b作为问题答案。

虽然上述描述揭示了类比推理项目解决过程中的不同认知成分,但每个阶段特征—取值名单存在多个取值,因此,存在多个不同的过程性模型(processing model)。Sternberg(1977)给出了四个不同的认知加工模型(见图4.11)。在模型1中,特征比较在推断、匹配和应用三个阶段都是穷尽式的(exhaustive)。即在该模型的每个阶段中,只有特征—取值名单中的所有特征都比较完毕后,才进入下一个阶段。在模型2中,特征比较在应用阶段是自我终止的(self-terminating)。在上述案例中,个体在对两个选项编码之后,逐个应用在匹配阶段形成的关系上。只要发现一个合适的关系,应用阶段就停止,而不需穷尽匹配阶段形成的所有关系。在模型3中,匹配和应用阶段的特征比较都是自我终止的。例如,按照这一模型,个体在形成华盛顿和林肯都是总统这一匹配关系之后,不是继续形成两者之间的其他匹配关系,而是进入应用阶段,利用这一关系审视林肯和每个选项的适用性。如果发现适合的选项,直接进入反应阶段,问题解决过程结束。否则,则重新回到匹配阶段,形成新的关系,再进入到应用阶段。如此反复,直到发现适合选项为止。在模型4中,推断、匹配和应用三个阶段都是自我终止的。按照这一模型,个体推断华盛顿是美国第一任总统之后,就进入匹配阶段,形成华盛顿和林肯都是总统的关系,继而应用到两个选项上以判断是否有适合选项。失利后回到推断阶段,形成一个新的关系,进入下一轮的解题过程,直至问题解决。Sternberg(1977)发现,模型3和被试的实验数据的吻合程度最好。

Sternberg(1977)研究发现,类比推理的认知加工模型具有跨越不同类型的任务内容、呈现形式和难度的稳定性。以这种模型为依据,可以对不同个体在类比推理上的个别差异进行分析。这样一种类比推理的建构理论,在一般意义上揭示了个体是基于一种怎样的认知加工过程实现外在表现特征的,以及这一过程的核心认知成分或过程有哪些。同时,它还可以作为一个共同的理论框架,来对不同个体在各个认知成分上的表现,比如特征鉴别成分(即编码阶段)、特征比较成分(包括推断、匹配和应用阶

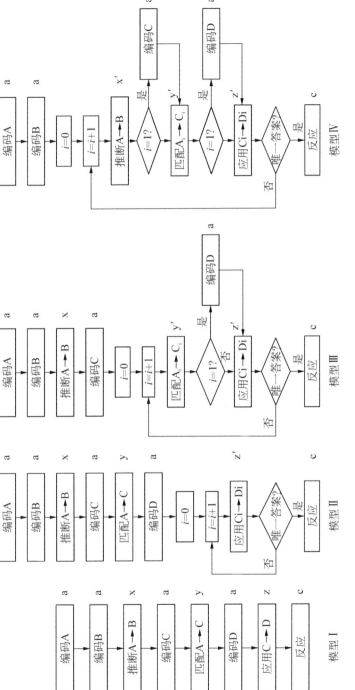

图 4.11 类比推理的四种不同认知加工模型(改编自 Snow & Lohman, 1989, p. 281)

段)、反应成分等进行分析,从而更加深刻地理解类比推理个别差异的实质。不仅如此,还可以在模型整体水平上,根据个体整合不同认知成分的方式或效率,分析个体解题策略上的不同。

2. 空间能力(spatial ability)的认知加工模型

和类比推理相似,空间能力通常也被认为是人类智力的一个核心构成,也是众多智力或能力倾向测验中必要的测试内容。按照 Lohman(1979)的分析,利用因素分析法所揭示的空间能力可以分为三种类型:空间定向(spatial orientation)、空间关系(spatial relation)和空间视觉(spatial visualization)。其中,涉及空间关系的任务中,个体面对两个或多个视觉刺激,判断是否相同或不同,需要进行快速而准确的心理旋转加工。涉及空间定向的任务,要求个体想象某个刺激或刺激组合从另一个不同的角度看的话会是什么样子。这类任务要求个体依据某个参照系统对刺激或自身在空间中的方位进行重新定向。而涉及空间视觉的任务通常要求对视觉刺激的内在构成部分进行操纵,比如将平面图形进行折叠,或将立体图形展开等等。前文图 4.3 给出了涉及不同空间能力的具体任务类型。

Pellegrino 等人(Mumaw & Pellegrino, 1984; Pellegrino, Mumaw, & Shute, 1985)对空间视觉任务的认知加工过程进行了研究,提出了解决这类问题的认知加工模型(见图 4.12)。按照这一模型,空间视觉任务的解决包括编码(encoding)、比较(compare)、搜寻(search)、旋转(rotation)和决策(decision)五个基本成分。Pellegrino 等人采用了如图 4.13 所示的对象组装任务类型。该任务是并排呈现给被试一个完整图形和凌乱放置的构成该图形的不同构成部件,个体需要判断该完整图形是不是这些部件组装后的图形。要解决这一问题,首先需要对图形的某个构成部件进行编码,然后在右边各种构成部件中搜寻与之对应的部件。假如右边的部件中不包含该部件,则直接判断两个图形不同。假如初步判断存在对应的构成成分,则对这两个部件进行更为细致的比较,以判断是否相同。在精细比较过程中,需要首先判断两个部件的空间方位是否相同。如果方位不同,需要对其中一个部件进行心理旋转,使之与另一部件的空间方位相一致,然后进行异同的比较。如果两个成分不同,则判断两个图形不同。如果两个成分相同,则判断是否所有构成部件都检验过了。如果没有,则返回左边图形,对下一个构成部件进行编码,开始新一轮的加工过程。如果所有的构成部件都检验过了,而且对应部件都判断为相同,则判断两个图形是相同的。因此,根据这一模型,对于相同的两个图形,其认知加工过程是穷尽式的。如果两个图形存在一个或多个不同的对应

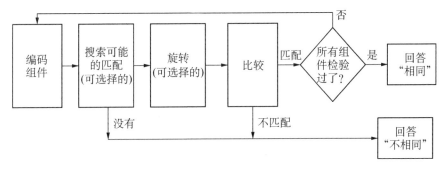

图 4.12　空间视觉任务的认知加工模型(改编自 Pellegrino, Mumaw, & Shute, 1985, p.51)

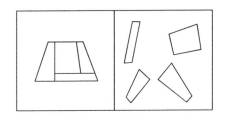

图 4.13　经过改编的对象组装项目(改编自 Pellegrino, Mumaw, & Shute, 1985, p.52)

成分,则加工过程是自我终止式的。

图 4.12 所揭示的空间视觉任务的认知加工模型在多大程度上能够作为对空间能力的建构表征? 对这一问题,可以在不同层面上进行检验。

一个层面是同一任务类型的不同呈现形式。例如,图 4.4 和图 4.13 所示的任务都属于对象组装任务,但是呈现形式不同。图 4.13 中的任务属于确认型任务(verification task),而图 4.4 中的任务是多项选择型任务(multiple-choice task)。Embretson 和 Gorin(2001)研究了图 4.4 中的任务类型,提出了一个不同于图 4.12 的认知加工模型。按照这一模型,多项选择型对象组装任务的问题解决认知加工过程包括对图形构成部件的编码,加上一个两阶段的决策过程。在对图形的构成部件进行编码之后,个体首先进入第一阶段的决策过程。在这一决策阶段,个体采用快速的整体性(holistic)加工策略,试图对不同选择项进行证伪(falsifying),即借助于某个部件或图形的粗略表征对目标图形和选项的异同进行判断。对同一选项不同构成部件的证伪过程是自我终止式的,即一旦发现目标图形和某个选项中的某个对应部件不相同,则证伪过程就结束了。对不同选择项的证伪过程则是穷尽式的,即只有所有选择项都检验过了,证伪过程才结束。如果证伪过程结束时,只剩一个选项,则该选项被确定为正确答案。否则,则进入第二个决策阶段,即对无法证伪的若干选项进行较为深入的证实(confirmation)过程。对某个选项的证实过程在结构上与图 4.12 相同,包括了搜寻、选择和比较等核心环节。

第二层面的检验是研究指向空间视觉的不同任务类型。图 4.14 给出了同样涉及空间视觉能力的另一种任务类型,即空间折叠任务(spatial folding task)。Embretson(1994)研究了这类任务解决的认知加工过程(见图 4.15)。按照这一模型,解决空间

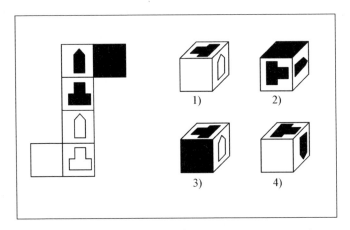

图 4.14 空间折叠任务(改编自 Embretson, 1994, p.114)

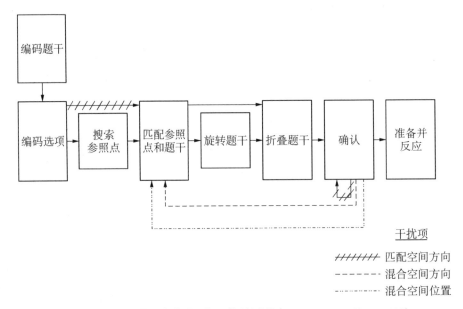

图 4.15 空间折叠任务的认知加工模型(改编自 Embretson, 1994, p.115)

折叠任务首先需要对题干和选项进行编码,然后在两者之间寻找一个参照点(anchor point),比如具有同样标记的两个侧面。必要时,对题干进行心理旋转,从而使其和选项之间的参照点方位相同。然后,对题干进行心理上的折叠,并和相应选项加以比较。这一过程一直持续,直到发现正确选项为止。因此,就不同选项而言,这一认知加工过程是自我终止式的。

第三个层面是研究指向不同空间能力成分的任务类型。前面提到,按照因素分析的结果,空间能力可以分为空间定向、空间关系和空间视觉三种不同成分。研究指向不同空间能力成分的任务类型有助于我们理解空间能力这一建构的核心特征。在本章开始,我们曾给出了涉及空间关系的一个具体任务案例,即图4.1所示的空间旋转任务。如前文所述,解决这类任务涉及对两个图形的编码,依据某个参照点对其中一个图形进行"心理旋转",然后进行异同比较(见图4.2)。

综合三个层面的研究,可以看到,任务类型或任务呈现方式的变化会影响到问题解决认知操作的构成,及其在问题解决中的相对重要性。和心理旋转任务相比,空间折叠和对象组装任务需要个体对多个不同的图形构成部件进行表征。这就导致个体在解决该类空间视觉任务时,"搜寻"这一认知操作变得必要。不过,在空间折叠任务中,多个构成部件(比如图4.14中图形侧面的方向性标示)之间存在内在关联,个体在表征部件的同时还需要考虑这些部件之间的关系。而在图4.13的对象组装任务中,对不同构成部件的认知加工可以彼此独立进行,因而对不同部件的搜寻过程可以是继时性的。不仅如此,这一任务特征还导致问题解决过程中往往经历多个周期,比如对每个构成部件都要经历编码、旋转和比较等认知操作。这样一来,对不同周期的协调和监控也变得必要起来。

同一任务类型的不同呈现方式也会影响问题解决策略。如前所述,图4.13和图4.4中的任务都是对象组装任务,一个是确认型,另一个是多项选择型。这种不同导致个体在解决多项选择任务时采用不同于确认型任务的问题解决策略。在对每个具体构成部件进行编码和加工之前,个体采用整体性的、启发式的方式试图排除若干选项。这一策略显然受到多项选择这一任务形式的影响。不过,站在空间能力建构表征的角度看,这样一种解题策略的存在未必是好的。Embretson和Gorin(2001)在研究中指出,这种策略易受干扰项特征的强烈影响。干扰项特征的变化,可以使得任务解决过程更多地依靠知觉加工(perceptual processing),而非空间能力。因此,如果空间能力的核心表征是编码、搜寻、旋转和比较等成分,则在设计多项选择型对象组装任务时,就应该尽量减少个体根据干扰项的特征选择这种启发式策略的可能性。

任务类型的不同不但会影响到问题解决过程中认知操作的构成,还影响到这些构成在任务表现中的相对重要性。研究表明,区别空间关系和空间视觉的任务刺激主要反映在两个方面(Lohman, 1979):一个是对刺激的编码速度(coding speed),另一个是刺激复杂性(stimulus complexity)。相比空间视觉任务,空间关系任务范式通常更加强调速度,编码和比较速度至关重要。相比之下,空间视觉任务的视觉刺激通常更加复杂,需要个体加工多个刺激元素或构成部件,或者刺激具有多个维度。此时,编码和比较的准确性也开始变得重要起来。对视觉刺激表征的速度和准确性同时带来其他认知操作的变化,比如更高质量的空间旋转和搜寻,表现为个体更快的解题速度和更高的正确率。视觉任务刺激越是复杂,尤其是涉及对若干彼此关联的元素进行编码和加工时,表征环节的影响就愈加突出(Pellegrino, Mumaw, & Shute, 1985)。

尽管如此,通过研究上述不同任务类型的认知加工过程,仍然可以帮助我们更加深刻地理解空间能力的建构表征。跨越不同的任务类型,空间能力似乎主要表现为个体能否对不熟悉的视觉刺激形成准确而稳定的内在表征,并依据这些表征对视觉刺激进行后继的心理操作,比如空间方位旋转或者异同比较等(Pellegrino, Mumaw, & Shute, 1985)。虽然不同任务类型的认知加工模型在具体细节上有所差异,但是研究这些模型在基本信息加工过程上的共同性,有助于确定空间能力建构表征的核心认知成分。例如,无论是图4.2中的心理旋转任务,图4.15的空间折叠任务,还是图4.13的对象组装任务,都涉及对视觉刺激的编码(表征)、方位转换和比较等认知成分。这些基本认知成分提供了对空间能力建构表征的一个基本界定。它提供了一个基础性的框架,有助于分析空间任务解决过程中,哪些是任务特有的认知过程或知识(task-specific cognitive processes or knowledge),哪些是在建构水平上的认知过程或知识(construct-specific cognitive processes or knowledge)。这种区分不仅使得我们能够在深层意义上理解指向空间能力的不同任务表现之间的关系,还有助于在建构水平上理解空间能力和其他相关建构的关系。同时,和类比推理的认知加工模型一样,它还提供了理解个体在空间能力上的个别差异的一个共同理论基础。在这一理论框架下,个别差异主要表现为不同个体在空间能力核心认知成分上的速度和准确性的不同,以及在整合这些认知成分以形成问题解决的不同策略上的差异,从而可以更加深刻地理解不同个体空间能力差异的实质内涵。

3. 量化推理(quantitative reasoning)的认知加工模型

在晶体—流体智力理论(Horn & Cattell,1966)和三层结构智力理论(three-stratum-theory of intelligence;Carroll,1993)中,量化推理能力是智力结构中一个非常稳定和重要的二阶因子。在许多著名的智力和能力倾向量表,如斯坦福—比纳量表(Roid,2003)、韦克斯勒成人智力量表修改版(Wechsler,1997)和儿童智力量表第三版(Wechsler,1991)、美国军队职业能力倾向量表(ASVAB;Ree & Carretta,1995)中,个体的量化推理能力通常都采用算术或代数应用题来测量。但是,和指向类比推理、空间能力等过程密集型任务不同,代数(算术)应用题属于知识密集型认知任务。这类问题的解决涉及个体的认知加工过程和在特定领域内所具有的知识结构之间的互动。

Mayer 等人(Mayer,Larkin,& Kadane,1984)在大量研究的基础上,提出了一个四阶段的代数应用题问题解决认知模型,即转译(translation)、整合(integration)、计划(planning)和执行(execution)。在此基础上,Sebrecht 等人(Sebrecht,Enright,Bennett,& Martin,1996)提出了一个改进的代数应用题问题解决的认知加工模型(见图 4.16)。

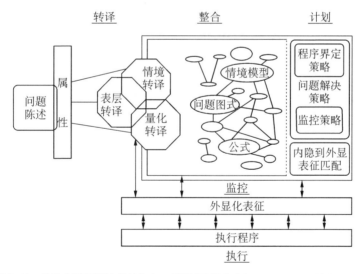

图 4.16 代数应用题解决的认知加工模型(改编自 Sebrecht et al.,1996,p.323)

按照这一模型,代数应用题的解决过程由转译、整合、计划、监控(monitoring)和执行五种认知活动构成。当面对问题时,个体首先根据问题陈述进行各种转译,比如借助于语言知识来理解不同陈述的语义(表层转译);利用日常经验建立问题情境中不同人物、对象或事件的时空关系(情境转译);从问题陈述中析取变量、确定变量取值以及形成局部的变量间数量关系(量化转译)等等。转译后所形成的各种问题元素、解题目标、明确或隐晦的关系继而被整合成一个对问题结构的整体表征。就代数应用题而言,问题整合是较为复杂的认知活动。它既需要整合转译阶段所形成的语义加工、情境结构和数量关系,也需要整合当前转译内容与个体长时记忆中被激活的相关问题图式、情境模型和数学公式等。在很多情况下,形成合理的问题表征和产生问题解决方案(比如形成解题算式)有着直接关系。对于相对复杂的问题,个体不仅要制定如何实施某种策略的计划,还要决定采取什么样的监控策略,以确保内在问题表征和外在问题表征(画图、列算式或方程等)之间是一致的。在此基础上,个体根据既定问题表征和解题计划,形成问题解决的外在表征形式(如画出相应示意图或列出解题方程式),进行运算或代数操作以求出答案,并按照所采用的监控策略来确认这一过程是否与原有表征相一致。对于有既定问题图式或非常简单的问题,上述认知活动的外在表现是非常简化的。通常只会观察到个体阅读问题,继而列出算式并解答。而对于陌生的复杂问题,个体有时会通过外在表征(比如在阅读问题陈述的过程中逐步形成示意图,或者先列出分步算式,再整合成综合解题方案等)的形式来降低认知负荷(cognitive load),以确保问题解决过程的顺利进行。

上述解题过程中的每个阶段,都需要问题解决者具有不同的知识基础。比如,假设向适龄个体呈现下面这个问题:

案例:小丁丁步行去少年宫。他平均每分钟走 75 米。小丁丁走了 8 分钟后,爸爸骑车追赶,他每分钟比小丁丁多走 120 米。爸爸几分钟后在途中追上小丁丁?

该问题解决过程中所需的不同知识可以概括为下表(表 4.4)。比如个体需要能够根据上下文,知道第二句陈述中的"他"是指小丁丁,而第五句陈述中的"他"是指爸爸。另外,个体需要能够根据问题陈述辨析和形成问题中的关键变量及其取值。如根据"他平均每分钟走 75 米",个体需要理解"小丁丁的步行速度"是一个关键变量,该变量的取值是"75 米/分钟"。此外,个体需要根据自己的生活常识判断爸爸追赶的路线和小丁丁步行的路线是相同的。同样的,个体需要能够根据问题表述和生活常识推测出小丁丁和爸爸相遇时所走的路程是相同的。这些基于生活常识的问题理解和推测使得个体能够对问题中各种信息(人物、行动、变量等)的语义和时空关系进行整合,形成对问题情境的整体认识。在形成对问题各种元素的认识之后，个体所具有的相关的图式性知识提供了个体整合问题情境和量化模型的模板。在此案例中，个体读完第一句陈述，即有可能形成该问题属于"行程"问题的预期。第二句陈述则会强化这种预期。此时，行程问题中的"追及"、"相遇"或"往返"等问题图式都有可能成为备择假设。当个体读到"小丁丁走了8分钟后，爸爸骑车追赶"时，"行程追及"便成为了最有可能的假设，引导个体进一步确认这种预期。这种图式有助于激活个体长时记忆中与该问题类型相关的问题解决策略、公式、定理等知识，协助个体列出问题等式，选择合理策略并正确解题。

表 4.4 解决代数应用问题所需的不同类型的知识

阶段	所需知识类型	案例中的具体知识
1. 转译	语言和事实性知识	1. 能够根据上下文，知道第二句陈述中的"他"是指小丁丁 2. 根据"他平均每分钟走75米"，理解"小丁丁的步行速度"是一个关键变量，取值是"75米/分钟"
2. 整合	图式性知识	"行程追及"问题：相同路线和距离；不同速度，不同出发时间
3. 计划	策略性知识	策略一：关注相同距离 $75 \times 8 + 75t = (75 + 120)t$ 策略二：关注追及距离 $75 \times 8 = 120t$
4. 执行	算法性知识	如何解方程的程序性知识，比如移项、合并同类项等等

Embretson 等人（Daniel & Embretson, 2010; Embretson & Daniel, 2008）开发了适用于多项选择题型的代数应用题认知模型。该模型在 Mayer 模型的基础上添加了一个决策（decision）过程，以反映不同干扰项之间的差别（见图 4.17）。但从模型的核心构成来看，该模型和图 4.16 的模型在很大程度上是相同的。

综上，我们介绍了三种不同层次的建构理论。这三种理论在不同方面对我们理解心理或教育领域中的测量建构都是有启发的。领域理论有助于我们理解不同建构在整体中的位置，以及不同建构之间的彼此关系，而中层的建构理论则在建构水平上尝试阐述人们是以一种怎样的机制加工信息或解决问题的。但是，它似乎并没有提供该理论的不同建构构成和外显行为之间的具体因果机制。这种理论似乎更应该被视为一种心理学理论，而非测量学意义上的建构理论。测量学意义上的建构理论的核心问题是，所谓的某个测量建构，其确切的核心特征或构成是什么？即什么界定了所关注的特定建构？它和个体在指向该建构的不同任务上的表现之间究竟存在怎样的因果

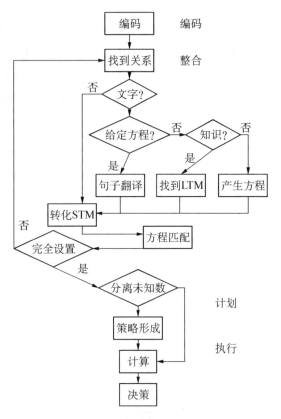

图 4.17 适用于多项选择型代数应用题的认知加工模型(改编自 Embretson & Daniel, 2008, p. 333)

机制?从这个意义上讲,似乎微观层次的认知加工模型提供了这样一种理论。对具体任务的认知加工过程的详细分析,以及对不同类型任务的加工过程的比较和综合,似乎提供了深刻理解特定建构以及建构与个体外显行为之间的内在关系的一种途径。这些理论及其研究方式对心理或测量学领域中的项目设计和生成研究产生了深远的影响(Embretson,1985;Irvine & Kyllonen,2002)。

五、本章小结:几个尚未解决的问题

本章尝试阐述与心理或教育测量学中的建构或建构理论有关的各种问题或认识。测量活动需要以建构理论为前提。而要认识所要测量的建构,就需要深刻理解这些领域中各种建构的性质,以及不同建构和外在行为表现之间的关系等等。相信读者在阅读本章之后,能够意识到这一主题的复杂性。本章与其说是对该主题背后的这些问题试图加以解决的一种尝试,不如说是只抛出问题,试图引发更多的讨论和研究。作者在综合各种相关研究的基础上,试图通过理性分析,归纳概括出测量学视角下的建构理论在理想上应该具有的特征,以及需要满足的条件。应该看到,问题虽然远没有得到解决,但这样的一种思考,有助于我们重新认识和理解心理或教育测量学中的若干问题。

(一) 建构、领域和任务

当讨论某个建构时,通常需要对该建构所涉及的具体领域,以及所指向的系列任务进行分析和讨论。对建构、领域和任务之间关系的分析,是心理或教育测量领域中建构理论必须涉及的重要议题。这不仅关系到对建构的界定、构成和因果机制等问题的认识,也涉及特定建构理论构建的途径和方式。一种比较实际的做法是在确定研究某个特定建构之后,首先确定用于界定该建构的具体领域,以及各种可能的任务类型。通过对相关研究的系统分析和梳理,从中鉴别出和该建构密切相关的、在实际测试中被大量或经常使用的各种典型任务类型。就像前文所述的微观层面的认知研究那样,针对某种任务类型,通过文献综述或开展新的实证研究的方法,建立与该任务类型相应的认知加工模型,在深层次上理解建构和外在行为特征之间的关系。

需要指出的是,分析指向同一建构的多种任务范式(multitask approach)对于理解该建构是非常有必要的(Pellegrino, Mumaw, & Shute, 1985)。依据范围的不同,不同任务可以来自同一领域,也可以跨越不同领域。单纯分析某种特定任务类型,无法充分理解该建构的必要认知成分或核心表征,因而也无法完整地理解个体在该建构上的个别差异。正如我们在前文所阐述的那样,特定任务类型有可能包括了该任务类型所独有的认知成分或加工策略,而这些成分和一般意义上的建构表征并不完全一致。只有通过对指向同一建构的不同任务类型的分析,才有可能提供对该建构更加完整的理解。对不同任务背后的认知加工过程的揭示,有助于理解它们所共同指向的建构表征,区分哪些是跨越不同任务的、该建构所特有的(construct-specific)认知过程或知识,哪些是具体任务类型所特有的(task-specific)认知过程或知识。因此,始于特定的具体任务类型的认知模型,通过对与同一建构相关联的不同任务背后的认知模型的综合,似乎可以提供对如下问题的回答:究竟是什么界定了所关注的特定建构?它是以怎样一种方式跨越不同任务类型或具体领域的？

(二) 建构在哪里？

研究建构和观测指标之间具体的认知加工机制，会引出另外一个问题。深入反思建构这一概念，我们说智力是一种建构，同时认为空间能力、类比推理、量化推理等也是建构。但在许多著名的智力量表中，后者通常被认为是前者的构成成分。仔细分析我们在微观层面上提到的如空间能力、类比推理、量化推理等各种建构的认知加工模型，会发现它们具有某种共同性。这些模型几乎都是由一系列基本的认知操作（比如编码、搜索、提取、比较等等）构成的。不同认知加工模型存在着刺激类型（比如言语材料、视觉刺激、数学）上的不同，因为具体任务形式的变化会导致这些基本认知操作组合方式的差异，以及具体加工策略的变化。由此引出一系列的问题：当我们说测量某种建构时，比如空间能力，究竟是指什么？是指在特定时间刺激下的这一系列基本认知操作，还是它们的某种特定组合？如果是前者，那么编码是不是一种建构？如此一来，我们面临着一个根本性的问题，即心理或教育测量学视野下的建构，是否存在一个层级化的问题？是否所有的其他建构都可以视为若干基本建构单元的组合？那么，这些最为基本的建构单元是什么？这不仅使人想起科学心理学创始人冯特。他试图通过内省的方法来寻找人类心理现象的基本元素，这是否出于和此处类似的思考？

使问题更为复杂的是，认知操作只是心理现象的一个维度。在具体领域的任务解决中，知识基础也起到重要作用，深刻影响着认知操作的性质和内容。如图 4.8 所示，内容领域的变化影响着对该领域内相关建构的理解。如何解决认知操作和特定领域内知识结构的关系也是建构理论需要面对的问题。

(三) 重新审视因果机制同质性的问题

假如借助于同一建构的多个任务范式来研究背后的理论或模型，我们能够将该建构的核心表征界定为一系列基本的信息加工成分或认知操作。那么，这样一种理论能否作为像 Woodward(2002) 所提出的那种建构和观测指标之间的因果机制的解释性框架？如前所述，这要求该建构理论的构成成分具有跨越不同任务类型的稳定性，以及不同认知成分之间彼此独立，能够针对性地改变任务解决过程中的某种认知成分而不影响其他成分。这样一来，个别差异就表现为个体在这一系列基本信息加工过程中的速度或准确性上的差异。

然而，大量已有研究似乎表明，虽然在指向同一建构的多任务模型中，的确发现了某些共享的认知成分，但是这些成分之间的结构关系往往受到不同任务类型或呈现形式的影响。通常，任务的呈现形式（比如是否为选择题型）会影响到个体如何组织这些基本的认知成分，以形成某种适合于该题型的解题策略（Embretson & Gorin, 2001; Kyllonen, Lohman, & Woltz, 1984）。同时，不同个体之间，或者同一个体内部，在解决简单或复杂问题上也呈现出各种策略性的差异。Sternberg(1977)曾经提到，尽管类比推理的认知加工模型较好地预测了群体水平上的任务表现，但当同样的模型拟合不同个体的反应数据时，该模型对水平较高的个体的拟合程度要好于其他个体。当面临复杂推理问题时，高水平个体能够更好地根据任务的具体要求对相关认知成分进行组合，形成更为优化的问题解决策略。类似的区别在数学应用题（Hegarty, Mayer, & Monk, 1995）和物理问题（Chi, Feltovich, & Glaser, 1981）中也被发现。事实上，有关专家—新手的大量研究表明（Anderson, 1993; Feldon, 2007），虽然在问题解决的基本认知成分上具有相似性，但专家和新手由于相关领域中知识结构上的巨大差异，导致在问题解决策略以及具体认知操作的性质或内涵上有着很大的不同。由此看来，个体差异无法完全通过不同个体在任务解决的基本认知成分上的差异来加以解释。

如果不同建构水平存在异质性的因果机制，那又应当如何理解不同建构水平所对应的测量尺度问题？Snow 和 Peterson(1985)在总结大量认知领域相关研究的基础上，提出了一个非常抽象和上位的认知复杂性连续体（见图 4.18）。在这个连续体中，每个圆圈中的字母缩写代表了认知领域中的不同能力因素。不同的认知能力按照所涉及的认知复杂程度被摆放到同一个尺度上。记忆空间（memory span）、知觉速度（perceptual speed）、数字能力（numerical ability）属于早期认知心理学研究的经典内容，包含了相对较少的加工成分或步骤。而相对复杂的言语（verbal）和空间（spatial）理解则包含了更多的认知成分或加工步骤。这些能力和一般智力中推理或问题解决等核心构成有着密切的关系。和基于简单实验室任务而构建起来的基本加工或知觉速度模型不同，智力或复杂能力倾向（complex aptitude）的认知模型不仅要考虑相应的认知任务解决所涉及的各种认知成分，还需要揭示这些认知成分是如何组织，以适应于特定任务情境或要求的执行控制过程（executive process）。不过，和传统智力或能力倾向相比，解决现实问题的认知能力更为复杂，不仅涉及各种认知成分的组织和调整，还涉及特定领域中不同类型知识的组织和结构，以及认知成分和知识基础之间的复杂关系。尽管 Snow 和 Peterson 所提出的这一连续体涉及了很多不同的建构，但这一思想可以有助于我们思考如何认识或理解在同一建构的不同水平上,异质性的项目反应机制和测量尺度的关系问题。

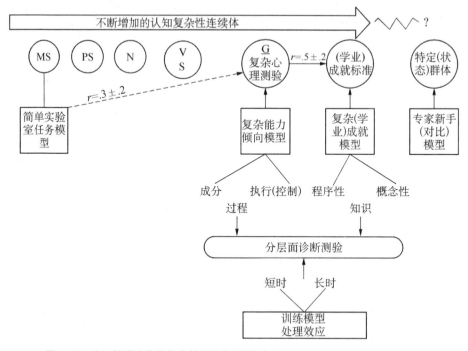

图 4.18　认知领域建构的复杂性连续体(改编自 Snow & Peterson, 1985, p.156)

类似的证据来自于发展心理学的相关研究。众所周知,在 Piaget 提出的儿童思维发展的阶段理论中,处于不同发展阶段的儿童在解决诸如守恒等认知任务时,表现出性质不同的思维品质或方式。一个相关的例子是 Siegler(1976)利用天平问题(balance scale problem)对儿童思维发展的研究。他向 5 至 17 岁的儿童呈现一架天平,并在支点两端(距离相同或不同)放置重量相同或不同的砝码,让儿童判断天平的哪端会下降。研究发现不同年龄阶段的儿童,绝大多数会采用四种不同性质的规则(或策略)来解决问题:

　　规则 1——如果两边砝码重量相等,预测天平保持平衡,否则,预测较重一侧下沉。

　　规则 2——如果一侧砝码较重,预测该侧会下沉。如果两侧重量相等,预测砝码离支点距离较远的一侧下沉。

　　规则 3——如果两侧重量和距离都相等,预测天平会保持平衡。其他相同的情况下,如果一侧砝码较重,或者距离(支点)较远,预测较重或较远的一侧会下沉。如果一侧砝码较重,但另一侧砝码距离(支点)较远,试误或胡乱猜测。

  规则4——其他和规则3相同,但当一侧砝码较重,另一侧砝码距离(支点)较远时,将每侧的重量和距离相乘来计算各自的力矩。然后预测力矩较大的一侧将下沉。

  可以看出,采用不同规则的儿童解决相同问题的过程是不同的。采用规则4的儿童始终会同时考虑重量和距离这两个维度。当两个维度所提供的表面线索产生冲突时,他们会采用理性的方式解决不同维度的信息冲突。相比之下,采用规则1的儿童只考虑单一维度的信息(即砝码的重量),采用规则2的儿童只在特定的情况下(两侧重量相等)才考虑其他维度的信息。采用规则3的儿童虽然始终会同时考虑重量和距离两个维度,但当不同维度所提供的线索产生冲突时,他们缺乏有效的方式解决冲突。因此,就采用不同规则的儿童而言,天平问题的解决过程是不同质的。然而,站在认知发展的角度,规则1到4代表了在不同思维发展水平上的儿童在问题解决时的实质表现。这里,测量尺度的建立和不同建构水平上问题解决机制的同质性问题再一次浮现。如何解决这一问题,有待进一步思考。

第五章 测验设计和项目生成

怎样开发一个测验？如何设计测验中的不同项目？长期以来,如何解决这些问题,在心理和教育测量学中一直缺乏科学的研究基础。著名心理与社会测量学家 Guttman(1969)曾经指出,"存在很多的测验分数理论(theories of test scores),但却没有(测验)内容界定或内容结构的理论……在利用测验或测验项目来描述或解释内容方面,正式的方法仍然极少"(转引自 Roid & Haladyna, 1982, p.4)。正如我们在导论中所提到的,在此之前的测验项目设计更像是一门艺术,而非科学。在获取被试的反应数据之前,项目或测验的质量更多是依赖于项目设计者的经验和创造性。测量学教科书在测验编制或项目设计方面只能提供一些笼统的、纲领性的建议,无法给出具体而科学的设计原则或理论路线。项目设计的这一经验式模式导致该领域是心理或教育测量学中最为薄弱的环节。效度理论混乱的一个直接根源来自于测验编制和项目设计领域研究水平的滞后。项目设计的经验化,加上缺乏合理的建构理论,导致在测验编制领域缺乏一种系统而科学的测量工具开发模式。

很久以前,测量学家就意识到了项目设计领域存在的问题。但是,直到 20 世纪六七十年代,该领域科学化的研究和探索才开始发端。早期科学性的探索,致力于如何使项目设计或开发尽可能不受项目设计者主观因素的影响(Bormuth, 1970; Guttman, 1969; Hively, Patterson, & Page, 1968)。这些学者尝试提出各种方法或理论框架,试图使项目开发成为一个系统化的过程,从而减少对项目开发者经验的依赖。随着认知心理学,尤其是信息加工理论的兴起,一些前瞻性的测量学家和少数认知心理学家意识到,测验项目在本质上作为一种认知任务,可以利用认知心理学的思想和方法来加以研究(Carroll; 1976; Carroll & Maxwell, 1979; Sternberg, 1977; Whitely, 1976)。这些研究通过理解项目解决过程的具体机制,使得项目开发的过程和相关的建构理论以及实证证据结合在一起,从而将项目设计建立在一种科学研究的基础上。近30年来,在系统化和科学化这两个思路下,项目设计得到了长足的发展,其在认知领域的发展尤为迅猛。20世纪80年代,Embretson(1985)编辑出版了《测验设计:心理学和心理测量学进展》,从测量建构的实质理论和测量模型两个角度总结了这一领域的已有研究。虽然在研究模式上已经初现端倪,但此时的研究还相对分离。到了21世纪,Irvine和Kyllonen(2002)编辑出版了《测验开发的项目生成》(是1998年在美国著名测评机构Educational Testing Service(ETS)召开的项目设计会议的论文集),集中展示了在认知领域项目设计的最新研究成果。项目生成(item generation)作为项目设计科学化和系统化相结合的产物,逐渐演变成一个新兴的测量领域。通过和计算机技术相结合,自动化项目生成(automatic item generation)亦成为现实(Embretson & Yang, 2007),尽管在发展程度和现实性上尚有待提高。Gierl和Haladyna(2013)编辑出版的《自动化项目生成:理论和实践》呈现了项目设计在复杂认知领域的最新探索。所有这些都表明,在心理或教育测量领域的测验编制和项目设计发生了根本性的变化。这种变化不仅仅是一种项目设计技术层面的发展,更是在深层次上体现了一种理论驱动的测量学模式的日趋成熟。

一、测验设计与开发模式

心理或教育测量的目的在于确定不同个体在某个理论变量上的水平,或者说在所欲测量的建构上的量或程度。然而,心理或教育领域中的建构具有特殊性,即它们是潜在的、无法直接观测的。因此,心理或教育测量无法像长度测量那样,可以直接观测不同对象在所测属性上的量。对长度测量而言,核心或关键的问题在于如何确定一个合理的尺度,精确刻画或描述不同属性量在该尺度上的取值及其彼此间的关系。而在心理或教育领域中,建构的潜在性导致这些领域的测量带有间接性。由于无法直接观测不同个体在所测属性(即建构)上的量,这些领域中测量的首要任务不是如何确定一个合理的尺度,而是先要解决如何使不同建构的量得以观察的问题。在心理或教育测量中,这一任务通常是借助于测验工具或量表中一系列的测验项目来完成的。

在本质上,每个测验项目都是测验开发人员所创设的一个特定情境(a specific situation)。这些项目本身并不具备所测属性的量,但它们提供了让不同个体表现出在所测属性上的量的可能性。通过解答项目所提出的问题,或者对项目所创设的情境做出反应,研究者获得了不同个体在项目情境下的具体表现。这些表现成为研究者推断不同个体在所测属性(即建构)上的量的基础。图5.1给出了这一过程的示意图。在这一过程中,个体在所测建构上的量和他们的项目表现之间的匹配关系具有至关重要的作用,是有效推断其建构水平的基础。推断的质量和建构理论、施测过程的控制、评分和建模分析等方面都有密切的关系。但是,测验编制和项目设计在这一过程中具有至关重要的作用。就单个项目而言,关键问题是如何确保个体在建构上的特征是导致其项目反应的原因。就整个测验而言,关键在于能否覆盖所测建构的基本内涵、不同维度以及在这些维度上不同水平的表现特征。因而,心理或教育测验设计的基本问题在于,如何能够找到一系列满足上述要求的测验项目,实现对所关心的建构的合理测量。由于要测量的建构具有潜在性,这一问题实际上是一个"黑箱"问题。也正是因为这个原因,在心理或教育测量学发展过程中,测验设计和编制在解决这一问题时曾经走了很长一段弯路。

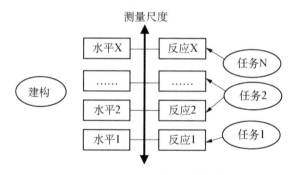

图 5.1　建构和任务反应之间的关系

(一)测验设计的传统理论取向

在相当长一段时间里,测验被视为用于测量个体在某个领域总体内容(a universe of content)中的一个行为样本(Anastasi & Urbina, 1997; Crocker & Algina, 1996)。在行为主义观下,总体内容是指某个领域所有的相关行为(Skinner, 1961)。测量的目的在于通过测验推论其在整个领域的行为特征及其一致性。在这一观点下,不存在所谓的行为背后的建构。测量过程中没有什么是潜在的或不可观测的。而在特质心理学观点下,总体内容是指与某个理论变量(或建构)相关联的所有心理现象或行为。但不论是哪种观点,测验的主要目的都在于推广,即借助个体在测验项目上的表现,推测其在整个领域中的实际情况。

按照这一观点,测验编制首先需要明确该领域的总体内容。然后,依据某种原理从该总体中选择或抽取测验所需的项目。然而,在传统的心理或教育测验编制模式中,很多时候并没有遵循这样一种前后逻辑。实际上,早期很多心理或教育测验在没有明确所欲测量的实质领域的情况下,更多地采用了一种经验项目选择(empirical item selection; Meehl, 1945)的方法来编制测验。通常,基于对所测行为领域的概括性界定,研究者收集或选择大量的相关项目。这些项目分别施测给两种群体:一种是具有某种已知特征的目标群体,另一种是代表一般总体的群体。那些能够区分两个群体的项目被纳入最终的测验或量表。早期许多著名的心理量表,如 Strong Interest Inventory (SII; Harmon, Hansen Borge, & Hammer, 1994;Strong, 1927)、The MMPI (Hathaway & McKinley, 1940, 1989)等,都是采用这种方法编制的。

在某些测验开发过程中,尤其是成就测验,测验编制者的确试图先明确所测领域的总体内容。这其中,关键的问题是规定内容领域的本质和边界,以及确定相关测验项目和该领域内容的关联性和代表性(Messick, 1989)。不过,传统上对这两个问题的解决,主要是通过领域专家的判断(Angoff, 1988)。通常,每个专家有着自己对该领域的内容范围或维度的理解。不同专家之间的理解往往不完全契合。因此,通过领域专家确定的领域总体内容,往往带有很强的主观性,容易导致验证性偏见(confirmatory bias; Klayman, 1995)[1]。通常,确定内容领域的专家同时也是开发测验的参与者。他们往往判断后继开发的测验或项目和所测量的内容领域是一致的(Kane, 2001)。但是,这种一致性,有时更多的是建立在对表面内容的判断上,而不是基于对内容领域的心理学理论(Embretson, 1985)。与此相一致,测验蓝本(test specification)的制定通常也很少和心理学研究相关联,更多的是依赖测验开发者对于内容领域的不同维度(比如知识、技能或认知水平)的粗略描述,以及对不同维度组合下项目类型、难度分布等指标的规定。

由于缺乏在建构水平上的实质基础,这样一种测验编制模式不是理论驱动的,而是建立在统计原理基础上的。除了上述经验项目选择法之外,一种常见的方式是将测验项目视为该内容领域的一个随机样本(Tryon, 1957)。因此,在(明确)界定测验所要涉及的内容领域(以及测验项目总体)的情况下,测验编制的过程就演变成一个从该

---

[1] 所谓验证性偏见,是指个体更加容易注意或关注到符合自己理解或认识的内容,而对于那些不符合自己的看法或观点的内容容易忽视。

总体中随机抽样的过程。在确保纳入测验中的一组项目是某个项目总体的一个代表性样本的情况下,个体在该总体中的表现(即所测量的建构水平)可以借助于推断统计的基本原理,通过其在样本上(即测验上)的表现来加以推断。这是测验设计的项目抽样理论(item sampling theory)的基本原理(Osburn, 1968)。在本质上,这是一种数理理论,而不是一种建立在实质理论基础上的测验编制方式。在这样一种模式下,任何的测验问题都涉及一个观测总体(a universe of observations),统计理论提供了对该总体的某些方面进行推断的基础(Lohman & Ippel, 1993)。测验蓝本中所规定的各种指标,如内容维度、项目类型、难度分布、项目比重等等,更多的是为了保证测验中的项目成为目标总体中的代表性样本。这些指标和具体测验项目加工机制之间的关系是模糊的,对具体项目的测量学特征(如难度、区分度等)的影响也是不清楚的。缺乏明确的项目反应机制的理论基础,项目设计的质量就有赖于具体的项目设计者的个人经验和主观判断了。

该模式的基本理念也反映在当时流行的——经典测量理论中。该理论主要研究如何根据测验总分 X 来准确而稳定地估计个体在整个领域的真实分数 T。其核心命题是,如何剖离测验总分 X 中真分数 T 和测量误差 E 这两种成分,估计其所占比重。在经典测量理论中,解决这一问题是通过构建平行复本(parallel form)的方式来完成的。不过,平行复本更多的是关注测验总分在分布特征上的一致性,以及测验蓝本在内容维度、项目类型、难度分布、项目比重等指标上的对等性。在经典测量理论下,不管项目反应背后的实质维度是什么,总能通过答对项目的个数计算一个测验总分。该测验总分即被视为某领域真分数的一个含有测量误差的观测指标。虽然,可以利用因素分析法来揭示测验项目反应背后的可能维度,但是,该方法获得的反应维度来自于数据,而不是测验建构的实质理论。通过因素分析抽取的"潜在变量",旨在解释不同测验项目反应之间的相关。这些变量的实质含义并不清楚。其含义是根据相应的测验项目的内容归纳出来的,取决于这些项目和具体的被试样本。此外,这些变量并不提供有关项目反应机制的信息。因此,这种方法并不能回答哪些变量会影响项目反应,以及这些变量是如何导致外显的项目反应的。在这样一种情况下,项目分析主要关心的是某个具体项目上的得分是否与测验总分(或所在维度总分)保持一致(即所谓项目鉴别力)。只要项目得分随着测验总分的增减而增减,该项目就被认为是质量好的。由这样一组项目所构成的测验,其总分就是稳定的(即具有较高的信度)。这里,项目鉴别力主要反映该项目是否在功能上与其他项目相类似,而不是与所测建构的一致性。类似的,项目难度反映的是所测群体中答对该题目的比例(或概率),更多的是一个统计指标,并不一定在实质意义上反映个体在所测建构上量的多少。虽然在测验总分水平上,研究者也假设测验总分的高低和个体在所测建构上的量之间存在某种匹配关系。不过,这种匹配关系是建立在统计意义上的。假如测验中的项目是所测领域总体内容的一个代表性样本的话,那么依据统计推断的原理,个体在所测建构上的量越高,测验总分较高的可能性(概率)就越大。因此,在传统测验设计模式中,缺乏一种在实质意义上建立具体项目和测量建构的匹配机制。

需要指出的是,这种模式并不是经典测量理论导致的。在建立所测建构与测验反应之间的匹配关系这一问题上,如果缺乏有效地解决这一"黑箱"问题的方法,即使采用其他的测量理论,如概化理论或项目反应理论,也都无法改变这种测验编制模式的实质。假如测量的目的只是为了对不同个体进行排序,或者进行某种预测,这种模式在实践上是有用的。事实上,自比纳—西蒙智力测验量表发表以来,心理和教育测量在实践领域的流行和广泛应用,已经充分证明了这一点。不过,假如测量活动不仅仅局限于上述目的,而是试图去理解个体在测验(项目)上的反应是如何产生的,传统的测验编制模式就相形见绌了。这也正是长期以来,测验效度领域一直非常混乱的根源。理论驱动的测验编制模式,似乎提供了一种可能的解决途径。

(二) 理论驱动的测验设计取向

Embretson(1985)认为,测验设计过程是通过设计或选择(测验)项目,来确定测验所测量的某个(些)方面个别差异的过程。测验项目的设计或选择,必须依赖于它们的实质性特征(substantive properties)。按照这一观点,测验设计的关键环节是确定测验项目的哪些特征是属于实质性的?如何确定它们?然而,对上述问题的合理回答是建立在对如下几个问题的回答基础之上的:(1)测验所欲测量的建构究竟是什么?(2)从建构的角度来理解,测量尺度不同水平的具体内涵或特征是什么?(3)建构(及其不同水平)的具体特征是如何表征在项目解答或反应过程之中的?(4)项目的哪些特征是与建构(及其不同水平)的特征相关联的?(5)通过操纵项目的这些特征,能否导致不同的、可区分的(differentiate)项目反应或测量学特征(难度、区分度等)?可以看出,要解决心理或教育测验设计的"黑箱"问题,我们既需要一个有关所测理论变量的建构理论,也需要在该理论指导下的一种系统方法,能够建立项目反应、项目特征和建构表征三者之间的匹配关系。只有这样,测验设计者才能确定哪些项目特征属于实质性特征,以及如何根据这些实质性特征对项目进行设计。

1. 建构理论或建构地图

和基于统计原理的测验设计模式不同,这样的一种测验设计模式是理论驱动的。按照这一观点,测验设计是通过项目设计来控制测验所表征的理论变量的过程(Embretson,1985)。原则上,这样的一种测验设计模式,始于对所测建构及其特征的理论阐述。正如我们在第四章所描述的,完整的建构理论至少应该包括四个方面:(1)建构的内涵或外延;(2)建构的构成、维度或结构;(3)不同建构水平的表现特征;(4)不同建构水平的发展机制。从测量的角度看,确定个体在某个特定建构上的水平只需要建构理论的前三个方面。但是,形成该建构理论,以及通过干预来改变个体在建构上的水平,都需要建构理论第四个方面的内容。Wilson(2005)将前三个方面的建构理论称为建构地图(construct map)。本质上,建构地图是对图 5.1 中测量尺度左边部分的理论说明。它假设,所测建构在这个维度上是一种潜在连续体(underlying continuum)。建构地图是对这一连续体上不同水平的实质内涵或特征的详细阐述。Wilson 和 Sloane(2000)给出了中学科学学业成就测验的一个具体案例。和所有学业成就测验编制所面临的问题一样,Wilson 等人需要明确所测理论建构及其范围。他们界定了一组"进步变量"(progress variables),用于明确阐明课程学习的预期内容和发展目标(见表 5.1)。

表 5.1　中学科学学习的进步变量(改编自 Wilson & Sloane, 2000, p. 185)

进步变量	描　　述
概念理解(UC)	理解科学的概念,如物质的特征、相互作用、能量等;运用有关科学概念解决问题
调查设计与实施(DCI)	设计一个科学实验,实施一个完整的科学调查,操作实验程序来收集、记录和组织数据,分析与解释实验结果
证据与权衡(ET)	鉴别客观的科学证据,根据已有证据评价不同问题解决方案的优劣
交流科学信息(CM)	如何组织和呈现结果以便能消除技术错误,并和受众进行有效交流
团队互动(GI)	发展与同伴合作完成任务,共享任务成果的技能

该组进步变量的选择和界定,并不仅仅在于阐明学生课程学习的内容(以及相应学业测评的内容),还隐含了研究者期望学生在课程学习中学习些什么,以及这种学习是如何随着学习过程逐步展开的。表 5.2 给出了"证据与权衡"这一进步变量不同水平的表现特征。在该进步变量的两个构成(即证据使用和使用证据进行权衡)上,建构

地图提供了在不同水平上个体可能的表现特征。需要指出的是,这些特征并不是针对某个具体项目的,而是具有一定的抽象性和概括性。实际上,它们是在建构(此处是"证据和权衡")上的水平描述和界定。本质上,它们是对预期测量尺度特征的表述。在设计项目时,这些描述既是项目所需承载的建构基础,也是制定项目评分标准的基础。

表 5.2 "证据与权衡"部分的表现水平(改编自 Wilson & Sloane,2000,p.193)

表现水平	证据使用: 使用基于相关证据的客观理由来支持所作出的选择	使用证据进行权衡: 意识到(解决)问题的多重观点,能使客观理由解释每种观点,利用证据支持所作出的选择
4	达到并且明显超出了第 3 级水平,比如质疑或论证证据的来源、效度和数量等	达到并且明显超出了第 3 级水平,比如提出了超越当前资料(或活动)之外的额外证据,有助于作出具体的选择,以及质疑或论证证据的来源、效度和数量等,并解释是如何影响选择的
3	提供了主要的客观理由,并且每个理由都有相关且准确的证据支持	讨论了至少两种(解决)问题的观点,并且每个观点都有客观的理由,提供了相关且准确的证据支持
2	提供了某些客观理由,并且有部分的支持证据,但至少有一个理由缺失,或者部分证据不完整	陈述了至少一种(解决)问题的观点,并且提供了某些客观理由,有部分的支持证据,但推理不完整,部分证据缺失;或者只提供了一种完整而准确的观点
1	只提供了选择的主观理由(即意见),证据不准确或者无关	提供了至少一种观点,但只提供了主观理由,和/或使用了不准确或无关的证据
0	没有回答;无关答案;没有理由也没有证据支持选择	没有回答;无关答案;缺乏推理且没有证据支持所作的决定

2. 任务类型的选择和项目反应模型的开发

明确了所欲测量的理论建构及其表现水平,下一个环节则是如何选择合适的任务类型,确定哪些任务特征可用来进行项目设计。在传统模式中,任务类型的选择往往借鉴已有测验中的任务,或者依据测验设计者的经验。在某些情况下,测验任务类型的选择似乎非常容易和直接。比如数学能力应该采用数学任务,而空间能力则应该选择图形操纵任务等等。这种任务选择方法,有助于建立测验(项目)的表面效度(face validity)[①]。但是,这种方法往往无法确保在任务解决过程中,所测的建构起到了决定

---

① 即测验项目是否给被测试者一种直觉上测量了所欲测量的建构的感觉。表面效度关注的更多是对被测试者而言,测验任务或内容表面上的相关性(Holden,2010)。

性作用。

在理论驱动的测验设计模式中,围绕所测的建构,测验项目的设计过程是一种基于原则(principled)的系统性过程。实现这一目的,需要针对所测建构及其相关的任务类型,开展系统深入的文献研究。文献研究旨在寻找如下信息:(1)在已有研究中,是否有研究证明,某种任务类型能够用来引发个体在所测建构上的表现?如果有,该任务类型就成为后继项目设计的候选。(2)在候选任务类型中,是否存在对某种类型任务解题过程的相关研究?如果有,是否形成了对任务解题过程的理论模型?要理解所测建构在该任务类型中的具体表征,这些模型是否有启发?在这些理论模型中,哪些决定任务表现的关键变量是与所欲测量的理论建构相一致的,哪些是任务特有的(task-specific),哪些是任务呈现形式特有的(format-specific)?(3)在候选任务类型研究中,任务刺激是否是按照某种理论预期的方式进行操纵或改变的?那么,操纵或改变的任务刺激特征是什么?它们和任务解决背后的理论变量的关系是怎样的?和任务表现的关系又是怎样的?因此,文献研究的目的在于,在给定预期测量建构的基础上,寻找可能用于测验项目设计的候选任务类型、项目解决过程或机制的理论模型,以及项目设计可能的实质性特征或设计原则。

对于某些测验建构或任务类型,尤其是经典的认知任务,已有文献很有可能已经包含了大量研究,提供了有针对性的、经过充分理论论证和实证检验的理论模型。第四章图4.2就是一个具体的案例。在心理学研究中,有大量研究表明,空间旋转任务可以用来测试个体的空间能力(详见第四章)。图4.2所给出的认知加工模型就是在这些研究的基础上提出的。该图下半部分揭示了在空间旋转任务解决中,空间能力的具体表征以及从任务呈现到反应生成之间的作用机制。不仅如此,该模型还展示了空间旋转任务中哪些任务特征是和问题解决过程中的具体认知成分(或操作)相关联的。更为主要的是,已有研究揭示了任务特征的操纵是如何沿着理论预期的方式,导致问题解决过程中认知操作复杂性的变化的。这种变化又是如何体现在个体完成任务的反应时间的长短变化中。比如,已有研究表明(Shepard & Metzler, 1971; Corballis, 1982; Bejar, 1993),两个图形空间方位角度分离的大小和任务反应时间之间存在某种线性关系。角度分离越大,反应时间越长。显然,这些研究为选择测试空间能力的任务类型,确定项目设计中的任务特征,以及建立项目反应、项目特征和建构表征三者之间的匹配关系提供了良好的实证基础。

然而,更多情况下,已有研究通常并不能提供有针对性的知识基础。造成这种结果的原因有很多。有时,虽然存在大量相关研究,但这些研究通常不是以项目设计为研究目的的。研究所关注的问题与项目设计(或测验编制)并不一致。因此,这些研究无法提供对当前项目设计直接有用的信息或发现。有时,由于当前所测建构的性质(比如像数学、科学或工程等复杂领域的问题解决能力),或者所欲选择的任务类型(比如知识丰富领域中的复杂认知任务等)等因素,也会导致相关研究较少,很难从已有研究中获取直接有用的信息。在这种情况下,测验编制者需要自行开展一系列的研究,明确预期选择的任务类型的项目加工机制,确定该类型能否用来表征所欲测量的建构,以及可以用于项目设计的实质性特征是什么。

即使是后面这种情况,广泛而深入的文献研究对于测验任务类型的选择或项目解决模型的构建也是大有裨益的。一个原因是相关研究,尤其是指向理论开发或模型构建的认知研究,通常不是围绕着任务类型来加以组织的(Embretson,2002)。这种情况下,对相似的或其他类型任务的研究,也可以提供建构是如何具体表征在特定任务解决过程中的有用信息。研究者可以把这些信息迁移到对当前任务类型的研究中,形成当前研究的假设。此外,启示有时不是来自于这些研究的发现或成果,而是它们所采用的研究方法或范式。在某种深层的意义上,研究人类认知加工的许多研究范式或实验技术,对测验编制以及项目反应机制的研究有很好的借鉴价值和启发意义。谈及心理学实验研究和测量活动之间的关系时,Gorin和Embretson(2013)这样写道:"在(研究)人类认知过程的心理学实验中,向被试呈现特定任务情境下的一个刺激,被试必须以某种方式对其做出反应……这种反应被认为反映出了个体不同的认知操作和能力。研究者在设计实验刺激(材料)时,按照各种理论预期的方式精心控制所有可能的变量。继而对不同反应模式的区别和各种反应(发生)的概率,按照刺激(材料)设计来加以解释。在测评中……向被测试者呈现一组测验项目,通常情况下测验项目是在某个特定任务情境下的一个刺激,被试必须做出(某种)反应。设计的测验项目旨在引发各种可以评分的行为,继而解释为(设计者)感兴趣的各种知识、技能和能力的表征"(p.136)。通过这种对比,不难看出实验任务设计和测验项目设计之间的共通性。不过,在实验心理学研究中,理论通常在研究设计中起到非常重要的作用。在实验设计中,理论假设的形成先于实验任务的开发。研究者在理论指导下,对实验刺激或任务条件进行明确而精心的操纵,以检验某个具体理论建构的特定假设。然而,在长期的测验项目设计模式中,设计者往往缺乏这样一种明确详尽的理论预期。即使存在较为明确的建构理论,通常也没有具体到项目水平。项目设计者通常没有明确阐明在具体项目的解决过程中,所测量的建构是如何具体体现的。由于缺乏这样一种项目水平上的理论模型,设计者也就缺少了实质性的基础来判断哪些任务特征会影响到项目解决所涉及的建构表征。他们也就很难像实验设计者那样,按照某种理论预期的方式对实验材料进行明确的、原则性的操纵。出于同样的原因,项目设计者很难通过某种系统的方法来检验不同项目设计的原则或方案,从而建立建构和项目反应(模式)相匹配的最佳原则或设计方案。

因此,即使缺乏现成的研究基础,测验编制者依然可以通过广泛而深入的文献研究,汲取相关研究成果或借鉴研究方法,自行开展系列研究,建立针对当前项目的建构理论模型。在认知任务类型的测验项目中,通常所开发的是项目认知模型。认知模型存在多种具体的形式,比如特定情境的心理模型(Mental Model; Irvine, 2002; Johnson-Laird, 1989)、特定任务表现的认知加工模型(Cognitive Processing Model; Embretson, 1994; Sebrechts, Enright, Bennett, & Martin, 1996)等等。图 4.2 所示的模型就是空间旋转任务的认知加工模型。不管是哪种形式,具体项目的认知模型都是旨在描述或解释该类任务所涉及的主要认知过程、知识结构或表征形式。换言之,项目水平上的建构理论明确了项目反应背后的理论变量的构成和结构,并依此形成对项目反应机制的解释性模型。

需要指出的是,虽然实验研究提供了有益的启发,但研究者在将实验技术应用到项目设计研究中的时候,需要同时注意到两者的差异。这种差异主要体现在如下几个方面:首先,很多时候,实验研究的目的在于比较或区分不同的理论假设。出于这种目的,实验研究者往往选择那些能够彰显不同理论差异的任务条件或特征。而在项目设计中,设计者更多的是在同一理论假设的指导下,通过任务特征的选择和变化,尽可能地实现对不同建构水平上个体表现特征的测量。因此,即使采用相同的任务类型,测验项目设计在任务领域覆盖程度上要大于实验任务的选择(Embretson, 1998)。这对项目反应模型的开发具有重要影响。实验研究中所开发的项目反应模型是否能够扩展到整个任务领域,是项目设计研究需要特别关注的问题。其次,实验研究通常旨在发现规律或验证(或证伪)假设,而测量活动则旨在鉴别个别差异。对实验设计而言,只要反应结果在有限实验(任务)条件下,按照理论预期方式发生了变化,通常就可以立论。这里,研究者更多的是关心组间变异。这种组间差异可以是不同任务条件之间的差异,也可以是不同被试组别之间的差异。同一任务条件下的不同实验刺激的差异,或者同一组内的不同被试反应的波动,都被视为随机误差而不加辨析(Cronbach,

1957)。换言之,研究者更关心实验(任务)条件的主效应及其交互作用,而不是理论模型对实验数据的拟合程度。但在测量活动中,相比某个认知变量的影响力度,建构理论对于项目反应的解释程度才是项目设计者更为关注的指标。这种解释程度,具体表现为理论模型对项目反应数据的拟合程度。最后,在实验设计中,实验任务的设计或操纵,通常不是在某个维度上按照相关理论进行系统改变的。但在测验项目设计研究中,项目特征的选择和改变更多的是为了能够引发个体在预期建构的测量尺度上的不同反应。这些差异表明,即便存在相对扎实的研究基础,在绝大多数情况下,测验编制者仍需要开展相应的验证性或拓展性研究工作,以确保所开发的项目理论模型和项目设计特征的适用性。

3. 基于项目反应模型的项目设计

假如项目水平的建构理论能够充分建立起来,并得到良好的实证验证的话,可以作为连接理论建构和被试观测行为之间的因果模型,解释测量过程中数据产生的机制。这就在理论上解决了前面所提的理论建构和项目反应之间的"黑箱"问题。

这样一种建构理论,至少在如下几个方面奠定了系统科学的项目设计模式的基础:

首先,在一般意义上,建构地图描述了所欲测量的建构及其不同水平的特征。在此基础上建立起来的项目反应模型,使得测验设计者不仅能够在一般意义上理解所测建构,而且能够界定或解释该建构是如何具体表征在测验项目解决过程中的。不仅如此,在很多情况下,项目反应模型提供了一个理论框架,有助于测验设计者理解与建构地图不同表现水平相对应的项目表现。借助于这一理论,项目设计者可以更加系统深入地理解项目难度的来源,更加清楚项目或测验背后实际测量的建构及其具体表征。

其次,项目反应模型提供了鉴别项目实质性特征的理论基础,使项目设计成为一个科学的而非经验的过程。通常而言,指向测验开发的项目反应模型至少需要形成两个方面的知识:(1)项目反应产生的理论机制,包括项目解决所需的加工过程、策略或知识结构等;(2)与项目反应机制相关联的项目特征,包括这些特征影响项目反应过程的具体方式。实验心理学研究者通常旨在形成第一个方面的知识。而对测验开发人员来说,第二个方面的知识尤为重要。这样一来,项目反应模型不仅定义了项目水平上的建构表征,而且详细阐述了哪些任务特征会影响到项目的建构表征。这些任务特征就是前面所提到的项目实质性特征。项目实质性特征通常被称为设计特征(design feature;Embretson,1994)或基本成分(radical element;Irvine,2002),对项目建构表征没有影响的其他项目特征则被称为附带成分(incidental element；Irvine，2002)。由此，项目设计者可以系统操纵项目实质性特征，形成具有不同加工需求的各种项目。这为项目设计者提供了一种操纵或改变项目建构表征的系统方法。

传统模式中，测验编制者在制定测验蓝本的时候，通常确定内容维度、项目类型、项目比重等常见信息。利用项目反应模型，测验编制者还可以进一步明确规定与所测建构相对应的一系列项目特征，以及项目设计时这些特征的一些组合原则。在理想状态下，不同项目特征的变化或操纵最好独立于其他项目特征。但在实际情况中，某些特征可能不能在同一个项目中并存，或者项目特征间存在着某种交互作用。所以，项目特征的组合原则，是在项目反应模型基础上所形成的设计原则。项目特征的某个特定组合，对应着测量建构的某种具体表征，指向的是具有相同加工需求的一系列项目处于建构地图的某种特定水平。按照这一方式，考察测验蓝本是否合理，可以看不同的项目特征组合是否能够形成对建构地图的合理表征。由此，测验开发和项目设计就从原先经验式的过程，变成一种建构理论驱动的假设检验过程。测验开发者基于项目反应模型选择任务类型，决定项目实质性特征，系统操纵实质性特征来开展项目设计，生成能够反映建构理论某个特定方面的测验任务。这就实现了前面所提到的，通过项目设计来控制测验所表征的理论变量的可能性。继而，通过设计或选择项目，来测量研究者预期的某个方面的个别差异。

第三，项目反应模型不仅在项目水平上确保了建构效度，而且还能够提高测验开发（或项目设计）的效率。在传统的测验开发模式中，测验项目通常由领域专家基于经验进行设计。然后，项目的效度或质量通过试测数据，借助于统计分析（项目参数分析或因素分析）来检验。由于项目设计不是建立在明确的项目反应模型上，所以，后继分析时往往会发现很多项目质量不高。删除这些项目会导致对原初建构的扭曲和偏离，但是，重新设计仍然不能保证项目的建构效度。这一过程无疑既缺乏科学性，又非常低效。

相比之下，基于项目反应模型来进行项目设计，则能较好地改善这一状况。如前所述，在特定建构理论下建立起来的项目反应模型，是建立在大量的实证研究基础上的。在此基础上，项目反应模型既给出了项目解决的理论机制及其相关变量，也给出了影响这种理论机制的项目特征、影响方式、方向和力度等。这样一来，按照理论预期的方式改变或操纵项目特征，就比较可能生成具有预期加工过程的测验项目。因此，以项目反应模型为基础，能够设计出具有较高质量的项目。借助于项目反应模型，项目设计者还可以发现或鉴别那些对项目的解决过程有影响，但是与预期测量建构无关的项目特征,从而在后继项目设计中将这些项目特征予以清除。这就保证了所设计的项目较少受到和建构无关变量的影响,从而提高项目的鉴别力。也正是建立在项目反应模型的基础上,设计者可以清楚地预期特定项目的难度来源和影响问题解决的关键因素,从而生成具有指定测量学特征的测验项目。大量相关研究也表明,采用这种方式生成的测验项目进行试测后,通常表现出比传统方式更好的项目质量,更少的项目删除率(Bejar,2002;Embreston,1994,1998)。

4. 其他设计问题

如前所述,在理论驱动的模式下,测验设计就演变成了一个假设检验的过程。而测验本身也就在某种程度上变成了一个观察设计(observation design;Lohman & Ippel,1993)。在这一观点下,测验设计过程旨在通过设计和选择不同测验项目,以及收集个体在这些项目的表现,达到能够对所欲测量的建构进行有效推断的目的。这一过程的关键,在于设计者能够通过选择任务类型,操纵项目特征,实现对项目建构表征的系统改变和控制。建构理论以及描述个体如何解决任务的项目反应模型,提供了所要检验的假设和操纵项目特征的实质基础。因此,在理论驱动的测验开发模式中,一系列的设计问题都与建构理论的特征有关。

一个很重要的设计问题是测量建构的性质。前面述及,测量过程是根据个体在测验项目上的表现来推断其建构水平的过程。在一般意义上,建构是我们用以描述心理现象或活动的理论变量。但是,正如我们在前面几章所指出的那样,并非所有的建构都是可以测量的。推断个体在某个建构上的水平,意味着我们假设该建构属于量化属性,具有该类属性所具有的内在结构。而且,即使确立了所测建构存在某种测量意义上的尺度,不同建构水平的实质内涵也是需要进一步明确的。按照这种理解,至少可以将建构的性质分为三种类型。第一种类型的建构具有跨个体或跨水平的同质性,即存在相同的加工成分、相同的结构。所有个体在项目的解决过程中都遵循相同的反应机制,采用相同的加工策略。个别差异源于不同个体在这一加工过程中不同成分上效率的不同。比如高水平的个体有可能在执行每个环节或操作时准确率更高,反应速度更快等等。此时,测量尺度是在同质性项目反应机制下具体参数的变化。第二种类型的建构,跨越不同水平或不同个体之间,具有不同的问题解决策略,具体认知操作的性质或内涵也有着很大不同。比如,高水平的个体形成更加适应于具体情境的、更为优化的问题解决策略,或者更高质量的认知操作。此时,在建构的不同水平上,从建构到项目反应之间的因果机制是异质的。测量尺度不同水平的实质内涵是不同的,但可以在更高一层上界定测量尺度的意义。Lohman 和 Ippel(1993)援引了 Binet-Simon 智力量表中的一个项目来说明这一问题。该项目包含三张图片,每张图片上绘有一个或多个人物,蕴含了一个主题,要求被试回答每张图片上描绘的是什么。虽然呈现给被试的任务是相同的,但他们给出的反应却可以被区分为三种不同的水平:(1)列举(enumeration),比如"一个人和一辆车";(2)描述(descriptive),比如"一个老人和一个小男孩正在拉一辆车";(3)解释(interpretive),比如"一个穷困潦倒的人正在搬家"。可以看出,不同反应所揭示出的认知操作的质量是不同的,但是可以被标定到智力的同一个测量尺度上。第三种类型的建构,跨越不同个体或水平,不仅项目反应机制或问题解决策略不同质,而且它们是无法被标定到同一个测量尺度上的。换句话说,不同个体可能采用不同的方式或策略来解决项目。根据这些方式或策略,我们无法推断他们的建构水平。因此,建构的性质会深刻地影响到项目设计和测量活动的实质。

第二个重要的设计问题和建构的完整性(completeness)有关(Yang & Embretson,2007)。建构的完整性是指所欲测量的建构是否充分地体现在项目反应中。从测验编制的角度来看,建构的完整性涉及两个不同的方面,即建构表征不充分(construct underrepresentation)和建构无关变异(construct irrelevant variance)(Messick,1989)。前面提到,当测验是由某种特定任务类型构成的时候,实际测量的建构有可能包含了该任务或任务呈现方式所特有的成分。因此,测验成绩中包含了和预期建构无关的因素导致的分数变异。但同时,也有可能因为所选任务类型的原因,导致测验实际表征的建构和预期建构是不完全吻合的。预期建构的重要成分可能没有包含在测验中。

即使所选任务是合理的,但如何通过任务特征的变化,使测验项目成为能够充分表征预期建构的宽度和深度的一组测试材料,也是设计者需要关注的一个问题。在这里,建构地图和基于建构地图而构建起来的项目反应模型会起到很重要的作用。它们提供了一个实质性的基础,可用来检验所设计的一组测验项目是否能够与预期建构相匹配。如果存在不匹配的地方,需要在什么水平上补充测验项目。不仅如此,项目反应模型还提供给设计者如何操纵任务特征,产生不同难度项目的基础。

第三个重要的设计问题涉及测验设计对所测建构法则广度的影响。法则广度是指所测建构与其他相关的理论建构之间的关系网络(Embretson,1983)。现实中,建构的法则广度主要表现为当前测验分数和其他测验分数之间的相关矩阵。相关方向、强度和模式提供了推断所测建构与其他相关建构关系的基础。相关矩阵中不同测验分数之间相关关系的影响来源主要有两个方面。一个方面源于测验分数中所包含的测量误差。在实际测量中,测量误差无法避免。但是,测量误差的存在,会导致测验分数间的相关强度小于相应的建构之间的相关强度,即所谓的相关弱化(correlation attenuation)现象(Crocker & Algina,1986;Gulliksen,1950)。相关弱化现象可以通过如下公式加以校正:

$$\rho_{c_X c_Y} = \frac{\rho_{XY}}{\sqrt{\rho_{XX'}}\sqrt{\rho_{YY'}}}$$

其中,$\rho_{c_X c_Y}$ 是测验 X 和 Y 相对应的建构之间的真实相关系数,ρ_{XY} 是测验 X 和 Y 的分数之间的相关系数,$\rho_{XX'}$ 和 $\rho_{YY'}$ 分别是测验 X 和 Y 的信度系数。由该公式可以看出,相关测验的信度系数愈高,实际观察到的测验分数之间的相关愈接近相应建构之间的真实相关程度。

影响测验分数之间相关关系的另一个方面源于项目设计,和测验(项目)效度有着深刻关系。假如建构理论合理而详尽地阐述了所测建构,同时针对所选任务建成了项目反应模型,确定了用于项目设计的实质性特征,那么,测验开发者后继所面临的主要问题是,如何在模型基础上,通过操纵项目的实质性特征,生成一系列测验项目,能够有效地区分不同个体在建构的所有或部分成分上的个别差异,并通过相应测验分数的变化来加以展示。这里,能够通过测验(项目)分数的变化展示建构(及其构成)的个别差异至关重要。因为,在测量活动中,项目反应模式是研究者用以推断个体建构状况的唯一依据。推断的效度依赖于个体在理论建构上的水平与其相应的(项目)反应模式之间的关系是否合理地确立[①]。测验(项目)设计是确保这一关系合理建立的关键环节。否则,即使校正测量误差之后,也无法合理重建所测建构的法则广度。

使问题更为复杂的是,项目反应模式和建构水平之间关系的建立并不完全依赖于测验(项目)设计本身,还与测验的目标总体(人群)有着深刻关系。即使一组测验项目能够充分表征预期测量的理论建构,建构对项目反应的各种影响也未必能够反映到项目反应模式中。Embretson(1985)给出了两种情况。一种情况是,对于某个特定的目标总体,所有个体在预期建构的某个变量上的取值是恒定的,或者都超越了项目所蕴含的该变量的水平。这种情况下,改变测验项目在某些特征上的取值,并不能引起项目反应模式的变化。一个比较简单的例子是,当通过数学应用题来测试个体的数学问

[①] 这里,推断过程中的其他环节或因素,如评分标准、测量模型的结构等,是否遵循或符合了个体项目反应模式和建构之间的关系,也是推断效度能否建立的关键构成。

题解决能力时,假如所有个体都成功地实现从应用题的文字表述到数学表征的解码过程,则编码这一变量对项目解决的影响就不会显示到这些个体的项目反应中。即使在测验(项目)设计中,编码这一理论变量在不同项目中的取值是变化的,这些变化也不会在个体的项目反应模式中被观测到。另一种情况是,在特定目标总体中,建构中的某个认知成分(操作)和另一个认知成分(操作)高度相关。在这种情况下,两者对项目解决的影响在实际的项目反应模式中无法剥离。由此,单纯根据个体的项目反应模式,研究者将无法正确推断两个变量各自的影响。不管是哪种情况,研究者基于测验(项目)反应对所测建构的法则广度进行推断时,都会出现系统的偏差。由于法则广度反映的是建构和其他建构的关系,这种偏差不仅会影响到对建构本身的合理理解,也会影响到建构之间理论的发展。这意味着,即使在明确的建构理论和项目反应模型基础上,测验(项目)设计也需要结合具体的目标人群开展系列研究。研究者需要明确在特定项目设计方案中,建构中的不同变量对项目解决的影响,以及这种影响和实际观测到的项目反应模式之间的关系。

二、项目设计的发展

项目设计是测验编制的核心环节。自 20 世纪六七十年代以来,测量学家们对该领域的系统化和科学化进行了大量探索。不同理论流派可以从算法化生成程度(level of algorithmic generation)和建构操纵深度(level of construct manipulation)两个方面加以分析。早期,Hively 等人(Hively, Patterson, & Page, 1968)的有关算术题的项目形式法(item form)和 Bormuth(1970)的有关文本理解的语句转换法(sentence transformation),具有很高的算法化程度。他们主要关注如何采用系统的方法生成具有相同或相近功能的项目。但是,这些方法缺乏对项目反应机制的研究,无法实现对测量建构的系统操纵。Guttman 等人(Guttman, 1969; Guttman & Greenbaum, 1998; Shye, 1998)提出的层面理论(facet theory),按照预期建构的不同维度或重要影响因素进行系统分析,并依此指导后继的项目设计和数据分析。这为项目设计提供了一种以建构为核心的系统方法。但是,层面理论在项目设计上难以实现算法化的生成。而近年来逐渐流行的认知项目设计模式(Bejar, 2002; Bejar & Yocom, 1991; Embretson, 1998; Embretson & Yang, 2007)则较好地实现了建构操纵深度和算法化项目生成的结合。认知项目设计对测量建构的操纵更为系统和深入,和理论驱动的测量学模式也更为契合。

（一）功能取向的项目生成方法

由于项目形式法和语句转换法主要关注如何降低项目设计者的主观经验,实现系统化和算法化的项目生成,我们将这两种方法称为功能取向的项目生成方法。

1. 项目形式法

项目形式法由 Hively 等人(Hively,Patterson,& Page,1968)首先提出。这一项目生成方法的提出,源于对当时流行的成就测验的行为主义观点(Skinner,1954)和心理测量理论中概化理论(Cronbach et al.,1963;Rajaratnam et al.,1965)的融合。行为主义反对成就测验测量知识、能力等抽象的心理特征,主张测验应该关注这些模糊术语所对应的行为总体(behavioral repertoire)。在概化理论中,测验(项目)被视为某个更大的、界定良好的项目领域的一个样本。这样,两种观点在由项目所构成的行为总体的问题上很自然地出现了交融。行为主义在实质意义上实现对测验所关注的行为总体的分析和界定,而概化理论则提供了分析测验(项目)分数的数理基础。作为该总体的一个代表性样本,测验分数的信度、由于抽样误差或测试条件等产生的方差成分等,都可以通过概化理论来加以剖析和估计。

按照这样一种观点,测验的主要目的在于从(测验)项目样本推广到更大的某个"内容领域"(universe of content;Osburn,1968)或者"行为总体"(Hively et al.,1968)。这就要求能够对该"内容领域"或"行为总体"进行清晰的界定。这种界定包括两个部分:一是界定该领域中所有可能的(测验)项目,二是提供从该总体中抽取一个随机样本的方法。在成就测验领域中,实现这一目的通常采用双向细目表的做法(Tyler,1950)。但是,正如 Osburn(1968)所指出的,这种方法"并没有提供一个推广到界定良好的内容领域的清晰基础。最坏的情况是,成就测验只是随意堆砌在一起的一组项目。最好的情况是,测验项目和某个内容领域的相关性和代表性是由领域专家判定的,对该内容领域的界定也是不完整的。不管是哪种情况,都没有一个明晰的推广基础。这是因为,项目生成的方法和项目纳入测验中的判断标准,都无法用操作性术语来表述"(p.95)。

1.1 严格意义上的项目形式法

受行为主义理论观点的启发,Hively 等人采用了一种独特的方式,试图解决操作化定义内容领域的问题。Hively 等人意识到,在行为主义观点下,当说"某个有机体表现出了某种行为"时，其实可以将这一表述操作化地界定为该有机体在"一系列刺激（classes of stimuli）和一系列反应（classes of responses）之间"建立了某种函数关系（a functional relation）。比如，当说"某个鸽子能够识别三角形和正方形"时，其实涵盖了鸽子在一系列复杂情境下的各种反应。这是因为，在不同情况下，向鸽子同时呈现一个三角形和一个正方形，各种刺激因素或者环境因素都可能会发生变化。常见的刺激因素包括图形形状（是等边三角形还是其他三角形）、图形大小、呈现角度或方位等等，环境因素包括观众、场地、灯光等等。其中某些因素，比如图形形状，有可能会影响鸽子能否正确识别三角形和正方形，而其他某些因素，如观众、灯光颜色或图形呈现角度等，则可能不会产生影响。因此，这里所说的刺激（即呈现三角形和正方形），其实包含了一系列相关和无关特征。类似的，所谓"鸽子能够识别三角形和正方形"，其实也包含了一系列不同的反应。鸽子有可能会绕场一周，然后叼起三角形；或者会先要求吃东西，然后叼起三角形。因此，必须操作化界定"鸽子能够识别三角形和正方形"这一反应的定义性特征，才能作出相应的判断。比如，假如将判断标准定义为，不管鸽子有什么中介反应或行为，只要最终能够叼起三角形，就算是"识别三角形和正方形"这一反应发生了。这样一来，上述两种反应都符合判断标准。按照 Hively 等人的理解，"一旦形成了上述定义，我们就可以抽取各种刺激样本，通过系统变换各种刺激特征来测试某个有机体，观察既定反应是否发生，以诊断该有机体的'判别性行为'"（p. 277）。

Hively 等人将这一思想扩展到成就测验的项目设计中，提出了项目形式（item form）的方法。所谓的项目形式，是指在测试领域中某个具体内容（content）或类别（category）上的一般性（项目）形式和一系列相应的（项目）生成规则。两者相结合，精确地界定了表征该具体内容或类别的所有测验项目。图 5.2 给出了在数学领域中"被减数＞10 且需要借位的 20 以内减法"这一具体内容的项目形式及其相应的项目生成规则。从该图可以看出，项目形式法定义了该内容上的一般性项目形式（$A-B=?$），同时还界定了该形式中的各种构成元素或符号（如 A 表示 11 到 18 之间的某个数，而 B 表示 2 到 9 之间的某个数）、数字取值范围（U）、彼此大小关系（A 的个位数要小于 B）、项目呈现形式（横式 H 或竖式 V）等限制条件。这样一来，该项目形式就形式化地定义了这一具体内容上的所有可能的测验项目。比如，$13-6=?$ 就是该内容上的一个具体的项目实例，而 $16-3=?$ 就不是。利用这种方式，一个项目形式其实就定义了在该具体内容上的抽样总体。假如取值范围不是太大的话，从同一项目形式中随机抽取的不同项目在理论上应该测量相同的内容，具有相同或相似的认知复杂性或难度。

```
一个简单的例子:
(1) 描述性标题:      简单事实;被减数>10
(2) 项目样例:        13 − 6 = ?
(3) 一般形式:        A − B = ?
(4) 生成规则:
        4.1. A = 1a;B = b
        4.2. (a < b) ~ U
        4.3. {H,V}
注解:
    A,B:数值;a,b:数字;U = {1, 2, …, 9}
    X~{…}:从给定的集合中随机选择一个元素来替代 x
    {H,V}:选择横式或竖式的格式
```

图 5.2 一个项目形式的具体案例(改编自 Hively et al., 1968, p. 281)

设想某个课程(比如数学)的内容领域或行为总体能够被分解为一系列的内容或类别,每个具体的内容或类别都可以用一个类似于图 5.2 所示的项目形式来表征。利用这一思想,Hively 等人提供了表征"简单算数"(basic arithmetic)这一课程内容总体的项目形式集合。表 5.3 给出了该集合在"整数减法"(subtraction of whole numbers)部分的内容构成。其中,每个具体内容都由一个特定的项目形式来加以表征。这些项目形式就提供了对所欲测量的课程的一个精准的界定。这样一来,项目形式法就解决了前面所提的对所测行为总体或内容领域的一种操作化界定方法。

表 5.3 "整数减法"部分的内容构成(改编自 Hively et al., 1968, p. 278)

Ⅱ. 整数的减法(MNLS)	
简单事实:被减数 ≤ 10	借用;从大数中取一位
减去 0	借用;中等大小,减数少一位
答案 = 0	借用;中等大小,长度不等
简单事实:被减数>10	分开借用
不借用;在问题或答案中没有 0	重复借用
不借用;问题为 x−0 的情况	跳过一位借用
不借用;问题为 0−0 的情况	跳过两位借用
不借用;问题为 x−x 的情况	大数
不借用;小,长度不相等	横式;长度相等
不借用;大,长度不相等	横式;长度不等
简单借用	检查
简单借用;一位数减数	相等;缺少加数
简单借用;一位数答案	相等;缺少减数
简单借用;中等大小	相等;缺少被减数

然而,Hively 等人提出的项目形式法,不仅解决了对行为总体的操作化定义的问题,还提供了项目设计或测验编制等方面更多的优势。首先,项目形式通过规定某个内容主题下具体项目的一般形式,以及该形式中各种元素的取值、关系和变动规则,完整而且明确地决定了该项目形式下的所有可能项目。这样一来,项目设计过程就变成了一个系统化和算法化的过程,完全脱离了项目设计者的主观经验。其次,不仅如此,一个项目形式其实操作化地界定了某内容主题下所有可能项目的总体。一旦规定了项目形式的生成规则,即使没有实际写出每个项目,大量的测验项目就可以生成了。更为重要的是,通过变换项目形式中各元素的取值,所生成的不同项目不仅测量相同的内容,而且具有相同或相似的测量学特征。Hively 等人(1968)的研究表明,从数学基本算术的项目形式中所生成的测验项目,具有中等程度的等价性。再次,该方法还为从所测行为总体中随机抽取代表性样本提供了一个可操作的途径。如果每个项目形式界定一个具体内容主题,所有项目形式操作化界定所测内容领域及项目总体,那么,从每个项目形式中随机生成一个项目,然后将所有生成的项目按照某种顺序进行编制。这样形成的一个测验就是相应总体的一个代表性样本了。最后,项目形式法还为编制大量平行的测验复本提供了一个非常便捷的方法。其实,按照上述抽样方案形成的所有测验都是彼此平行的测验复本。

1.2 弱化的项目形式法

项目形式法的思想虽然带来了测验编制和项目设计诸多方面的优势,但是这些优势是建立在以下三个原则之上的:(1)项目形式及其生成规则必须界定良好,以确保后继生成的项目可以是算法化的,而且在测量学特征上具有相同或相似的参数。(2)针对某个具体内容主题的一般性项目形式需要能够涵盖该内容主题上想要测量的建构。换句话说,特定的项目形式不仅要规定具体项目的形式,还需要能够规定项目所能测量的实质内涵,并且能够确保这种实质内涵能够完整地表征该内容主题的范畴,不至于窄化了或者泛化了该主题上的测量建构。(3)针对某个内容领域的项目形式集合能够完整表征该内容领域。和第二点相似,如何确保能够实现"完整表征"所测内容领域是一个非常具有难度的问题。正是由于上述三个原则合理确立的难度,Hively 等人曾经提到,有时需要长达几年时间的研究,才能研制出真正满足上述要求的项目形式(Hively et al., 1973; Roid & Haladyna, 1982)。

显然,研发严格意义上的项目形式是一件非常困难的事情。也正是出于这样的原因,后继的研究者降低了 Hively 等人所提出的项目形式法的研制标准,以使得该方法更加具有现实可操作性。修订后的项目形式法仅保留了对第一个原则的要求,而弱化了对后两个原则的要求。修订后的项目形式,被认为应该具有三个基本的特征:"(1)具有一个固定的语法结构(syntactical structure),能够用以生成不同项目;(2)包含一个或多个可以变动的元素(variable elements);(3)通过规定可变动元素的可替代集合(replacement set),定义了一组项目。"(Osburn,1968,p.97;转引自 Roid & Haladyna,1982,p.117)在这样一种意义上形成的项目形式,通常被称为项目壳体(item shell; Roid & Haladyna, 1982)、项目模型(item model)或者任务模型(task model; Bejar, 2002; Bejar et al., 2003)等。图5.3给出了这种项目形式的一个具体案例。从该图可以看出,这样一种项目形式在本质上就是一个项目骨架,提供了一系列的空格,将不同的数字或语词填充到这些空格中,就可以生成大量的项目。利用这种方式,从同一个项目形式下生成的不同项目通常被称为克隆项目(item clones; Embretson,1999)或者同型项目(item isomorphs; Bejar et al., 2003)。在一定的范围内,这些项目应该具有相同或相似的测量学特征。

小明坐高铁以 300 公里每小时的速度行驶了 3000 公里,请问他一共走了多少小时?
A. 2　　B. 5　　C. 10　　D. 100

可替换的特征
3000＝[300,600,900 等]
300＝[10,30,60,120,150 等]
高铁＝[轮船、汽车、摩托车、飞机等]
公里＝[米、英里、海里等]
行驶＝[飞行、航行等]
小明＝[小张、王三、李四等]

图 5.3　利用项目模型法进行项目生成的案例(改编自 Embretson & Yang, 2007, p.749)

弱化后的项目形式通常始于现有测验中某个具有良好测量学特征的项目,而不是试图完整涵盖该项目所指向的具体内容主题的所有项目。图5.3采用的其实就是这样一种方式。Bejar 等人(Bejar et al., 2003)将这种方式称为弱理论(weak theory)的项目模型法。这种方式始于一系列具有良好测量学参数、能够在内容或难度上代表所测领域的测验项目。然后项目设计者根据经验将这些项目改编成项目模型。后继的项目生成和测验编制就可以依据这些项目模型进行了。

2. 语句转换法

语句转换法最早由 Bormuth(1970)提出,后经其他学者进行修改(Roid,

Haladyna, Shaughnessy, & Finn, 1979；Roid & Haladyna, 1982）。和项目形式法相似,语句转换法提出的目的在于尽量减少项目设计者的主观经验,实现项目生成的系统化和算法化。按照Bormuth(1970)的观点,测验项目需要操作化定义才能被复制。项目设计的程序需要明确界定和描述,只有这样才能有助于项目设计方法的客观性。在这个基础上,成就测验应该先形成某种类型下的所有可能项目,然后选择一个样本形成一个测验复本。在这一思想指导下,语句转换法试图通过对文本材料中的某个语句和一系列相关语句的转换来测评阅读理解。测验项目被操作化定义为对原有语句中的措辞(wording)重新进行安排,以生成新的测验项目的规定。通常,转换文本中的原有语句这一方式试图在测验内容和所测文本内容之间建立一种非常直接的匹配关系,并形成大量可用的项目。该方法主要通过三种方式生成项目,即语句转换项目(sentence-transformation item)、指代替换项目(anaphora-based item)和句间语法项目(inter-sentence syntax item)。

2.1 语句转换项目

该方法基于一个基本的观点,即阅读材料中包含重要的观念,可以用重要语句来表达。将这些语句视为交流的基本单位,转化成问题,可以形成一种项目设计的技术(Roid & Haladyna, 1982)。该方法的基本程序可以概括为表5.4。

表5.4 基于语句转换的项目生成程序（改编自 Roid & Haladyna, 1982, p. 98）

第一步:筛选文本中与教学有关的关键观念
第二步:选择重要语句
  方式1. 通过内容领域专家选择重要语句
  方式2. 通过写摘要的方式抽取文本的重要观念
  方式3. 使用关键词搜索
第三步:转换语句
  规则1:复制语句
  规则2:清除和其他语句的关联
  规则3:简化语句
  规则4:替代关键名词
  规则5:将语句改写成问题形式
  规则6:尽可能和原句的措辞保持一致
第四步:构建选择题的选项

由表5.4可以看出,基于对文本材料的语句进行转换来生成或设计项目,始于对该文本材料中重要观念的鉴别和筛选。实际实施时,可以让一群读者进行筛选,然后就文本表达了哪些重要观念达成一个共识。在重要语句的鉴别或筛选上,可以采用三种不同的方法进行(Roid & Haladyna,1982)。第一种方法是借助于内容领域专家来选择重要语句。可以让领域专家在阅读的过程中标出和学习目标有密切关系的语句,作为后继的重要语句。第二种方法是根据文本的重要观念写摘要。正如 Roid 和 Haladyna(1982)所建议的,这种方法可以在领域专家标出了文本的重要语句之后进行。通过写出摘要,可以凝炼文本中的关键观念。摘要不能丢失或改变文本原有的重要观念,也不能改变原文的阅读水平。因此,通过摘要的方式选择重要语句有赖于摘要写作者的水平,同时也需要采用某些方法或程序来控制或检验利用这种方法形成的关键语句和原文在内容和阅读水平上的一致性。第三种方法是通过寻找关键词来确定重要语句。关键词的确定可以通过学习目标分析、领域专家判断以及词频统计等方法来完成。包含关键词的语句将成为后继重要语句筛选的重点。

按照 Roid 等人(Roid et al.,1982)的观点,确定了重要语句之后,可以通过六个步骤或规则将其转换成测验项目。首先,将该语句从文本中复制到其他地方。然后,检查该语句的意思是否完整,是否包含和文本其他语句交叉引用或指代而引起的语义不清。如果存在,就需要通过某种方式消除这种情况,以确保句子语义的完整。比如,在"阅读文本中包含重要的观念,可以用重要语句来表达。语句转换法就是通过将<u>它们</u>转化成问题而生成测验项目的一种技术。"这两个句子中,假如后一句被选为要转换的语句,其语义是不清楚的。这是因为单独情况下"它们"这一代词内涵不明。将该语句修改成:"语句转换法就是通过将<u>重要语句</u>转化成问题而生成测验项目的一种技术。"就解决了这一问题。

有时,原文中被选中的语句比较复杂,包含多个分句或观念。这时就需要对该语句进行简化,使之成为只包含所关注的那个观念的简化句子。比如在"一种情况是,对于某个特定的目标总体,所有个体在预期建构中的某个变量的取值是恒定的,或者都超越了项目中所蕴含的该变量的水平,从而导致相应测验任务特征取值的变化并不能有效地反映到项目反应中去。"一句中,如果只关注第一种情况(即"取值恒定"),则可以简化为:"特定总体中的所有个体在某个建构变量上的取值恒定,会导致相应测验任务特征取值的变化并不能有效地反映到项目反应中去。"

当语句清理和简化完成后,标出这些语句中的关键名词,作为后继项目转换的地方。比如在"语句转换法就是通过将重要语句转化成问题而生成测验项目的一种技术。""特定总体中的所有个体在某个建构变量上的取值恒定,会导致相应测验任务特征取值的变化并不能有效地反映到项目反应中去。"这些语句中,被标为粗体的名词是表达重要观念的关键构成,是后继生成问题的关键点。确定这些关键名词后,将它们从原句中去除,用诸如"什么"、"哪里"等疑问词来替换。接下来,将替换后的语句进行改写,形成语法通顺的问题。改写时,尽可能在措辞上和原句保持一致,以尽量保持语义和阅读水平不会产生变化。比如上述两个案例可以改写成下面的问题:

1. 通过将重要语句转化成问题而生成测验项目的技术叫什么?
2. 语句转换法是将什么转化成问题而生成测验项目的一种技术?
3. 特定总体中,所有个体在某个建构变量上的什么情况下会导致测验任务特征取值的变化不能有效地反映到项目反应中去?

对于选择题,在通过语句转换形成问题之后,还需要设计问题选项。Roid 和 Haladyna(1982)描述了三种能够减少设计者主观影响的选项设计方法。第一种采用预测验的方法。即将转换后的项目作为完形填空题目,在预期被试中进行试测。被试所提供的各种错误反应就可以作为后继候选的选项。第二种使用原文中的关键词名单,通常适用于技术性术语较多且彼此间比较容易混淆的文本。这种方法比较容易操作化,而且可以重复。第三种其实是对第二种方法的程序化,即将原文中的关键词列出,然后根据某种标准对它们进行分类。语句转换项目中用于设计项目的关键词也包含其中。这样一来,就可以选择和项目中关键词距离相近的几个关键词作为选项候选。显然,这种方法有赖于分类标准和项目所要考查的内容的关系。

2.2 指代替换项目

指代是一种常见的文本写作手法。通过参照或者指代词等方式取代之前文本的相关结构或内容,可以使文风简洁流畅。所谓的指代替换项目,是指对某段文本中的指代关系进行分析,梳理前后语句之间的参照关系,并在此基础上生成能够测量文本所含基本观念的项目的一种方法。图 5.4 给出了这种项目设计的一个具体案例。

> 原文:
> 测验是任何教学系统的重要组成部分。在以教学目标为基础的测验中,每个学习目标都通过几个对应的项目来加以测量。这种[以教学目标为基础]的测验是教学系统开发或教案设计(ISD)模型的一个重要组成部分。这个模型[ISD]用[以教学目标为基础]的标准参考测验来评估学生的表现。此外,这些测验[以教学目标为基础的测验/标准参考]被用于验证[ISD]模型中使用的教学方法。
> 项目:
> 什么样的评估工具被用于在教学系统中衡量学生表现?

图 5.4 指代转换项目的具体案例(改编自 Roid & Haladyna, 1982, p.109)

从该图中可以看出,借助于指代手法,以教学目标为基础的测验和标准参考测验、教学系统开发的关系在这段文本中有了较为清晰的阐述。指代分析以将指代词所指的内容重新放回到文本中为具体方法,追踪了某个术语在文本中含义的演变,以这种演变关系为基础,借助于转述(paraphrase)这种方式,所设计的项目考查了个体是否能够理解文本的中心意思,或者某个观念的发展变化。

2.3　句间语法项目

Bormuth(1970)提出了利用文本不同语句之间的关系来生成测验项目的思路。Roid 和 Haladyna(1982)总结了九种语句之间的关系,包括连接关系("……和……")、时间关系("在……之后")、因果关系("因为……所以……")、转折关系("虽然……但是……")、例证关系("例如")、先后关系("首先……然后……第三……")、同语反复关系、主题细节关系、对话关系等。对文本中不同语句进行上述关系的分析,并在此基础上形成相应的项目。图 5.5 提供了一个具体的案例。

```
a. 基本句式
    (A) Joe 弄断了他的胳膊。  (B) 他在骑马。  (C) 他摔下了马。
b. 一般化所有语句(变为名词短语)
    (A) Joe 弄断了他的胳膊→Joe 骨折了他的胳膊
    (B) 他在骑马→在骑马的他
    (C) 他摔下了马→摔下了马的他
c. 将相邻句子整合为一个复合句(体现语句关系)
    1. 在 B 发生的同时,C 发生了
    2. C-B 导致了 A
d. 复合句中插入名词短语
    1. Joe 在骑马时摔下了马
    2. Joe 在骑马时摔下了马导致他弄断了他的胳膊
e. 生成问题(测验项目)
    1a. Joe 骑马时发生了什么?
    1b. Joe 摔下马时发生了什么?
    2a. 什么导致了 Joe 弄断了他的胳膊?
    2b. Joe 在骑马时摔下了马发生了什么?
    2c. 什么导致了 Joe 在骑马时摔下了马?
```

图 5.5　句间语法项目的具体案例(改编自 Roid & Haladyna,1982,p.111)

由图 5.5 可以看出,句间语法项目的生成始于对原文不同基本语句的分析。首先写出相关语句的基本语义部分,然后将这些语句改写成对应的名词短语形式。在明确不同基本语句之间关系的基础上,将其整合成一个能够体现语句间关系的复合句。最后,该复合句被转化成可能的测验项目。显然,这种方法要求设计者能够进行深入的文本分析,厘清不同语句之间的深层关系。

综合三种不同的语句转换方法,可以看出该方法提出了一系列旨在系统抽取文本内容,通过转换而形成测验项目的做法。这些做法可以在一定程度上保证所形成的项目在阅读水平上和原有文本保持一致,而且可以较为快速地设计出大量的项目。然而,正如 Roid 和 Haladyna(1982)所指出的那样,语句转换项目生成方法,尤其是第一种方法,通常只会产生非常简单的、仅考查记忆或背诵的项目,或者只能评估非常浅层的知识。Anderson(1972)认为,这一现象可以通过转述的方法加以避免。采用转述方式形成的新语句应该和原句没有共同的内容词,但是在语义上相同。这就确保了学生必须真正理解文本内容,而不是简单回忆。不过,转述法虽然在一定程度上改进了所形成项目在考查内容上的深度,但同时丧失了算法化项目生成的优势。这是因为在语义层面上可以对同样的文本进行各种各样的转述,从而又回到了依赖设计者主观经验的老路上了。

3. 简评

综合而言,不管是项目形式法,还是语句转换法,都提出了改变项目设计过分依赖于设计者主观经验的创新思路。项目形式法通过界定抽象的项目模板,以及可以替换或改变的项目元素、元素之间关系等,提供了系统化和算法化项目生成的可能。而语句转换法也提供了一种操作化的项目生成方式。在选定用以转换的核心语句后,该方法提供了一系列可操作的步骤。利用该方法生成的项目较好地保持了原有文本观念和阅读水平。

在宏观意义上,两种方式都是在测验设计的项目抽样模型下提出的。和以往测验设计不同,这两种方式通过算法化项目生成的理论,提供了一种操作化界定测验总体的途径。如前所述,利用项目形式,Hively 等人做到了如何系统变化测验刺激特征,从而诊断个体是否形成或具有某个具体测评内容。这就操作化地建立了在测评领域中针对某种行为的"系列刺激"和"系列反应"之间的函数关系。类似的,通过从文本中系统抽取包含重要观念的语句,并进行算法式的转换,语句转换法也实现了对所测内容总体的操作性界定。因此,语句转换法指向的并不是个体是否真正理解了实际产生的项目,而是这些项目所承载的该个体应该理解的语句总体。正如 Bejar(1993)所指出的,前者受到行为主义的启发,后者带有乔姆斯基语言转换理论的烙印。

不过，这两种方式所生成项目的相似性更多的是在项目内容和测量学特征上的，而不是在心理学原则或者说项目反应机制上的。要想真正解释为什么同一项目形式下的不同项目具有相同或相似的特征，我们需要从建构层面上对测量领域进行界定，同时需要有关项目解决及其难度的心理学理论。这是后面几种项目设计模式试图解决的问题。

(二) 层面理论和匹配语句(mapping-sentence)项目设计法

层面理论是由 Guttman(1954)提出的，最初是作为一种测验编制的项目选择方法，后来逐渐演变成行为和社会科学领域中一种理论构建、研究设计和数据分析的系统方式(Guttman & Greenbaum, 1998)。层面理论和匹配语句技术相结合，提供了一种以建构为核心，理论导向的测量模式和项目设计方法。

1. 层面理论

在社会科学领域中，研究者通常关心的核心问题包括：当下研究的各种概念或行为的含义；它们彼此间的关系；如何在此基础上刻画不同个体或群体。但在解决这些问题的做法中，当时的测验编制方式和因素分析方法存在缺陷。Guttman 觉得这是缺乏明确的方式界定研究问题所致(Canter, 1983)。他认为，研究者必须首先要在实质意义上界定当前研究的究竟是什么，然后设计相应的测验或问卷，收集数据，最终进行详尽的统计分析。在此基础上，他提出了层面理论，试图思考如何对研究内容进行明确的形式化界定，如何在数据分析中发现稳定的规律或结构，以及如何在研究领域中开展理论取向的测量(Shye, 1998)。

在一般意义上，采用层面理论的方式研究某个具体主题需要：(1)在该研究领域的观察总体中形成一个定义性框架(definitional framework)；(2)在该框架下获取各种实际观察，分析这些观察背后的经验结构(empirical structure)；(3)搜寻并确立定义性框架和实际经验结构之间的对应性(Guttman & Greenbaum, 1998)。这三个方面分别指向了层面理论的三个构成：层面设计(facet design)，层面分析(facet analysis)和层面元理论(facet metatheory)(Brown, 1985)。

1.1 层面设计

层面设计在本质上是一种建构(或某个内容领域)的界定方法。该方法的基本思想是，任何一个建构都可以通过构成该建构的各种层面(facet)来加以描述。所谓的层面,是指能够代表该建构的某个重要概念构成(conceptual component)的一组特征或变量(Shye, Elizur, & Hoffman, 1994)。这样一组特征的每一个构成称为该层面的一个组成元素。这些元素整合在一起,描述了建构在该层面上的变化范围和可能取值(Brown, 1985)。理论上,同一建构的不同层面在内涵和外延上应该有所区别。不同层面整合在一起,应该能够穷尽所关注的建构的全部内涵。同一层面的不同元素之间应该彼此独立。此外,不同层面之间、同一层面不同元素之间的逻辑关系也应该明确确定。这样一来,通过鉴别某个建构(或内容领域)所涵盖的所有可能层面,明确界定每个层面的实质性内涵和外延、构成元素及其可能取值,假设不同层面之间或者同一层面不同元素之间的关系和结构,层面设计就提供了界定和组织建构(或内容)相关领域的一种形式化的定义性框架。

在层面理论中,对内容领域或建构的形式化界定通常是通过匹配语句(mapping sentence)的形式来表示的。匹配语句是对(所研究的)领域及其可能范围的一种言语表述,包括如何采用日常语言中的联结词来表示不同层面的匹配关系(Shye, 1978)。一个匹配语句总是包括两个主要部分:一是由不同层面组成的形式化部分,二是由将不同层面连接在一起的各种短语组成的非形式化部分。在形式化部分,一个匹配语句由三种不同的基本层面类型构成:对象总体(population)、研究内容(content)和反应范围(range)(Guttman & Greenbaum, 1998)。图 5.6 给出了一个匹配语句形式化部分的表示方式。其中,符号 X 代表所要研究的对象总体,符号 ABC……N 代表研究内容中的不同层面。两者相结合构成了该匹配语句所覆盖的研究领域。第三个类型的层面 R 是指在该领域中可能的反应类型,刻画了研究领域中所有可能观察到的合理反应。前面提到,每个层面刻画了研究领域或建构的一个重要的概念构成,同一层面的不同组成元素彼此独立。所有这些组合在一起,提供了对该研究领域或建构的一个形式化的、具有可操作性的定义性框架。

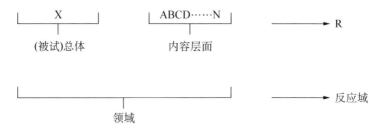

图 5.6 匹配语句形式化部分的构成(改编自 Guttman & Greenbaum, 1998, p. 17)

假如根据所要研究的具体建构或内容领域,将图5.6中形式化匹配语句的不同构成加以具体化,并采用适当的言语将这些层面联系成一句完整的话,就形成了界定该建构或内容领域的匹配语句。图5.7给出了Guttman和Levy(1991)根据维克斯勒儿童智力量表(Weschler Intelligence Scale for Children,WISC)背后的智力概念而形成的匹配语句。根据该语句,维氏儿童智力量表主要包括A、B和C三个重要层面。层面A是个体在完成某个具体测验任务时的表达形式(modes of expression),包括了口头表达、动手操作和纸笔等具体形式(即前面所讲的构成元素)。层面B是测验任务呈现的语言通道(language of communication),包括了言语、数字和几何(空间)等元素。层面C区分了不同测验项目中个体进行的心理操作,主要分为规则的推断、应用和学习三种方式。根据这三个不同层面及其构成元素,可以看出维氏智力量表主要由27种(3种反应表达方式×3种任务呈现通道×3种心理操作要求)项目类型构成。这些类型刻画了该量表所研究的智力。结合对象总体层面(维氏儿童智力量表主要针对学校适龄儿童)和反应范围(完全正确到完全错误),该匹配语句形式化地界定了相关的研究领域。

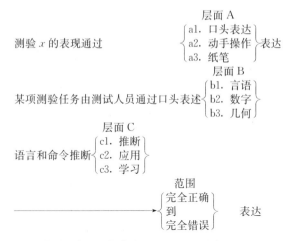

图5.7 维氏儿童智力量表的匹配语句(改编自 Guttman, Epstein, Amir, & Guttman, 1990, p. 221)

从以上分析可以看出,层面分析结合匹配语句,旨在为当前所要研究的内容提供一个先验的(a priori)精准界定。这样一种界定试图厘清和突出当前研究对象的重要维度或层面,同时对这些维度或层面上的具体构成也进行界定。这就为后继的项目设计或选择提供了一个基本框架。不仅如此,层面分析还提供了一系列基本原则,从而潜在地对建构或内容领域不同层面之间的关系,以及同一层面不同元素之间的关系进行了规定。比如,该理论的一个核心命题是,在概念界定上相同的不同测验项目,具体表现为在匹配语句的不同侧面上取值相同,理应具有相同或相似的特征(Brown, 1985)。类似的,假如某个层面不同元素之间存在某种数量或者等级关系,这种关系理应在个体实际反应中得到相应的表现。这些规定其实就构成了研究者对当下研究对象的结构性理论假设(structural hypothesis)。通过匹配语句的方式和相关测验工具的编制,这些理论假设和相应的经验观察就建立了联系,并可以通过后继的侧面分析技术加以检验。从测验编制的角度,这一方式形成了一种以建构效度为核心的理论驱动的测量模式。而从更大范围的研究设计的角度来看,这样一种方式,提供了一种将理论构建、研究设计(或工具开发)和数据分析相整合的途径。

1.2 层面分析

层面设计提供了对建构或研究内容的形式化界定。如果把每个层面看作是一个维度,同一层面的不同元素看作是该维度上的不同点,那么,所研究的建构就可以视为一个多维度的几何空间。从不同层面各自抽取一个元素而形成的一个特定组合,就可以被视为该几何空间中的一个点。在层面理论中,这样的一个特定组合称为一个结构体(structuple),其中属于不同层面的每个元素称为一个构件(struct)。比如在图 5.7 中,一个需要个体应用数学知识(c_2)来书面解答(a_3)的数学题(b_2)就可以表征为($a_3b_2c_2$)这样一个结构体。利用这样一种表征方式,两个不同结构体在构件上相同的成分越多,在建构几何空间中的距离就应该越接近。它实际是前面提到的临近原则(the principle of contiguity)的另外一种表述方式,即在匹配语句不同侧面上取值越是相似的项目,彼此之间的相关程度应该越紧密。因此,层面设计所形成的匹配语句提供了一个理论框架,成为指导后继多维数据分析的基础。

在层面理论中,要进行的数据分析通常被称为内在数据分析(intrinsic data analysis; Shye, 1998)。这是因为,数据分析所要揭示的结构是和层面设计所形成的结构假设不可分割的。简单来讲,层面设计规定了所要检验的假设和预期的数据特征,而层面分析就是试图在所收集到的实际数据中确认这种假设是否得到了验证,或者预期的数据特征是否存在。因此,层面分析是基于总体(population-oriented)的分析。常见的层面分析方法包括最小空间分析(smallest space analysis, SSA)、多维量图分析(multidimensional scalogram analysis, MSA)、局部有序量图分析(partial order scalogram analysis, POSA)、多维标度法(multidimensional scaling, MDS)等(Guttman, 1968; Lingoes, 1973; Borg & Shye, 1995)。虽然具体功能不同,所有这些方法在基本思想上都是一致的,即借助于不同变量(测验项目或者测试对象)之间的相关矩阵,尽可能采用最少的维度来描述这些变量在欧氏几何空间(Euclidean space)中的相对位置和区域分布。每个变量对应于该空间中的一个点。两个点之间的距离表示对应变量之间的相关程度。理论上,匹配语句中每个层面及其元素都对应于该空间中的某个区域。不同层面和元素因而将整个空间划分为各种不同区域。不同层面的性质及其元素间的关系不同,在相应区域分布的结构性假设也就不同。这样一来,层面设计和匹配语句中所蕴含的各种理论假设就可以表征为对应几何空间中各种不同的区域划分方法和分布关系。通过分析匹配语句中的理论假设是否和经验数据中的结构相吻合,层面分析方法也就提供了层面设计中的理论是否得到验证的证据。

1.3 层面元理论

如前所述,层面理论在刚开始只是作为一种测验项目设计和选择的方法,但逐渐演变成一种社会科学领域中理论构建的系统方法。Guttman(1959)将理论界定为"是对某个观察总体的定义系统和这些观察的某个方面的经验结构对应性的一个假设,再加上对这一假设(背后)基本原理的说明"(转引自 Brown,1985,p.19)。层面设计形成对某个观察总体的定义系统,层面分析试图寻找这一定义系统在对应观察数据中的对应性,而层面元理论则试图对这种对应性加以理论上的解释和论证。Guttman 认为,抽象理论和经验研究间的关系是层面元理论的特有特征。对这种关系的论证,是研究者在同一层面设计下开展不同实证研究的基础上,逐步形成相关内容或主题的系统理论的基础。

2. 匹配语句项目设计法

层面设计除了能够对研究对象的系统形成明确界定之外,还能够通过匹配语句的方式指导后继测验或问卷项目的设计。此处,我们以 Shye(1978)对成就动机的研究作为具体案例,来说明如何利用层面理论和匹配语句技术进行系统的项目设计。

Shye 系统梳理了已有的相关研究文献,发现在对"成就动机"这一建构进行测量时,由于不同研究者对该建构内涵的理解上存在差异,导致实际采用的测验项目存在很大区别。即使有研究者对已有文献中"成就动机"的概念特征进行了梳理,由于没有必要的理论框架,无法判断这些特征是否合理,也不能在理论上确保这些特征是否完整地涵盖了"成就动机"这一概念的内涵,以及是否确定了不同特征之间的确切关系。这样一种理论框架的缺失,导致了已有研究中"成就动机"的各种工具缺少合理的效度论证,影响了研究结论的合理性。

利用层面理论的思想,Shye 对已有文献中"成就动机"的相关特征进行了分析。

他认为,"成就动机"这一测量建构可以分为三个不同层面。第一个层面有关个体面对某项任务的成就动机表现的行为通道(behavior modality),具体包括认知(cognitive)、情感(affective)和行为(action)三个元素。认知元素是指个体对某项任务的认知倾向性,情感元素是指个体对该任务的满足体验,而行为元素是指面对任务时的实际行为或工具性行为(instrumental behavior)。第二个层面有关个体面对任务和采取行动时的准备性(readiness to confront or undertake)。所谓面对任务时的准备性,是指个体在不确定性或确定性任务、困难任务或容易任务、个人承担责任或集体承担责任等对抗情况下的选择倾向性。这些倾向性表现了个体是否愿意面对挑战。采取行动时的准备性是指个体在上述对抗情况下所采取的行动倾向性,比如评估可能的风险、思考解决方案、寻求成功需求的满足等等。这种准备性表明个体在完成挑战时实际采取的行为措施。前者指向个体本身(himself),后者指向个体面对不同挑战时所寻求的不同解决办法(matching answers to challenges)。第三个层面有关任务表现的时间维度(time perspective),具体包括任务前(before)、任务中(during)和任务后(after)。在任务实施前,涉及个体是否愿意迎接挑战,以及计算可能带来的风险。在任务实施中,更多涉及个人如何面对困难,以及如何寻求问题解决方案。而在任务之后,则更多涉及是否愿意承担相应的责任,以及是否旨在满足成功需求等。根据对上述三个层面的界定,结合对相应的对象总体和反应范围两个层面类型的思考,Shye(1978)用如下的匹配语句给出了"成就动机"这一测量建构的正式界定(图5.8)。

某项任务 x 的范围 $\begin{cases} 层面 A:行为通道 \\ a1. 倾向性(认知) \\ a2. 满足体验(情感) \\ a3. 从事(行为) \end{cases}$ 置 $\begin{cases} 层面 B:面对种类 \\ b1:个体本身 \\ b2:解决方案 \end{cases}$ 面对一个挑战时

联系不同阶段 $\begin{cases} 层面 C:时间维度 \\ c1. 任务前 \\ c2. 任务中 \\ c3. 任务后 \end{cases}$ 任务表现(而不是逃避)→ $\begin{cases} 高度积极 \\ 高度消极 \end{cases}$ 就层面 A 中元素而言。

图 5.8 "成就动机"的匹配语句(改编自 Shye, 1978, p. 335)

由图5.8可以看出,三个层面的不同元素彼此组合,可以形成18(3×2×3)种不同的结构体。每个结构体代表了"成就动机"这一概念的内容空间中的一个子空间。在不考虑层面 A 的情况下,Shye(1978)给出了层面 B 和层面 C 的不同元素两两组合所形成的"成就动机"定义性结构(见图5.9)。如前所述,在面对和解决任务的不同时间点上,个体不同的应对方式对应着不同的内涵或行为活动。比如,b1c1 这一组合意味着"……在任务实施之前让个体面对某个挑战"。此时所带给个体的,是面对挑战时的不确定性。而 b2c1 这一组合意味着"……在任务实施之前寻求面对特定挑战的某个解决办法"。此时对个体而言,是权衡完成该挑战的预期收益和可能风险。Shye(1978)还给出了其他几种组合的具体情况和对应内涵。这些内容构成了对"成就动机"这一概念内涵的一个系统的界定。

对应类型	自我	责任	困难	不确定性
	某个答案	满足需求	解决问题	计算风险
	之后	过程中	之前	
		相对于任务的时间视角		

图 5.9 "成就动机"的定义性结构(改编自 Shye,1978,p.336)

层面 B 和 C 不同元素组合所形成的 6 种内涵,和"成就动机"行为通道层面的 3 种不同元素之间两两组合,就构成了后继项目设计的指导性框架(见表 5.5)。从表 5.5

表 5.5 "成就动机"测验项目的设计模板(改编自 Shye,1978,p.341)

变量

| 1
7
13 | 倾向于
满意于
从事 | 具有不确定性的任务(而不是确定性结果) |

| 2
8
14 | 倾向于
满意于
从事 | 困难的任务(而不是简单的) |

| 3
9
15 | 倾向于
满意于
从事 | 需要个人承担责任的任务(而不是集体承担责任) |

| 4
10
16 | 倾向于
满意于
从事 | 任务需要评估风险的(而不是没有风险或过多风险) |

| 5
11
17 | 倾向于
满意于
从事 | 任务要求设法解决问题(而不是遵从指令) |

| 6
12
18 | 倾向于
满意于
从事 | 任务要令人满意的成功(而不仅是保证不会失败) |

中可以看出,每个变量对应于匹配语句所形成的18个结构体中的某一个,成为后继项目设计或生成的模板。显然,采用这种方式进行项目设计或选择,可以确保所编制的测验或问卷能够均衡全面地覆盖预期建构的实质领域。

3. 简评

和项目形式法或语句转换法相类似,匹配语句法旨在提供一种操作化的方法,明确界定所欲测量的内容领域或理论建构。不过,前面两种方法,尤其是项目形式法,通过形式化的语言完整而明确地界定了在某个具体内容上的所有可能项目,然后通过不同项目形式的集合形成对所测总体的一个操作化定义。从这一点来看,这两种方法是一种自下而上的归纳模式。然而,层面理论通过匹配语句这样一种形式化语言,试图对所测建构或内容领域形成一个先验的理论界定,在概念层面上明确其内涵、维度、每个维度具体的构成元素、不同维度或同一维度不同元素之间的关系等等。它试图通过演绎的方法,提供对所测建构的一个正式的理论框架,并在这一理论框架下生成各种理论假设。这一框架继而成为后继项目设计和选择的依据。如前所述,以匹配语句技术而形成的建构定义性框架是一个指向预期总体的框架。在匹配语句的基础上,通过在每个层面抽取一个元素而形成的结构体,其实定义的是该总体中的一个子总体。所有在内涵上符合该结构体的对应项目就构成了相应的项目子总体。从这个意义上,匹配语句中的每个结构体和项目形式法中的每个具体项目形式一样,都界定了所测建构(或内容领域)中某个具体方面或主题的所有可能项目。所不同的是,项目形式法通过界定一般性的项目形式和生成规则,可以实现完全算法化的项目生成。在匹配语句项目设计法中,虽然根据某个具体的结构体,可以系统地设计和选择相应的具体项目,但尚不能达到完全算法化的程度。

这样看来,项目形式法的优势在于算法化项目生成上,不足之处在于对所测总体的界定缺乏理论框架。所有项目形式的集合只是操作性地实现了对总体的界定,但没有回答这一集合是否完整地涵盖了预期总体。相比之下,匹配语句法在概念上提供了对预期总体的定义性框架,并通过匹配语句这种形式,使得后继项目设计成为一个理论驱动的、以测量建构为核心的系统化过程。并可以通过经验数据来检验这种理论框架的合理性。其不足之处,就项目设计角度而言,在于无法实现项目设计过程的算法化。

此外,项目形式法中,通过替换同一项目形式下不同元素所生成的不同项目,理论上所测的建构(或内容)是完全相同的,因而在预期的测量学特征上也应该是相似或相同的。不同项目形式所指向的建构(或内容)之间是什么关系,项目形式法并没有给出明确的说明。在匹配语句法中,针对每个结构体而设计的不同项目,理论上所测建构(或内容)也是相同的,在预期特征上也应该相同。不过,通过从不同层面上抽取不同元素的方式形成不同的结构体,匹配语句法提供了一种系统操纵和改变每个结构体所测建构(或内容)的方法。因此,项目形式法和匹配语句法的第二个重要区别在于,前者较好地界定了如何从某个具体内容主题上生成测验项目,而后者提供了一种系统操纵所测建构的方法。

显然,一种更为理想的项目设计方式,是既能够实现对不同项目所测建构的系统操纵,又能够实现算法化的项目生成。下面介绍的认知项目设计模式,则在一定程度上实现了这种理想。

(三) 认知项目设计法(cognitive approach to item design)

认知项目设计不是一种方法,而是以项目解决认知加工过程为基础的众多项目设计方法的总称。Irvine 和 Kyllonen(2002)编辑出版的《测验开发的项目生成》集中介绍了在这一领域的已有研究和发展。这其中,尤以 Embretson 所提出的项目开发的认知设计系统法(cognitive design system approach to item development; Embretson, 1994, 1998)在理论构建上相对比较系统(以下简称"认知设计系统")。

1. 认知设计系统的理论依据

认知设计系统植根于 Embretson 早年对智力测验项目的信息加工成分的研究。始于 20 世纪 70 年代中期,Embretson 对言语类比推理项目中的认知成分及其对项目特征的影响开展了一系列研究(Whitely[①], 1976, 1977, 1979, 1980, 1981; Whitely & Barnes, 1979; Whitely & Schneider, 1981)。这使得她和当时其他几个比较有前瞻性的学者一起(Carroll, 1976; Carroll & Maxwell, 1979; Sternberg, 1977, 1981),深刻认识到认知心理学的研究范式、方法和成果对心理或教育测量学的影响或启示。Embretson(1983)意识到,从行为主义到认知主义研究范式的转变,不仅影响到心理学的其他实质领域,对测量学领域的研究范式也有着深刻影响。行为主义忽视心理过程,关注刺激和反应之间的联结。这种思维方式反映到测量领域,表现为研究者更为关注的是测验分数的预测效度,弱化和忽视了对测验所测内容(或建构)自身含义的理

[①] Susan. E. Embretson 的曾用名为 Susan. E. Whitely.

解。受信息加工认知心理学启发，她认为，对测验（项目）所测建构的理解应该包含两个不同方面，即建构表征和通则广度（nomothetic span）。建构表征是指任务表现背后的理论机制。用信息加工心理学的语言来讲，就是测验项目解决过程中所涉及的各种认知过程、策略和知识结构等。通则广度是指测验（建构）和其他测验（建构）之间的关系网络。前者是当前测验建构的内在含义（meaning），后者是当前测验建构在某个实质领域中的重要性（significance）。这两者虽然有着深层的密切关系，但并不等同，所需要的证据也是不同的。揭示建构表征需要充分理解项目解决过程以及影响这一过程的重要理论变量，而理解建构的重要性需要借助于该测验（建构）和其他相关测验（建构）之间关系的强度、频率、模式等。

受功能主义取向研究范式的影响，之前的测量学研究要么对测验（项目）的建构表征缺乏兴趣（比如，在行为主义观下），要么缺少有效的研究方法来揭示测验建构表征（比如，在特质心理学中）。这就导致传统测量学试图通过测验的规则广度来理解所测建构的内在表征（Cronbach & Meehl，1955），从而混淆了建构内在含义和重要性之间的区别。如果说，测验内容和因素结构在一定程度上也可以算是测验内在的"建构表征"的话，传统测验分析则更多地依赖于内容领域专家的判断，以及基于测验项目相关矩阵的因素分析来获取相关证据。然而，这些证据都不是建立在项目解决机制的心理学理论基础之上的。而以信息加工理论为核心的认知心理学，则提供了解决这一难题必要的理论基础和技术手段。认知设计系统法正是将认知理论或研究方法纳入测验编制中的一个理论框架。该方法借助于认知心理学的相关理论和技术，试图以测验项目认知加工模型的形式，明确测验的建构表征及其关键认知变量，并在此基础上形成能够系统操纵项目建构表征的算法化项目生成方法。

2. 认知设计系统的项目生成方法

在这一思想指导下，认知设计系统规定了一系列测验编制和项目设计的操作程序，以确保建构理论在测验开发中的核心地位（见表 5.6）。该系统的一个基本的前提假设是：建构理论可以被具体表征为针对特定任务类型的认知加工模型，以该模型中的关键认知变量为中介，可以将测验项目的实质性特征和个体解决任务的表现联结起来。这样一来，建构理论的作用不仅在于指导项目设计和选择，还包括项目参数估计（Embretson，1998）。表 5.6 所示的认知设计系统的程序框架虽然历经多次修改，但在基本结构和步骤上大体保持稳定。我们结合 Embretson（1994）开发测量空间能力的空间折叠任务（spatial folding task）的具体案例，来说明该系统的项目生成方法。

表 5.6 认知设计系统的程序性框架(改编自 Embretson, 1998, p.383)

步骤	具体内容
1	设定总体测量目标
1.1	建构表征(意义)
1.2	法则广度(重要性)
2	在任务领域中确定设计特征
2.1	任务一般性特征(模式、格式、条件)
2.2	任务具体特征
3	建立一个认知模型
3.1	回顾理论
3.2	为心理测量领域选择或建立一个模型
3.3	修正模型
3.4	测试模型
4	评估认知模型用于心理测量学上的可能性
4.1	评估认知模型用于当前测验的可行性
4.2	评估复杂因素对心理测量学特征的影响
4.3	预测对新测验所具有的特征
5	设置测验项目在认知复杂性上的分布
5.1	项目复杂参数的分布
5.2	项目特征的分布
6	生成符合(项目)蓝本的项目
6.1	人工智能?
7	评估修改后测验领域的认知和心理测量学特征
7.1	估计多成分潜在特质模型的参数
7.2	评估认知模型的可行性
7.3	评估复杂因素对测量学特征的影响
7.4	标定最终项目和能力参数的分布
8	心理测量学评估
8.1	测量加工能力
8.2	按照认知加工需求对项目进行排序
9	按照测验蓝本组建测验复本
9.1	固定内容测试
9.2	自适应测试
10	效度验证:假设检验的强模式

2.1 界定所要测量的建构

由表 5.6 可以看出,认知设计系统始于对测量目的的界定。不过,和传统测验编制不同,此处包括对测量建构的建构表征和通则广度两个方面的界定。界定建构表征,旨在明确所测建构的内在含义。在该阶段,研究者通常需要通过对预期建构和相应任务类型的相关认知研究的文献综述,尽可能明确地描述所测建构究竟是什么,具有怎样的构成,不同构成间的结构是怎样的等等(Embretson,1998)。界定通则广度,则是明确所测建构和目标领域中的其他相关建构的理论关系。同样是借助于对相关已有文献的系统梳理和总结,研究者需要明确所测建构和其他理论变量关系的方向、强度和模式。就空间能力而言,Embretson(1994)认为,测量该能力的测验项目需要个体"对空间中的复杂对象进行心理操纵。需要尽可能降低言语加工在项目解决中的作用"(p.112)。因此,理论上,后继开发的测验应该"和言语加工能力有较低的相关,同时应该对需要进行复杂空间加工的任务具有良好的预测性"(p.112)。

2.2 在任务认知加工模型基础上鉴别项目设计特征

接下来是对任务类型及其设计特征的选择。在传统测验编制中,研究者也会按照对所测建构的理解选择合适的任务类型,鉴别可能用于项目设计的任务特征。研究者根据已有经验,结合已有文献,选择和所测建构相符的任务类型。在对任务类型的理性分析和已有研究的基础上,确定可能的任务设计特征。任务设计特征可以分为一般特征和具体特征。一般性特征跨越不同任务,包括呈现媒体(纸笔还是计算机)、题型(选择题还是简答题)和施测方式(固定测验还是自适应测验)等等。例如,Embretson(1994)选择空间折叠任务作为测量空间能力的任务类型,是因为解决该类任务涉及复杂空间操作,而且是一种常见的测量任务类型。图5.10给出了一个具体任务样例。该任务需要个体对左边展开的图形进行心理折叠,然后在右边四个选项中找出相符的那一个。结合对所测建构以及该任务类型的理解和分析,她将所要设计的空间折叠任

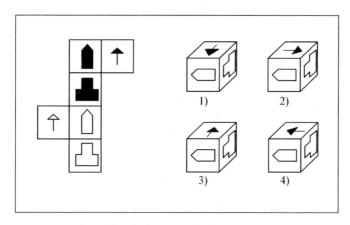

图 5.10 空间折叠任务案例(改编自 Embretson,1994,p.114)

务定为以静态形式呈现的选择题,并提出了四个项目设计的具体特征:(1)(侧面)标识方向;(2)题干展开图形状;(3)题干标识和正确选项标识的关系;(4)干扰项和题干的关系。

不过,认知设计系统的贡献在于,研究者选择任务类型及其设计特征,并不仅仅建立在对相关任务的理性分析和对已有文献的梳理上,还需要根据所选任务开发相应的认知加工模型,通过实证研究建立任务特征和问题解决过程的联结。只有那些对问题解决所需认知加工、策略和知识结构有着重要和显著影响的任务特征,才会被选择作为后继项目设计和生成的实质性特征。例如,上述四个具体设计特征和问题解决认知加工的关系并不清楚,需要借助于相应的认知模型和实证研究来加以检验。在综合已有相关研究的基础上,Embretson 和 Waxman(1989)提出了一个针对空间折叠任务的认知加工模型(见图5.11)。该模型表明,解决空间折叠任务始于对题干图像的编码,然后是对选项的编码。接下来,在题干和选项之间搜索一个参照点(anchoring point),比如题干和选项中具有相同标识的某个侧面。必要时,个体需要对题干中的参照点进行心理旋转,以便使得题干和选项的参照点空间方位相同。在此基础上,想象题干被叠加到选项所在位置,并折叠成正方形,然后判断是否和相应的选项相同。

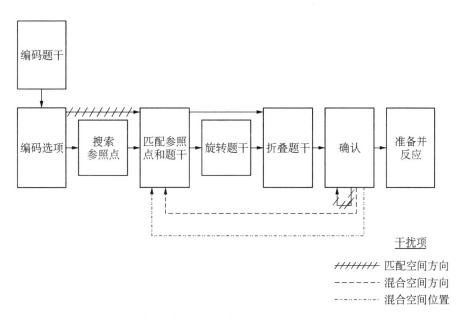

图 5.11　空间折叠任务的认知加工模型(改编自 Embretson, 1994, p.115)

按照这一模型,空间能力的两个主要过程是(心理)旋转和折叠过程。前者主要受题干和选项参照标识的空间方位差异的影响。后者主要受题干图形折叠时需要考虑的侧面数。图 5.12 给出了这两个变量的不同取值情况。如图所示,相对于同一个题干图形,上端三个折叠后图形中的标识方位分别是题干图形相同标识旋转 0 度、90 度和 180 度后的空间方位。显然,旋转角度的大小影响旋转过程的难度。下端三个折叠后的图形分别给出了图形折叠时需要考虑不同数量侧面的情况。例如,下端最左端图形能够被看到的三个侧面上的标识在题干中的展开图中是相邻的三个标识。因此,个体只要将题干展开图带有三个标识的相邻侧面"折叠"1 次,即可形成最左端图形。而其他两个图形,能够被看到的三个侧面上的标识在展开图中并不相邻,需要个体进行多次的空间折叠才能形成右侧图形。显然,需要折叠的侧面数的多少会影响到将题干图形折叠成右侧图形的难度。

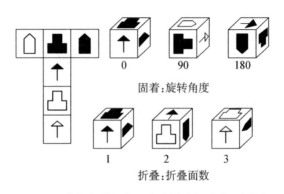

图 5.12　空间折叠任务两个关键认知成分(改编自 Embretson, 1994, p.117)

同时,该模型还表明,随着任务具体特征的变化,问题解决过程的某些认知操作或成分并不是必须的。比如,如果任务刺激中题干和选项中标识的空间方位在呈现时就是相同的,心理旋转就是不需要的。再比如,如果图形侧面的标识是没有方向性的,比如正方形或圆形,个体可能无须进行空间折叠就可以解决问题。另外,选项中的图形变化也会影响问题解决的策略。如果所有选项能够被看到的三个侧面的标识都是相同的(但空间关系不同),个体只需要对题干图形折叠一次。而如果不同选项所呈现的标识不同,那么个体需要针对每个具体的选项,对题干图形进行一次匹配和折叠。这就意味着选项的设计会深刻地影响到问题解决过程,也会改变所要测量的理论建构的内在表征。不仅如此,在特定情况下,研究者需要开展实证研究,以确定任务中的某个或某些特征是否会对任务的解决过程或难度产生影响。例如,Embretson(1994)通过研究表明,题干展开图的形状并不影响问题解决的难度。

综上,项目认知加工模型以及基于该模型的实证研究,不仅帮助研究者选择项目设计特征,还可以用来评估它们对问题解决过程的影响。这些都为研究者确定后继项目生成所采用的任务特征奠定了基础。就空间折叠任务而言,任务认知模型和相关研究提供了如下启示:(1)旋转度数和折叠面数是很好的设计变量。(2)题干(图形)形状不能作为操纵项目建构表征的设计变量,但可以在不同项目间变换,从而在不影响问题解决过程和难度的情况下生成更多项目。(3)选项中标识组合的情况可以作为一个设计变量,但该特征会影响到个体问题解决的策略,因此不宜变化太多,应该从问题解决过程角度选择不同选项中的标识组合情况。(4)任务认知加工模型表明,(心理)旋转和折叠是空间能力在空间折叠任务中的核心表征。因此,后继生成的项目在解决时必须要包括这两个过程。无需这两个过程就能正确解决的项目不应该纳入相应测验中。(5)需要谨慎选择没有方向性的标识的项目(Embretson, 1994)。

2.3 基于认知模型进行项目生成

有了如前所述的空间折叠任务的认知加工模型、核心认知成分以及可能影响这些成分的任务特征,研究者可以形成明确而详细的测验蓝本。不过,和传统测验编制过程中的测验蓝本不同,认知设计系统的测验蓝本以项目认知加工模型为基础,具体规定了拟形成的测验需要操纵或控制哪些设计特征,以及这些特征可能会以怎样的一种方式或过程,对测验所要测量的建构表征产生影响。

不仅如此,这种模式还可以通过规定具体的项目设计特征和组合原则,形成一系列的项目蓝本(item specification)。每个项目蓝本定义了项目设计特征的一个特定组合,成为后继项目生成的模板或框架。前面提到,项目认知模型及其相关研究明确了哪些任务特征可能会影响项目加工过程,进而影响项目所测的建构表征;哪些任务特征则不会产生实质性影响,可以作为生成更多项目的替换元素。通过变换不同项目蓝本中所包含的对项目建构表征有实质影响的任务特征组合,可以生成具有不同认知复杂性或认知加工过程的项目。同一项目蓝本下,通过变换那些对项目建构表征没有影响的任务特征,所生成的不同项目理应具有相同的认知加工过程和复杂性。不同项目蓝本定义了不同的项目结构(item structure),同一项目蓝本下的不同项目称为结构等价项目(structurally equivalent item; Embretson, 1999)。这样一来,通过在项目蓝本中规定不同类型的任务特征的组合原则或方式,认知设计系统就提供了一种既能系统改变项目建构表征,又能实现算法化项目生成的可能性。

根据上述分析,Embretson(1994)形成了基于空间折叠任务认知模型和任务特征的测验设计和项目生成的基本原则。首先,图 5.11 表明,正确和错误选项中的标识组合情况对个体问题解决策略产生根本性的影响。如果每个错误选项和正确选项所显示的标识不同,个体需要多次的(心理)旋转和折叠过程来判断每个选项的正误。相比之下,如果所有选项所显示的标识都是相同的(空间方位可以不同),个体只需要对题干图形进行一次(心理)旋转和空间折叠就可以了。为了控制问题解决过程,后继项目设计中错误和正确选项所显示的标识保持相同。其次,如前所述,没有方向性的标识有可能影响项目解决过程中是否需要空间折叠。因此,在后继项目生成中,需要区分空间项目(spatial item)和位置项目(position item)两种不同的项目类型。空间项目所有侧面只包含有方向性的标识,需要(心理)旋转和折叠才能解决。位置项目有两个侧面包含没有方向性的标识,不需用(心理)折叠过程就可以解决。

针对空间项目和位置项目的不同,Embretson(1994)分别确定了用于后继项目设计的不同项目蓝本。空间项目蓝本包括三个项目设计特征和两个可替换性特征。三个设计特征分别为旋转角度($0°$、$90°$、$180°$)、折叠面数(1、2、3)和选项类型(相同标识方位、不同标识方位),两个可替换性特征分别为题干展开形状(三种类型)和标识结构(两种类型)。三个设计特征的不同元素进行组合,可以形成 18 种($3\times3\times2$)项目模版。每个项目模板就类似于从匹配语句中不同侧面抽取相应元素而形成的一个结构体,定义了一个独特的项目结构。通过变换每个项目模板中的题干展开形状和标识结构,可以形成许多具体的空间项目。类似的,位置项目蓝本包括两个设计特征和两个可替换性特征。两个设计特征分别是旋转角度($0°$、$90°$、$180°$)和选项类型(相同标识方位、不同标识方位),两个可替换性特征和空间项目相同。因此,位置项目共可以形成 6 种(3×2)不同项目模板。同样的,通过变换每个项目模板中的题干展开形状和标识结构,可以形成许多具体的位置项目。根据空间折叠任务的认知加工模型和相关研究,可替换性特征对项目解决过程不产生实质性影响。因而,利用这一方式,基于同一项目结构而生成的不同项目理论应该具有相同的建构表征,进而表现出相同或相似的测量学特征。

给定上述明确而具体的项目蓝本,实际的项目设计或生成过程就变得相对简单。实际上,这一过程可以完全实现算法化,并可以通过与计算机技术的结合,实现自动化项目生成(Embretson & Yang, 2007)。Embretson(1999)展示了如何结合认知设计系统方法和计算机技术,实现抽象推理测验(abstract reasoning test；ART)项目的自动化生成。这需要在既有项目的设计原则和设计特征集合的基础上,通过一种形式化语言,明确界定每种项目结构中不同设计特征的具体取值和组合方式。Embretson(1998)针对 ART 项目的不同项目结构,就开发了这样一种形式化符号系统。

2.4 项目质量评估与题库建设

一旦根据测验设计原则和项目蓝本生成具体的测验项目,就可以通过实际测试的数据对所生成项目的认知特征以及测量学特征进行评估。生成项目的测量学特征既可以通过传统测量理论,比如经典测量理论,也可以通过现代测量理论,比如项目反应理论,来加以分析。利用试测数据(pilot data),项目测量学指标,比如项目难度、区分度、猜测度等等,都可以得以估计。此外,像常见的测量学分析那样,可以通过传统的项目因素分析模型,或者是项目反应模型,来对生成项目的潜在维度进行分析。

和传统项目设计和质量分析不同,在认知设计系统模式下,还可以对生成项目的认知特征进行分析。和最初对所测建构的界定相对应,对生成项目的认知特征可以从两个既有区别,又密切相关的方面展开,即建构表征和通则广度。在认知设计系统中,测验建构表征被操作化为所选测验任务的认知加工模型。项目设计特征则通过任务认知加工模型明确地与问题解决过程中的认知成分或变量建立了关联。通过相应的统计或测量学模型,可以将所生成项目的测量学特征(比如项目难度或反应时间)和该项目在一系列设计特征上的取值联系起来。这样一来,通过实际的数据分析,研究者可以评估(1)项目认知加工模型解释项目反应变异的充分程度,(2)不同认知成分对项目测量学特征预测的相对贡献,以及(3)这种贡献的参数估计。

测验建构的通则广度可以通过(测验)项目反应与其他测验分数的相关模式来加以评估。所不同的是,在认知设计系统下,根据预期的建构理论和具体任务的认知加工模型,事先就形成了对生成项目和其他测验分数相关矩阵的特征的若干假设。假如所生成的项目和其他某种任务在问题解决过程中共享某些认知成分,或者具有相似的认知操作,则可以预期两者具有较高的相关。假如根据某领域中的实质理论,预期建构和其他某个建构存在密切的关系,则对应这两个建构的相关项目之间也会存在较高的相关关系。预期理论和任务加工模型不仅可以预测所生成的项目和其他哪些测验存在较高相关,还可以预测该项目和哪些测验不存在或者存在较弱的关系,以及这种关系的方向如何等等。这样一来,实际获得的生成项目和其他(测验)项目的相关矩阵就可以作为对这些假设的一个经验验证。和层面理论中的内在数据分析模式一样,这就变成了一种先验的理论假设驱动的分析模式。理论预期的相关矩阵特征和实际观察到的相关矩阵特征的对应性,提供了检验测验建构理论的合理性以及项目生成质量的有力证据。显然,这样一种检验模式符合Cronbach(1988)所讲的测验效度检验的强模式(strong program of construct validity;Kane,2001)。通过运用现代统计或测量模型,比如潜变量模型,对测验(项目)通则广度的检验可以在建构的水平上展开。详细讨论见下一章。

就空间折叠任务而言,Embretson(1994)对所生成的项目进行了上述两个方面的分析。分析表明,所生成的项目具有较宽的难度分布(以正确百分率为难度指标,生成项目难度分布在0.2至0.8之间)和较高的区分度(以二列相关系数为区分度指标,绝大多数生成项目区分度较高,最低值为0.25)。作为建构表征及其关键认知成分的操作化定义,用以生成项目的设计特征总体上可以解释77.4%的项目难度的变化和75.7%的项目反应时的变化。模型中各变量的作用方向和影响力度都与理论预期基本相符。其中旋转度数和折叠面数对项目反应有着与预期相符的显著影响,表明在测验的建构表征中,心理旋转和空间折叠是项目解决过程中的关键成分。采用结构方程建模的方法,生成项目在空间因子上有较高的负荷,但是在言语加工因子上没有负荷。这和最初对空间能力通则广度的界定是一致的。

认知设计系统下对项目认知特征的建模分析,还提供了传统测验编制模式中难以实现的一个功能。如前所述,在经验数据基础上,可以通过项目设计特征来估计和标定项目解决过程中关键的认知变量对项目测量学特征的影响。不同项目设计特征的影响大小和方向可以通过该设计特征在相应统计或测量模型中的参数估计值来表示。这些参数估计值为后继项目生成以及题库建设提供了一系列新的可能性。首先,只要知道了特定项目结构中所包含的设计特征,就可以通过其相应的参数估计值,预测后继生成项目的诸如难度、反应时等测量学特征。其次,操纵某个项目结构所包含的设计特征及其取值,可以生成具有指定认知复杂性和测量学特征的项目。第三,项目设计特征和项目解决过程中关键认知成分的关联,加上这些特征的参数估计值,可以使后继的题库建设在建构表征和测量学特征这两个层面进行。第四,实际上,在认知设计系统模式下,题库建设可以在项目设计原则和项目结构水平上进行,而不必在实际项目水平上展开。只要明确了每个项目结构中的可替换特征集合,具体项目可以通过算法化方式即时生成(online generation)或自动化生成(automatic generation)。第五,从测验编制的角度看,某测验所包含的所有项目结构操作化定义了该测验所要测量建构的具体表征。和项目形式法相类似,通过固定项目结构从每个项目结构中生成不同的项目,就可以形成由各种不同项目构成的平行测验复本。

三、当前趋势和未来发展方向

在回顾了20世纪测量理论、概念和方法的主要发展趋势以及当前测量领域的最新进展之后,Embretson(2004)预测了21世纪心理或教育测量学的可能发展。她认为,在新世纪,心理学实质理论和测量学技术相整合,将带来测验开发、项目(任务)设计以及结果分析与解释等领域的重大发展。在信息技术和现代测量理论(主要是项目反应理论)的支撑下,在项目设计和测验开发日益成熟的基础上,未来测量学领域将实现连续性测验修订、自动化效度检验、项目设计人工智能化等一系列激动人心的突破,在测试方法和精度上更为科学合理,任务类型和选择范围日益拓展,能够在整合多种不同类型证据的基础上,实现对个体在复杂建构上的实质水平和发展变化进行标准参照解释的可能。

实际上,这些可能性是否实现在很大程度上依赖于本章所描述的项目设计和测验开发领域科学化和算法化的发展程度。这也在一定程度上解释了为什么自动化项目生成是近年来心理与教育测量中比较活跃的领域(Alves, Gierl, & Lai, 2010; Daniel & Embretson 2010; Gierl & Haladyna, 2012)。如前所述,自动化项目生成的基础就是测验项目的认知设计技术(Embretson, 1998; Irvine & Kyllonen, 2002)。通过系统变换项目类型中的任务特征,操纵项目解决过程中涉及的认知成分及其负荷,认知设计技术提供了生成具有指定测量学特征的项目的可能性。通过对这一过程中项目设计原则的标定,项目设计、效度检验以及测验修订都会在理论和实践上产生根本性的变革,从而改变现有模式在科学化和效率上的弊端(Embretson & Yang, 2007)。也正是这种基于项目水平建构理论的设计模式,才有可能充分实现测验任务反应机制与测验建构内在表征之间的对应关系(Irvine & Kyllonen, 2002),使建构理论成为建构界定、项目设计、结果评分、建模分析、结果解释和运用等环节的驱动原则(Embretson & Gorin, 2001),保证对个体进行推断和解释的效度,以及后继决策或干预措施的成效。

近年来,测验项目的认知设计法被广泛运用到心理旋转、隐藏图形识别、瑞文矩阵推理、空间折叠、类比推理、序列完成等传统智力和能力倾向测验的任务类型(Irvine & Kyllonen, 2002)。随着研究的深入,对阅读理解、数学问题解决等复杂认知领域问题的研究也正在逐步展开(Arendasy & Sommer,2007;Daniel & Embretson 2010;Gorin,2005)。可以预见,随着这一研究领域的日益成熟和发展,理论驱动的测量学模式将会逐渐拓展。它不仅成为后继各具体领域自动化项目生成和认知诊断的理论基础,还对这些领域的建构理论产生深远的影响。如果以建构理论为基础,在整个任务领域范围内建立解释性测量尺度(explanatory scale),就可以以此为理论框架,在一个统一的尺度上整合和标定不同研究(包括实验和个别差异研究)的发现,从而使理论驱动的测量成为心理或教育领域中理论构建和推广不可或缺的手段。

第六章 测验数据分析

如何分析从心理或教育测验中获取的数据？从实际做法上来看，似乎测验数据的分析更多地涉及确定何种测量理论作为依据，选择哪个测量模型来拟合数据，采用什么样的算法或软件来估计参数等等。在测量领域飞速发展的今天，这一特征似乎更加突出。在近几十年中，无论是在测量理论，还是在具体的测量模型以及参数估计方法方面，测量领域都发生了极大的变化。测量理论经历了从经典测量理论到概化理论，再到项目反应理论的嬗变。在一定程度上，这些转变体现了测量领域研究范式的转化（Kuhn，1970；Mislevy，1996）。后继出现的测量理论，或者对原有理论不能很好解决的问题提供了改进方案，比如信度问题，或者提供了原有理论框架未能提出的新问题或无法实现的可能性，比如计算机适应性测验等。就项目反应理论自身发展而言，自20世纪五六十年代该理论发端以来，大量新型的测量模型和参数估计算法不断涌现（Lord，1952；Rasch，1960，1980；Hambleton & Swaminathan，1985；Embretson & Reise，2000；Baker & Kim，2004；Van der Linden & Hambletson，1996；Embretson，2010）。即使其他类型的测量模型不算在内，单就所谓的认知诊断测量模型（Cognitive Diagnostic Psychometric Model）而言，截至2007年，就已经多达60多个（Fu & Li，2007）。测量学者们似乎都在忙碌着开发新的模型，尝试着研制和验证更加快捷和精确的算法。理论、方法、模型、算法等方面的迅猛发展，在带来对各种测量问题解决方案多样化选择的同时，似乎也使得测量学分析中一些原则性的、基础性的问题逐渐被掩盖。

这一现象值得测量学者们驻足反思。在对测验数据分析中，我们究竟试图回答怎样的问题？对测验数据的测量学分析和一般意义上的统计分析究竟有何本质上的区别？在一般意义上，测验数据是测量对象在研究者所欲测量的理论建构上的外在表现指标。这些观测指标是研究者通过所开发的测量工具——主要是各种心理或教育测验——来获取的。因此,基于测验数据的测量学分析似乎主要应该关注两个方面的问题:(1)如何评估或检验当下所开展的测量活动的质量,尤其是所使用的测量工具的质量?(2)给定测量工具及过程符合预期质量,如何基于相应的测验数据对个体在所研究的理论建构上的表现进行合理的推断?各种不同的理论模型或实践方法,都必须站在能否促进或改善对这两个问题的理解和解决的角度来加以审视。对这些问题的回答才会提供判断和选择测验数据分析方法的一个基础。同时,这些问题也为反省和评价所选择的分析方法是否合理、是否和预期设想相一致提供了必要的基础。在本章中,我们并不试图回答与此相关的所有问题,而是站在前面所述的理论驱动测量学的视角下,阐述测验数据分析所面临的核心问题和可能的解决途径。

一、理论驱动的测量学分析的基本问题

在理论驱动的测量学模式下,良好的测量活动应该具备哪些特征?测量学分析应该关注哪些核心的问题?这些问题和当下主流测量学模式下所关注的测量学原则有哪些异同?为了阐述清楚这些问题,我们先简要梳理心理和教育测量学中比较流行的测量观点及其评估测量活动质量的基本原则,然后总结理论驱动的测量学分析的基本问题。

(一)测量即按照规则赋值的过程

S. S. Stevens(1946)认为,"测量就是按照规则给事物或事件赋予数字"。在导论中我们曾经提到,当时心理学家急于将心理学建成一门量化科学,这一定义解决了一时之需,在短时间内就受到了极大的欢迎。直至今日,仍然有很多心理或教育测量学者秉承这一观点。按照这一观点,只要测量学者采用操作性手段界定了某种固定的规则,并遵循这种规则给事物或事件赋予相应的数字,也就开展了"科学的"测量活动。例如,按照"0=男性,1=女性"的规则给一组人进行赋值;按照入学登记的先后次序给新生赋予不同的学号;计算个体在测验中答对题目的个数,加起来作为该个体的测验总分。诸如此类,按照这一定义,都应该视为"测量"活动。

在这样一种"测量"下,评判测量活动的质量只有一条标准,即规则使用是否具有一致性(Stevens,1959)。众所周知,Stevens区分了四种不同水平的"测量"尺度,即名

义、等级、等距和等比。他认为,不管事物或事件属性处于什么"测量"水平,只要遵循一致的规则,将事物特征的经验关系和数字系统相匹配,就属于合理的"测量"活动。然而,赋值规则使用的一致性更多地只是涉及了测验分数的稳定性问题,显然是不够完备的。实际上,在测量学发展过程中,研究者更多是采用下面的测量学原则来开展数据分析和评估测量活动的质量。

(二) 测量即基于证据的推理过程

在心理或教育测量学中,测量活动的质量通常是从效度(validity)、信度(reliability)、可比性(comparability)和公平性(fairness)四个方面来加以检验的(Messick,1989,1995;Mislevy, Wilson, Ercikan, & Chudowsky,2001)。随着不同时期测量理论的嬗变,这四个测量学原则的具体内涵也在不断发生变化。不过,近年来美国著名测量学家 Robert J. Mislevy 和他的研究团队(Mislevy,1996;Mislevy, Steinberg, & Almond,2003)为系统理解这些测量学原则提供了一个综合性的理论框架。

Mislevy(1996)重新审视了各种测量活动的已有理论和思考,指出测量是一种基于证据的推理过程(evidentiary reasoning process)。在他看来,所有测量活动的共同之处在于,从测量对象在特定情况下的表现推断其在一般情况下的所知所能、所言所行。传统意义上的测量理论,不管是经典测量理论,还是项目反应理论,本质上都是解决这一推断问题的具体模型或方法。和其他领域一样,由于各种各样因素的影响,心理和教育测量领域中的推理过程不可避免地带有不确定性。不管测量过程如何系统完备,所形成的种种推断都是暂时的,有待后续证据的进一步验证或检验。因此,测量在本质上是一种基于证据的论证(evidentiary argument)。

在此观点的基础上,Mislevy 和他的研究团队(Mislevy, Steinberg, & Almond, 2003)提出了以证据为中心的(测验)设计框架(evidence-centered design framework)(见图 6.1)。简单来讲,这一设计框架由三个模型构成。其中,学生模型(student model)以变量的形式描述了所欲测量的属性或建构,比如空间能力或提取中心思想的能力。任务模型(task model)描述了用以引发个体表现的(问题)情境,以及个体在这种情境下的表现形式或产品。证据模型(evidence model)给出了从个体在具体任务情境中的表现到其在学生模型变量上取值的联结过程。它由测量模型和评分模型两个部分构成。评分模型即传统意义上的评分标准(scoring rubrics),描述的是在一个共同的解释框架下,如何从个体在具体任务情境的各种表现中抽取显著特征,形成能够反映所测建构水平的证据。评分模型不仅包括评分规则(scoring rule),还包括了应用这些规则而形成的个体在一系列任务上的表现等级(performance category)或观察分数(observed score)。而测量模型是将观察分数和学生模型变量以特定结构和方式联结起来的概率模型。测量模型形式化地表征了如何整合个体在一系列任务上表现出来的证据,形成对其在建构水平上的推断过程。这三个模型综合在一起,刻画了测量过程的结构。贯彻这一结构始终的,是一种基于证据的论证过程,包含了从证据到推断的一个完整的推理链。

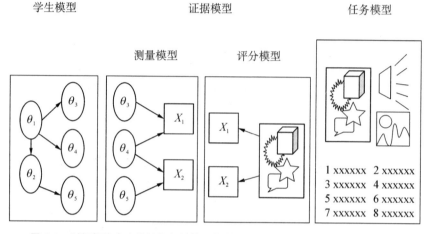

图 6.1 以证据为中心设计框架的核心构成(改编自 Mislevy et al., 2001, p.3)

基于上述结构,测量过程中的推理可以描述如下:研究者根据实质理论或实践经验,提出个体在所测建构上的某个(些)具体论断(claim),并通过创设任务情境引发个体在一系列特定任务上的表现。这些特定表现通过评分模型转化成为观测数据,继而成为支持这个(些)论断的证据。这一推断(inference)之所以能够成立,依据(warrant)的是研究者对所测建构和个体外在表现之间一般性关系的理解。既有理论和实践经验提供了对这一理解的支撑(backing)。在特定测量活动中,所测建构和外在表现之间的一般性关系对研究者的推断过程至关重要。因为通常情况下,都会存在对个体在特定任务上表现的其他可能解释(alternative explanation)。

在该观点下,效度、信度、可比性和公平性等测量学原则刻画的是测量作为论证过程应该具备的良好特征(Mislevy, Wilson, Ercikan, & Chudowsky, 2001)。按照这样一种"测量"观,效度是指在测验数据基础上对个体所作的某个(些)具体论断是否站得住脚。对论断的效度验证因而需要审视整个推理链的所有环节。这包括不仅需要审视测验数据和特定论断之间的具体关系,还要明确这种推断背后的理论假设,检验理论假设及其形成基础的可靠性,影响假设成立的所有可能条件,以及存在其他解释的可能性等。这样一来,效度就不单纯是测验是否测量了所欲测量的建构的问题,而变成对整个测量过程涉及的几乎所有因素或方面都无所不包的一个整体概念(a unitary concept;Messick,1989,1995)。

类似的,在这样一个框架下,信度是指数据支持某个论断的充分性(Mislevy,Wilson,Ercikan,& Chudowsky,2001)。在实际分析中,信度通常是指测验数据中所包含的支持某个论断的信息(量)。信息(量)多少通常以重复某个测量过程多次后数据(及相应的论断)的变化程度来衡量。重复测量结果的变化程度反映了测量过程的不确定性。变化程度越大,测量结果的稳定性越低,基于数据形成论断的充分性就越差。可比性是和信度既密切相关,又有所不同的一个概念。可比性是指基于测量过程所形成的对个体的某个(些)论断在不同时空条件下的稳定性。可比性在本质上是对个体论断的可推广性,涉及在特定施测条件、群体、时间或空间下形成的推断能否推广到其他条件、群体或时空中去。信度和可比性的不同在于,前者是在相同条件下重复同一测量过程的结果稳定性,而后者是在不同条件下重复同一测量过程的结果稳定性。当不同条件下测量结果或推断不可比时,研究者需要阐明这种不可比的具体性质和来源,确定不可比是因为不同条件下所测建构的性质不同,还是所测建构和外在表现在不同条件下呈现不同的内在关系。

按照 Messick(1989,1995)的观点,公平性不仅仅是一个测量学问题,还带有很强的社会、文化、政治和教育的含义。因此,公平性不仅涉及测量活动本身的质量,还牵涉基于测量结果所采取的各种后继措施或行动,以及这些措施或行动所带来的可能后果和影响。单从基于测量过程形成有关个体的推断而言,公平性关注的是在学生模型之外,是否存在其他建构特征,也可以对通过任务模型所观测到的个体表现进行合理的解释。假如除了学生模型中所关注的建构特征之外,个体的家庭背景、性别、语言等等因素也会对其在任务情境中的表现产生重要影响,那么,在基于测验数据对个体情况进行推断时,如果没有将这些因素考虑在内,对某些个体而言这些推断就是不公平的。此外,如果对某些个体而言,建构特征对其测验成绩的影响机制和其他个体不尽相同。这种情况下,即使除了学生模型所关注的建构特征之外,没有其他因素对测验成绩产生影响,只基于其中一种作用机制而形成的推断对某些个体来讲也是不公平的。因此,公平性和效度有着深刻的关联。在一般意义上,只要研究者基于测验数据进行推断时,对部分个体而言,存在某些应该考虑但实际上没有考虑在内的因素,所作的推断就是不公平的。

效度、信度、可比性和公平性,构成了评价测量质量的四个基础性的测量学原则。在经典测量理论、概化理论、项目反应理论等具体的测量理论下,存在检验这些原则的各种不同的具体方法。经典测量理论是在相关系数、回归分析以及因素分析等方法的基础上发展起来的。在该理论下,效度检验带有很明显的统计特征(Mislevy, Wilson, Ercikan, & Chudowsky, 2001)。效标关联效度(criterion-related validity),不管是同时性效度(concurrent validity)还是预测性效度(predictive validity),本质上都是测验分数与效标(测验)分数之间的相关系数。结构效度(structural validity)以因素分析为基本方法,旨在寻求不同测验项目之间的相关(或协方差)是源于什么样的共同因素而产生的。在该理论下,结构效度在很大程度上被等同于建构效度(construct validity),用以回答"什么建构解释了测验成绩的方差?"这一问题(Cronbach & Meehl, 1955)。另外两个和建构效度密切相关的是聚合效度(convergent validity)和区分效度(discriminant validity)(Campbell & Fiske, 1959)。前者寻求测验分数和理论上与所测建构有密切关系的测验分数的高相关,后者寻求测验分数和理论上与所测建构无关或关系较弱的测验分数的低相关。比较例外的是内容效度(content validity),它主要采用领域专家的主观判断,来检验测验内容是否是目标行为总体的一个代表性样本。经典测量理论下的信度,被定义为不同个体在建构上的真分数方差在观察分数方差中所占比重。信度系数可以通过同一测验不同平行复本分数之间的相关系数来估计,也可以通过同一测验不同项目间的内在一致性程度,即克朗巴赫 α 系数,来估计。在相同测试条件下,测验长度的变化对信度系数的影响可以通过著名的 Spearman-Brown 公式加以分析。在不同测试条件下,平行测验复本的概念和做法提供了检验测量结果及其推断可比性的一种解决途径。在实际应用中,不同复本分数,由于无法做到严格意义上的等价,需要通过等值(equating)手段加以调整后才能用于可比性分析(Kolen & Brennan, 2004)。在经典测量理论下,公平性可以在测验或项目两个水平上加以分析。在测验水平上,常模样本是否具有代表性、测验完成时间或项目类型是否对某个群体更加有利(或不利)等等,需要开展具体的分析。在项目水平上,项目功能偏差(differential item functioning, DIF)是常用的检验公平性的分析技术(Holland & Wainer, 1993)。来自不同群体的个体,假如在真分数相同的情况下,在某个测验项目上的正确反应概率有着显著差异,那么该项目就被认为是有功能偏差的,需要进一步检验是否对某个特定群体有利(或不利)。Mantel-Haenszel法(Holland & Thayer, 1988)和标准化DIF法(Dorans & Kulick, 1986)是经典测量理论下两种常用的DIF分析方法。

概化理论是对经典测量理论的拓展(Cronbach et al., 1972)。在经典测量理论中,所观测到的测验总分通常只是个体答对测验项目的加权求和。概化理论拓展了这一概念,将获取测验总分的施测条件以及应用情况也考虑在内。通过将任务特征、被试群体、评分者人数与分配方案等各种施测条件纳入在内,概化理论提供了分析经典测量理论意义上的同一测量过程在不同测试条件下测量结果稳定性的数理模型。如前所述,这一问题涉及测量结果的信度。因此,概化理论下的"可推广性系数"(generalizability coefficient)是经典测量理论下信度系数的扩展。概化理论允许研究者通过数理手段(主要是方差成分)系统分析各种测试条件下测量结果的信度,以及不同测试条件下信度的变化情况,也即测试结果或所作论断的可比性问题。因此,从测评质量的角度来看,概化理论对经典测量理论的拓展更多的是在信度和可比性分析方面,而对于效度和公平性检验方法的贡献则相对较弱[1]。

项目反应理论将测验分数分析单位从经典测量理论中的测验水平拓展到了单个项目水平[2]。不过,这一表面看似简单的拓展对测量研究带来了深远影响。首先,在经典测量理论中,测验分数通常是个体答对的测验项目个数的加权和(或者是其线性函数)。项目反应理论将其改变为一种基于模型的加权方式(model-based weighting)。特定的项目反应模型决定了不同项目特征的加权模式和权重。这种加权方式既考虑个体答对的项目个数,也考虑这些项目的特征。由此,项目特征(如项目难度或区分度等)和测验分数就有了直接关系。由于测验分数是推断个体在所测建构上表现的观测

---

[1] 效度问题的检验不可避免地会涉及测量的实质内容。从这个意义上,不管是经典测量理论、概化理论还是项目反应理论,作为数理模型的测量理论本身是无法提供完全满意的检验方法的。公平性在本质上也属于效度问题,因此也会面临同样的问题。实际上,从Cronbach和Meehl(1955)提出"建构效度"(construct validity)到Messick(1989, 1995)提出"作为整体概念的建构效度"(construct validity as a unitary concept)的验证框架,再到Kane(1992, 2001)提出的"以论证为基础的效度模式"(argument-based approach to validity),效度领域的研究和思考清楚地表明,效度问题是上位于具体测量理论的。后者的贡献在于在不同的基本假设和数理模型下,提供了检验效度问题的某些操作化方法。这也解释了为什么效度领域的发展和测量理论的转型之间的关系并不十分密切。相比之下,信度在不同测量理论下被重新定义,和具体测量模型紧密相关。

[2] 经典测量理论的基本模型为 $X = T + E$,即测验总分 X 是真分数 T 和测量误差 E 之和。该理论的所有其他结论都来自于对该模型的假设和推演。虽然经典测量理论也有项目分析(item analysis),但项目分析并不是该理论基本模型的内容,也无法从该基本模型中推导而出。

指标,项目特征就和推断质量建立了直接的关联。从这个意义上,通过具体的项目反应模型,项目反应理论提供了评估项目特征对测评工具的质量乃至对所测建构的推断质量的具体途径。其次,项目反应理论以模型参数的方式,将项目特征和个体在所测建构上的特征明确地纳入特定的项目反应模型中(参见第三章对两参数项目反应模型和拉希模型的介绍)。特定的项目反应模型就是项目反应概率、所测建构特征以及项目特征三者之间的一个具体函数。这样一来,以个体解决不同测验项目的反应概率为共同中介,项目反应模型就提供了将建构特征和项目特征标定到一个共同测量尺度上的可能性。在第五章中我们曾经提及,建构水平与测验项目蕴涵性之间的匹配关系是项目设计和测验编制的关键。这一共同测量尺度因而提供了评价两者匹配程度的关键。不仅如此,共同测量尺度还提供了基于建构表现特征对测量结果(或测验分数含义)进行解释的技术基础,改变了经典测量理论下通常只能采用常模参照解释的模式,实现了常模参照和标准参照的分数解释在同一框架下可以同时完成的可能性。第三,项目反应理论提供了一个基于模型的测量模式(model-based approach to measurement;Embretson & Yang,2006a)。在第二章曾经提及,Thurstone 提出了良好测量活动应该具备的六个特征,即单维性、线性、抽象性、不变性、独立于被试样本的项目标定以及独立于具体测验的被试测量。项目反应理论通过对特定模型和测量数据的拟合检验,提供了评估测量活动是否具有这六大特征的一个系统而严谨的理论框架。第四,在此基础上,部分项目反应模型(比如拉希模型以及该家族中的系列模型)还可以被用来检验某个特定测验数据的结构是否满足联合测量理论的理论假设,从而判断能否在等距尺度上测量对应的理论建构,并构建相应的测量尺度。第五,不仅如此,项目反应理论还提供了一个异常灵活的框架,使得研究者能够开发或使用具有特定结构的项目反应模型,从而操作化地表征特定测量活动中项目反应的理论机制(如 MLTM;Whitely,1980),或者考查各种项目的实质特征对项目反应的影响(如 LLTM;Fischer,1973)。

因此,项目反应理论提供了一个比经典测量理论(和概化理论)更加完善、具有更强假设(strong hypothesis)的框架。就效度而言,项目反应理论作为潜变量模型的一种,可以提供在潜变量水平,而不是在观测分数水平上,对效标关联效度、聚合或区分效度等的检验。不仅如此,通过上述第五个方面的特性,研究者可以对特定的建构理论以及该理论在具体项目类型的反应机制在不同个体测验反应变异中的解释力度进行分析和评估。按照 Embretson(1983)提出的建构效度框架,潜变量水平上的效标关联效度、聚合或区分效度检验是对当前测验所测建构通则广度的检验,而指向项目反应机制的建构理论对项目反应变异的解释程度,是对当前测验的建构表征的检验。测验建构表征提供了对通则广度具体特征或模式的预期假设。两者在检验结果和理论预期上的一致性,提供了验证测验建构效度的有力证据。在项目反应理论中,信度被定义为对个体在所测建构上的参数值进行估计的稳定性。假设用 θ 来代表个体在建构上的参数值,参数估计的稳定性可以用在给定测验数据下相应参数估计的标准误差 SE_θ 来代表,也可以用该测验数据在 θ 这一取值上所提供的信息量 I_θ 来代表。数据在 θ 水平上提供的信息量越多,相应参数估计的标准误差就越小,两者存在某种反比关系,具体可以表述为:

$$SE_\theta = \frac{1}{\sqrt{I_\theta}} \tag{6.1}$$

由于不同个体 θ 取值不同,同一测验数据在不同 θ 水平上提供的信息量也有所变化,因而相应的参数估计误差也会随之变动。这意味着在项目反应理论中,同一测验在不同 θ 取值上的信度系数是不同的[①]。

和经典测量理论相比,项目反应理论提供了一个更为方便和灵活的框架来考查不同测验条件下测量结果和推断的可比性问题。首先,一旦基于实质理论构建起某个测量尺度,所产生的测验数据拟合特定的项目反应理论模型,该理论所蕴含的建构参数和项目参数具有共同尺度、模型参数不变性、独立于被试样本或具体测验的尺度标定等特征,就可以用来检验不同测量条件下测量结果及推断的可比性。在经典测量理论下,不同被试或被试群体,必须要借助于共同的测验项目(即锚题),才能实现在(测量同一建构的)两个不同测验上测量结果的比较。类似的,(测量同一建构的)两个测验必须要借助于等价的被试群体才能实现合理的比较。在实践中,由于修订的原因,同一测验的不同版本常常会出现部分项目不同的现象。这给不同版本的测验(基于常模而建立起来的)之间测量尺度的比较带来极大困难。而具有不变性的共同测量尺度的建立,使得项目反应理论可以很好地解决这一问题。计算机自适应测验中,不同个体

---

① 将标准误差 SE_θ 视为测验在特定 θ 取值上的测量标准误差(standard error of measurment,SEM),由经典测量理论的公式 $SEM = \sigma_X \sqrt{1-r_{xx'}}$(其中 σ_X 为观测分数方差,$r_{xx'}$ 为测验信度系数),可以导出在特定 θ 取值上的相应公式 $SE_\theta = \sigma_\theta^2 \sqrt{1-r_{xx'}}$。通常,项目反应理论假设在特定总体中 σ_θ^2 取值为1,则有特定 θ 取值上的信度系数公式 $r_{xx'} = \sqrt{1-SE_\theta^2}$。

因建构水平的不同而接受不同的项目。正是因为项目反应理论中独立于被试样本或具体测验的共同测量尺度才使得计算机自适应测验成为可能。不仅如此,一旦建构参数和项目参数被标定到共同测量尺度上,项目反应理论可以在实际测验并没有在某个被试(群体)中真正实施的情况下,预测具有特定建构参数的被试(群体)在这些测验项目上的可能表现。因此,项目反应理论不仅可以实现对不同测量条件下测量结果及推断的事后比较,还可以进行未来可能测量条件下的事前(预测性)比较。其次,项目反应理论提供了一个非常便利的框架,可以在潜变量水平上实现概化理论对经典测量理论的拓展(Briggs & Wilson, 2007)。因此,概化理论在经典测量理论框架下所能完成的不同测量条件下测量结果和推断的可比性功能,在项目反应理论中都可以实现,而且可以在一个更为严密的测量框架下完成。

  作为检验公平性的具体方法,项目功能偏差(DIF)的基本概念在项目反应理论中得到了继承。项目反应理论提供了一个更加直观和容易理解的 DIF 概念框架。在特定项目反应模型下,如果某个项目的项目特征曲线或者项目反应函数[①]在当前所研究的不同群体中是相同的,那么该项目就没有 DIF(Lord, 1980)。类似的,如果某个测验的测验特征曲线(test characteristic curve, TCC)[②]在当前所研究的不同群体中是相同的,那么该测验就没有测验功能偏差(differential test functioning, DTF)(Raju, Van der Linden, & Fleer, 1995)。在这样的概念下,一系列以项目反应理论为依据的 DIF 和 DTF 检验方法被提出,包括项目参数 χ^2 检验(Lord, 1980)或似然比检验(Likelihood Ratio Test)(Thissen, Steinberg, & Wainer, 1988)、符号和无符号项目反应函数面积检验(Signed and Unsigned Areas Between IRF)(Kim & Cohen, 1991; Raju, 1988, 1990)、项目和测验功能偏差的 DFIT 框架(Raju, Van der Linden, & Fleer, 1995; Oshima, Raju, & Nanda, 2006)等。通常,表现出功能偏差的项目或测验被视为具有潜在不公平性,需要特定审查小组对可能的原因进行评估。在项目反应理论中,可以通过特定的模型,比如解释性项目反应模型(Explanatory IRT Models; De Boeck & Wilson, 2004),对项目(或测验)功能偏差的原因进行分析。项目或测验功能偏差考查的是项目或测验在不同组别中是否存在功能上的差异。而在个体水平

---

① 参见第三章对 ICC 和 IRF 的介绍。
② 对于一个由 J 个二值计分(0=错误,1=正确)测验项目组成的测验,假设 $P_j(\theta)$ 是项目 j 的项目反应函数,那么该测验的特征曲线是函数 $T(\theta) = \sum_{j=1}^{J} P_j(\theta)$ 的图示。

上,项目反应理论通过项目拟合(item fit; Embretson & Reise, 2000; Hambleton & Swaminathan, 1985)或个体拟合(person fit; Drasgow, Levine, & McLaughlin, 1987; Meijer, 1996)等方法,考查特定项目或个体是否符合当前项目反应模型所假设的结构或关系。对于不拟合当前模型的项目或个体而言,利用该模型对测验数据进行分析并作出的各种推断是值得质疑的。在项目反应理论中,有很多模型,比如混合项目反应模型(mixture IRT models; Von Davier, 2010)等,可以被用来分析造成个体不拟合当下模型的实质性原因。

综上,Mislevy等人对"测量"以及"测量过程"的思考提供了一个非常上位的理论框架。它使得在一个共同框架下整合已有研究和思考,系统梳理测量领域中不断涌现的、纷繁复杂的各种理论、技术、模型、方法成为可能。无疑,这一思考的贡献是巨大和深远的。不过,将"测量"视为基于证据的推理过程,似乎并没有彰显出"测量"区别于其他科学研究活动的关键特征。在某种意义上,几乎所有研究活动都可视为基于证据的推理过程。因此,这一特征似乎为社会科学领域各种方法论所共享,而并非"测量"活动的独特特征。从这个角度上讲,这一界定和Stevens的定义一样,依然过于宽泛,将"测量"置于和"方法论"(methodology)相等同的位置。这在解释该理论框架为什么具有异常宽泛的包容性的同时,也指出了依然需要思考和解决什么是"测量"的本质特征的问题。

(三) 测量即一种结构理论

Guttman(1971)也为"什么是测量"这一问题而困扰。他明确写道:"在我所有的写作和教学中,我避免使用'测量'(这一术语)。我发现(使用这一术语)既没有用处也没有必要。相反,它引起了很多毫不相干的牵扯……有些不仅有碍交流,反而……成为理论构建和研究进展的实际障碍。"(p.330)他认为问题出在人们对"测量"这一概念的既有认识上,人们缺乏对测量和一般方法论、统计等相关概念的区分。在他看来,测量理论不同于统计理论(statistical theory)。后者是基于观察样本对总体的某些方面进行推断的理论,而前者是针对观察总体的某些方面形成和验证结构性假设的理论。按照这一理解,Mislevy等人所主张的"测量"观更多的是统计意义上的。

如何理解测量是对观察总体形成结构性假设?第五章曾经列举了Guttman和Levy(1991)给出的"智力"这一建构观察总体的匹配语句(见图5.7)。按照这一语句,"智力"对应的观察总体可以被分为表达形式、交流通道和心理操作三个层面。每个层面都有不同的构成元素。这些有关观察总体的层面及其构成,加上对被试总体、被试在观察总体中的可能反应类型,其实就构成了研究者对"智力"进行"测量"时所形成的结构性假设。这其中,研究者对观察总体的上述三个层面、每个层面的元素构成以及不同层面或元素之间关系的认识或理解是对"智力"这一建构所对应的观察总体的结构性假设。在 Guttman 看来,测量过程就是研究者在这些结构性假设的基础上,通过创设任务情境(或测验项目)获取数据,检验或验证这些假设是否和实际观察中的经验结构相一致的过程。测量的目的在于通过尽可能少的层面,实现对观察总体的经验关系的有效重现(reproducibility)和预测(Shye,1998)。

在这种观点下,测量活动可以被视为一种匹配(mapping)过程(Shye,1998)。在心理或教育测量中,观察数据通常呈现为如表 6.1 形式的数据矩阵。其中,p_1、p_2、…、p_N 是来自被试总体 P 的 N 个被试,v_1、v_2、…、v_J 是来自所测建构观察总体 V 的 J 个任务(测验项目),$r_{ij}(i=1,2,…N,j=1,2,…J)$ 是被试 p_i 在任务 v_j 上的反应。表 6.1 中的反应矩阵构成了所有可能的反应类型 R 的一个子集合。Shye(1998)将表 6.1 中的匹配关系形式化地表示为 $P \times V \to R$,其中,$P \times V$ 是 P 和 V 两个集合的笛卡尔乘积(Cartesian product),即从两个集合中各抽取一个元素所形成的所有可能的两两组合。

表 6.1 测量数据的一般表示形式

被试	变量				
	v_1	v_2	v_3	…	v_n
p_1	r_{11}	r_{12}	…	…	r_{1n}
p_2	r_{21}	r_{22}	…	…	…
p_3	r_{31}	r_{32}	…	…	…
·	·	·	·	·	·
·	·	·	·	·	·
·	·	·	·	·	·
p_N	r_{N1}	…	…	…	r_{Nn}

按照 Guttman 的观点,在测量中,研究者并不是从观察总体 V 中任意抽取 J 个任务,而是依据实质理论或先前研究,剖析构成观察总体 V 的关键层面,以及这些层面的构成元素。假设 F_1、F_2、…、F_M 是构成观察总体 V 的 M 个关键层面,其中 $F_m = \{f_1,$

$f_2, \cdots, f_{K_m}\}$ 是由 K 个元素构成的第 m 个关键层面。这些关键层面及其构成元素,以及研究者对不同层面之间的关系、同一层面不同元素之间的关系的理解,就形成了研究者对观察总体 V 的结构性假设。在此基础上,被试总体、观察总体和反应类型总体的匹配关系可以重新表示为:

$$P \times F_1 \times F_2 \times \cdots \times F_M \to R \tag{6.2}$$

在这样一种结构性假设下,$v_1, v_2, \cdots, v_J$ 不再是从观察总体 V 中任意抽取的 J 个任务(或测验项目),而是要能够合理表征研究者有关观察总体 V 的结构性假设的一组任务。从这个意义上,这组任务代表的是研究者的一个观察设计,其背后是研究者基于观察总体的实质理论而形成的结构性假设。由此,在上述匹配关系中,还存在另外一层的匹配关系,即构成测验的这组任务 $(v_1, v_2, \cdots, v_J)$ 和 M 个关键层面 $(F_1, F_2, \cdots, F_M)$ 之间的匹配关系。在第五章讲匹配语句项目设计法时曾经提到,从不同层面各抽取一个元素而形成的特定组合称为一个结构体,用符号表示为 s。所有可能的结构体的集合 $(s_1, s_2, \cdots, s_L)$,$L = \prod_{m=1}^{M} K_m$,对应于上述匹配公式中所有关键层面的笛卡尔乘积,即 $F_1 \times F_2 \times \cdots \times F_M$。每个结构体就成为后继的某一类测验项目设计和选择的模板。这样,在测验任务 $(v_1, v_2, \cdots, v_J)$ 和结构体集合 $(s_1, s_2, \cdots, s_L)$ 之间存在一个一对一或者多对一的对应关系(见图 6.2)。通过这种方法,研究者就可以以 $(s_1, s_2, \cdots, s_L)$ 为蓝本,系统设计一系列测验任务 $(v_1, v_2, \cdots, v_J)$,实现对观察总体 V 的结构性假设的合理表征。

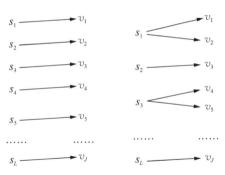

图 6.2 结构体和测验任务之间的匹配关系(左边:一对一;右边:多对一)

如何理解"测量"过程和"统计"过程的区别?在没有形成对观察总体 V 的结构性假设之前,$(p_1, p_2, \cdots, p_N)$ 是被试总体 P 的一个样本,$(v_1, v_2, \cdots, v_J)$ 是观察总体 V 的一个样本,两者相遇所形成的表 6.1 中的反应矩阵是 R 的一个样本。假如研究者的目的在于,在没有任何结构性假设前提下,只是根据表 6.1 的数据推断被试在观察总体 V 上的表现,或者推断测验任务在被试总体 P 上的取值,这属于统计理论的问题。但是,假如研究者在实质理论和已有研究的基础上,形成了对观察总体 V 的关键层面及其构成元素的性质和彼此关系的特定假设，从而预设了不同结构体（s_1, s_2, …, s_L）之间存在的某种结构关系，并试图通过表 6.1 的数据来验证这种结构关系是否存在，那么，按照 Guttman 的理解，这就属于测量理论的问题了。以图 6.2 为例，假如根据对观察总体 V 的层面和元素之间关系的结构性假设，不同结构体（s_1, s_2, …, s_L）之间在被试总体 P 上存在等级关系 $s_1 > s_2 > s_3 > … > s_L$。假如测验任务（项目）的设计忠实地体现了不同结构体的这种关系，研究者会预期不同任务之间存在 $v_1 > v_2 > v_3 > … > v_L$（见图 6.2 左边），或者 $(v_1, v_2) > v_3 > (v_4, v_5) > … > v_L$（见图 6.2 右边）的难度关系。其中 $(v_1, v_2) > v_3$ 意味着 $v_1 > v_3$ 和 $v_2 > v_3$，但 v_1 和 v_2 之间的关系未定。在这种情况下，研究者分析图 6.1 中数据的目的，在于验证上述预设的结构是否存在。Guttman(1971)区分了这两种数据分析的根本区别。在统计分析中，样本结果和总体结果的不一致源于抽样误差（sampling error）。从同一总体中所抽取的不同样本的差异导致了基于样本进行推断的误差。在测量分析中，理论预期的结构和实际数据中经验结构的不一致是源于近似误差（error of approximation）。近似误差可能产生于测量过程的不同环节。有可能理论预期的结构从一开始就是不准确的；也有可能是所设计的测验项目的质量存在问题，没有能够很好地体现理论预期的结构；还有可能两者都不是，而是预期适用的被试总体出现了问题。但是，无论是哪种情况，出现不一致的原因都不是因为抽样的问题。换言之，假如所有这些环节都是完美的，即便表 6.1 仅仅是从相应的观察总体 V 和被试总体 P 中获取的样本数据，观察总体 V 所具有的结构依然有可能被"完美的再生出来"（perfectly reproducible），或者说具有"完美再生性"（perfect reproducibility）。

在 Guttman 的测量观下，效度、信度、可比性和公平性依然可以用来评估测量过程的质量，而且具有了更为明确的内涵。按照测量的结构观，效度是指所设计的测验项目（任务）以及在此基础上收集的被试反应数据，能否实现对观察总体 V 的理论预期结构的再生。再生性对于测量活动具有根本性的意义。在上述分析中，对观察总体 V 的核心层面、构成元素及其彼此关系的假设从一开始就是在总体水平（population level）上进行的。再生性意味着，如果以结构体（s_1, s_2, …, s_L）为中介实现测验项目（v_1, v_2, …, v_J）和这些结构假设的对应性，研究者有可能在样本数据的基础上，实现对总体结构假设的验证。如果证实，就不仅验证了对观察总体 V 结构假设的合理性，而且验证了基于这些假设的测量过程的效度。它意味着在编制测验时，只要能够设计或选择一组项目（v_1, v_2, …, v_J）合理表征结构体（s_1, s_2, …, s_L）（及其所蕴含的结构关系),遵循观察总体 V 的结构理论对项目反应进行合理的计分(scoring)或标定(calibration),研究者就可以通过被试(样本)在测验项目(这个样本)上的表现,合理推测(1)每个被试在观测总体 V 上的位置或水平,以及(2)不同被试之间的彼此关系。更为重要的是,只要测验项目是对结构体 $(s_1, s_2, \cdots, s_L)$(及其所蕴含的结构关系)的合理表征,研究者对被试在总体中表现的推测并不依赖于具体的测验项目(样本)。这里,可以利用长度测量作为一个例子来加以说明。任何一个具体的长度测量工具,不管是30厘米的塑料尺,还是2米长的软尺,本质上都是"长度"这一抽象总体的样本。但塑料尺和软尺(这两个样本)都蕴含了"长度"(这一总体)的结构。正是这种结构,使得某个测量对象(比如一段木头)在"长度"上的量可以被匹配到特定"长度"测量尺度(比如以"米"为单位)上的某个取值。也正是不同样本(塑料尺或软尺)所蕴含的结构的同质性,才使得对该对象的测量并不依赖于具体的量尺,并且测量结果可以在不同"长度"测量尺度间进行转换。

在测量的结构观下,信度和可比性也有了更为清楚的内涵。一组设计合理的测验项目,尽管不会改变所表征的观察总体 V 的结构本身,但项目的数量和分布会影响到对这种结构表征的精细程度,进而影响到对被试在观察总体 V 上的位置标定的精确性,以及确定不同被试间关系的分化程度(Guttman, 1950)。类似的,至少在测量工具开发阶段,被试的数量和分布也会影响到对测量工具质量评判的精确性。在测量结构观下,尤其是在社会科学领域中,观察总体 V 的结构本身有可能会随着时间的变化而产生变化,导致之前开发的测量工具(及其评分规则)在后继的时间点上不再有效,前后测量的结果因而不具有可比性。对观察总体 V 的结构假设有可能适用于某个被试总体,但未必适用于另一个不同的被试总体。同一个观察总体 V,假如在两个不同被试总体上的结构是不同的,来自这两个被试总体的不同个体是无法就观察总体 V 进行数量或等级比较的。研究者需要开发不同的测量工具,以合理推断来自不同被试总体的个体在观察总体 V 上的表现。在这个意义上,可比性问题和公平性以及效度都有着深刻的关联。

(四) 测量的经典观

在导论中我们曾经提到测量的经典观。该观点主张只有量化属性才能被测量。在一般意义上,这种观点下的"测量"其实是 Guttman 所主张的测量的结构观的一种特例。在测量的经典观下,量化属性是连续的,具有可加性。同一量化属性的两个不同量或水平之间存在某种等距或等比的数量关系。在任何实际的测量活动之前,这些特征是对属性所具有的结构的一种非常具体的假设。在 Guttman(1971)提出的测量观中,他认为观察总体的结构存在三种类型:没有顺序的(unordered)、有顺序的(ordered)和数量的(numerical)。显然,测量的经典观下的量化属性结构是一种包含数量关系的结构。

按照这种理解,经典观下的"测量"活动在本质上也是一种匹配过程。所不同的是,这种观点下对所测属性(或者所对应的观测总体)的结构具有更加严格和明确的假设。仍以图 6.2 为例,在经典观下,研究者不仅要验证不同的结构体 $(s_1, s_2, \cdots, s_L)$ 在被试总体 P 上是否存在等级关系,还要通过实证手段(empirical method)进一步验证这些结构体之间是否满足某种等比或等距的数量关系。这一验证过程,其实就是导论中所提到的测量的科学性任务和工具性任务(Michell,2003)。除此之外,这一观点下所认可的测量活动和在测量的结构观下的测量活动并没有什么不同。因而在验证测量活动质量的基本问题上也应该相同。

(五) 基于建构理论的测量学分析

本书前面几章试图阐述一种理论驱动的心理或教育测量学模式。这种模式强调建构的实质理论与测量理论和技术的整合。建构理论提供测验所测属性的界定和描述、构成与结构、发展水平和形成机制的解释性框架,并通过针对性的实证研究揭示所测建构在当前测验(任务类型)中的具体表征以及项目反应产生的因果机制。在此基础上形成系统的、有明确建构指向的项目设计和测验编制模式,建立符合良好测量学特征的测量尺度,从而为合理测量个体或群体以及后继研究和应用奠定基础。毋庸置疑,这样一种模式并不是全新的,而是早在 Binet 和 Simon 研制第一个智力量表时就已经有所萌芽,并在长期的心理和教育测量学研究中不断得到发展和补充。它可以在各种层面上为上述各种测量观和理论框架所容纳和解释,但同时也站在一个新的角度重新审视已有理论框架所提供的各种有益的思考和探索,重新梳理在这样一种框架下测量学分析所应关注的问题。

理论驱动的测量学模式并没有超出 Mislevy 等人提出的如图 6.1 所示的理论框架。恰恰相反,它认为 Mislevy 等人提出的以证据为中心的(测验)设计框架过于宽泛,并试图进一步限定测量活动的范畴。在某种意义上,这里所谓的理论驱动的测量学模式更像是 Guttman 所提出的测量的结构理论的一个现代版本。在 Guttman(1954)最早提出层面理论的时候,认知科学尚未兴起,行为主义正当其时。所以,

Guttman的测量结构理论将观察总体视为分析的对象,对观察总体的层面分析主要是就总体中的重要影响因素和实质维度而展开的。认知科学,尤其是信息加工理论,提供了研究各种心理过程和结构的理论和技术。因此,测量分析的对象变成各种潜在的理论建构。借助于各种认知分析技术,建构在具体项目中的表征可以用任务解决的认知加工模型来加以阐述。对理论建构的层面分析变成了对项目反应机制中关键认知变量或认知成分的分析。不仅如此,通过将任务(项目)特征和项目加工模型中的关键认知成分(或变量)建立关联,并标定它们对项目测量学特征的影响力度,还可以实现算法化的、能够系统操纵项目建构表征的项目设计和测验编制。例如,在第五章认知项目设计系统法中,"空间能力"需要个体"对空间中的复杂对象进行心理操纵"。空间折叠任务的认知加工模型(见图5.11)表明,除了对图形的编码之外,个体解决该类任务主要包括搜索—匹配策略、心理旋转和空间折叠三个关键认知成分。这三个认知成分分别受到选项类型、标识在题干和选项中的旋转角度、折叠面数等任务特征的影响。这三个任务特征和其他对问题解决过程没有显著影响的任务特征(即题干形状和标识结构)一起,成为后继项目生成的操纵特征。这样一个过程中的匹配关系存在不同的层级,可以用下面的图示来表示:

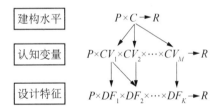

图6.3 基于建构理论的测量过程中的匹配关系(其中 C 表示所测建构,CV_m 表示认知变量,DF_k 表示项目设计特征,其他符号如前所述)

从图6.3可以看出,该模式除了增加了一层匹配关系(即认知变量和项目设计特征之间)之外,在本质上和测量建构理论是一致的。不过,这里对所测建构关键认知变量(也即关键层面)的分析是以项目解决认知加工模型为基础的。这样一来,不仅可以剖析出建构所包含的关键构成(也即关键层面),而且能够形成它们在项目反应机制中发生次序、彼此关系及其对项目解决认知需求的影响等相关信息。这一点,是前面所述的测量结构理论所没有的。在测量的结构理论下,通过层面分析而形成的结构体集合可以作为后继测验项目设计的基础,但是项目设计本身是无法实现算法化的。而在

图 6.3 中，通过认知变量和项目设计特征的匹配，可以实现算法化的项目生成。这对保障所测建构的结构性假设在测验项目中的合理表征具有重要意义。

理解此处理论驱动的测量学模式和前面所述的几种测量观（以及相应的理论框架）的关系，有助于明确在理论驱动的测量学模式下开展测量学分析所应关注的问题。首先，在一般意义上，Mislevy 等人提出的理论框架下用以分析和评价测量活动良好特征的原则和方法也可以用来评价理论驱动的测量学分析。但是，这些原则的具体内涵以及适用的具体方法需要有所筛选。和测量的结构观相同，理论驱动测量学分析的核心问题在于检验测验项目及其相应的测试数据，是否实现了对建构表征的合理再生。在理论驱动的测量学模式中，项目认知加工模型是对所测建构的一个具体表征，提供了关键认知成分、不同成分可能变动的范围或水平、彼此之间的关系及其对项目解决影响的方式和力度等的理论假设。因此，后继数据分析的一个关键问题在于证明这些理论假设是否得到了验证，以及建构理论在多大程度上解释了测验数据中的变异。显然，这是一个效度问题。其次，区别于其他研究方法，测量活动的目的在于建立具有良好特征的测量尺度。测量尺度不仅是合理标定不同被试在所测建构上的水平的基础，也是检验建构理论解释测验数据的充分程度的前提。前文述及的测量尺度良好特征的标准、尺度建立的各种模型（比如项目反应理论）、技术以及检验方法都与此问题有关。在理论驱动模式下，实质理论对建构测量尺度的假设是否与实际数据中的经验结构相一致是测量尺度建立的关键。最后，在上述两个问题解决的基础上，对测验工具的信度、可比性以及公平性等问题进行分析。在理论驱动模式下，已有分析方法可以在一个新的角度下来加以审视。

二、理论驱动的测量尺度分析

如前所述，测量尺度分析是对测验数据分析的核心问题。在第三章中，我们曾经介绍了测量尺度分析的基本概念和方法。不过，在理论驱动的模式下，已有测量尺度分析方法的许多具体实践值得反思。

（一）可尺度化(scalability)与测量尺度的存在(existence of a scale)

在第五章中我们曾经提到，不同个体在所测建构上的水平和他们在测验（项目）中的各种表现之间的匹配关系是测量活动中的关键环节。这种匹配关系的建立就是基于测验(项目)反应数据对所测建构进行尺度化(scaling)的过程。在实际测量活动中,尺度化可以在测验和项目两个水平上展开。在项目水平上,研究者站在某种理论框架下,基于不同项目反应所反映出来的所测建构的水平,赋予不同项目反应以不同的分值。图 6.4 左侧给出了一个二值计分的测验项目的情况。在该图中,不管是单项选择题还是其他形式的题目,被试在该项目上的各种反应被区分为两种不同类型,即正确或错误,或者是赞成或反对。前者通常适用于能力或成就测验,后者通常见于人格或态度量表。根据研究者所理解的建构尺度的方向以及特定项目的性质,不同类型的项目反应被认为反映了个体所具有的不同建构水平。例如,如果我们问被试这样一个问题:"女人的职责就是照顾家庭。"被试可以在"同意"或者"不同意"两个选项中进行选择。假如我们想通过这个项目来测量"男权主义思想"这一建构,那么选择"同意"意味着该个体具有较高的建构水平,选择"不同意"则反映了较低的建构水平。在这种情况下,可以采用"1＝同意,0＝不同意"的计分方式,以和不同反应所揭示的建构水平相匹配。然而,假如我们所测的是"女权主义思想"这一建构,选择"同意"或"不同意"则有了不同的解释。此时,采用"1＝不同意,0＝同意"的计分方式或许更为妥帖[①]。类似的方式也可以推广到多值计分项目情况下(见图 6.4 右侧)。例如,我们让被试完成一个开放性的任务,比如就某个材料写一个内容摘要。理论上,被试对该任务可以有无穷多的不同反应。从测量的角度来看,一个关键问题是如何建立不同任务反应和相应的建构水平之间的匹配关系,以及基于此进行相应的评分。这就需要研究者从所测建构出发(在此例中可能是"摘要写作能力"),鉴别不同建构水平所对应的项目反应的关键特征,并制定相应的评分标准(比如表 6.2)。由此,个体所给出的具体摘要文本就可以按照这一标准进行相应的计分。分数的高低反映了文本所揭示的建构水平的高低。从这个意义上,不管是二值计分还是多值计分,这种方式建立了建构水平、项目分值和项目反应三者之间的一个一对一的匹配关系。按照 Guttman(1950)的说法,利用这种方法所形成的不同建构水平就可以被称为一个尺度,对应的项目分数即表征这一尺度的量化变量,称为尺度变量(scale variable)。"尺度变量的某个取值可以被称为一个尺度分数,或简单讲,一个分数。根据被试尺度分数上的数量顺序而形成的不同被试之间的顺序可以称为他们的(在)尺度(上的)顺序。"(Guttman,1950,p.146)

[①] 当然,研究者可以依然采用"1＝同意,0＝不同意"的计分方法。但是这样一来,此处的 1/0 就只有对不同类型反应的标示作用,而数值系统中的大小关系(如 1＞0)就没有得到利用。

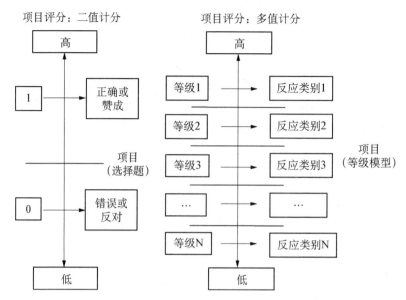

图 6.4 二值计分项目和多值计分项目的评分与建构水平的匹配

表 6.2 摘要写作的评分标准

分数	标　　准
0	没有提交或不符合要求。
1	陈述完全从材料中复制,孤立、不完整。观点不完整,缺乏组织。
2	陈述间有所联系,但不完整,绝大多数为材料的原句,有时出现过多的细节。
3	陈述有更多的组织和整合,并试图用自己的语言表述。仍有较强的照搬痕迹。包括了大多数要点,但有一到两个重要观点缺失。
4	能用自己的语言进行组织和整合,有时还有轻微照搬倾向,但不明显。包括了所有主要要点,偶尔对要点的理解有所偏差。
5	能用自己的语言进行陈述,组织合理、整合恰当。没有任何照搬现象。包括所有主要要点,且理解正确。

1. 经典测量理论下的测量尺度构建(scale construction)

然而,在心理或教育测量中,测验或量表通常是由多个测验项目构成的。这就涉及如何整合来自不同测验项目上的反应(及其评分)以形成尺度变量的问题。在经典测量理论中,尺度变量通常以测验总分,或者是对其进行线性转换后形成的标准分的

形式呈现①。测验总分通常是测验或量表中不同项目反应(分数)的加权和,即

$$X = \sum_{j=1}^{J} W_j R_j \tag{6.3}$$

其中,X 是测验总分,R_j 和 W_j 分别是第 j 个项目上的反应(评分)和权重。当测验中所有项目都是二值计分(即 $R_j = 1$ 或者 $R_j = 0$),且每个项目的权重 W_j 为 1 的时候,测验总分就是被试答对测验项目的数量。利用测验总分作为表征建构尺度的量化变量,其背后的一个基本的假设是,被试的测验总分越高,代表该被试在所测建构上的水平越高。被试在测验总分上的高低顺序代表了他们在所测建构尺度上的高低顺序。

应注意到,不管构成测验或量表的具体项目是什么,不同项目所测的建构是否同质,不同项目测量学指标(比如难度或区分度)是否相同,研究者总能通过对不同项目分数的求和获得测验总分。因此,这一尺度变量本身并没有对所测建构的性质(是单维的还是多维的)、不同项目的建构表征(是同质的还是异质的)、不同项目的测量学特征(难度相同还是不同)等等提出任何要求。经典测量理论试图通过项目分析或所谓的测量尺度构建来回答上述问题。在这一框架下,研究者预设某种(建构)尺度的存在,认为当前测验或量表中的一组项目(及其对应的总体)是对这一(建构)尺度的不完美表征。项目分析的目的在于找出这一尺度,选择可以合理表征这一尺度的一组测验项目,构建一个以测验总分为尺度变量的测量尺度。通常的做法是,研究者通过对不同项目分数加权得出不同个体的测验总分。然后,计算每个项目的分数和测验总分的相关,作为该项目和测验总分之间关系的一个指标②。在这一指标的基础上,测量尺度构建的一个基本任务就是选择那些和总分具有较高相关的项目,剔除那些和总分没有相关或者相关很低的项目。对通过这种方法筛选出来的一组测验项目,再进行一次筛选,选择那些在项目难度(通常以在所测样本上的正确率为指标)分布上符合设计预期的项目,用以构建后继的测量尺度。

如何理解经典测量理论下的这一测量尺度的构建方法?这样一种方法寻求的是构建测量尺度的不同项目间的内在一致性(internal consistency)程度。利用项目分和总分之间的高相关作为项目筛选标准,可以确保最后形成的一组测验项目之间存在较

---

① 第二章曾经给出了对测验分数进行线性转换而形成的各种标准分及其所在尺度。
② 在经典测量理论中,这一指标是对项目鉴别力或区分度(item discrimination)的一种界定。

高的内在一致性。这样的高内在一致性，被视为该组项目构成一个良好测量尺度的标志。然而，正如测量学者所共识的，高内在一致性并不意味着这些测验项目反应是单维的，更不能确保它们测量的是同一建构（Embretson & Reise，2000）。如果两个不同的建构之间相关很高，测量这两个不同建构的项目之间也会存在较高的相关。因此，项目的内在一致性程度并不能成为判断某个建构测量尺度是否存在的标准。利用这种方法所构建的测量尺度，只是在功能上（比如对测验总分或对某个外在效标的预测）确保了该组项目具有一定的一致性，而没有提供项目所测实质内容的任何信息。利用项目分和测验总分相关为依据，这种方法几乎总能确保发现一个"测量尺度"。但它是一种数据驱动的模式，既不是建立在明确界定的测量尺度结构性假设之上，也不能检验测验数据是否可尺度化的任何假设（Guttman，1971）。

2. 项目反应理论下的测量尺度分析

项目反应理论提供了一种基于具体（项目反应）模型的项目反应（分数）整合方式。在项目反应理论下，测量尺度的建立需要满足一系列的假设。比如，所有常见项目反应模型都假设测验数据具有模型所蕴含的"合适的"维度，测验数据满足局部独立性假设（local independence assumption），实际数据模式是否和模型、项目或被试水平上所预期的反应模式相一致等等（Embretson & Reise，2000；Embretson & Yang，2006a）。只有当各种指标都表明上述假设是满足的，所采用的项目反应模型和当前测验数据是拟合的，研究者才能进而利用该模型来对项目或被试的参数进行估计，并基于模型参数对测量结果进行解释和推断。Hambleton 和 Swaminathan（1985）描述了利用项目反应理论建立建构测量尺度的四个环节，即数据收集、模型拟合、参数估计和测量尺度划定。

检验项目反应模型基本假设是否满足，和前文提到的测量尺度应该具有的良好特征有着密切关系。在项目反应理论中，测验总分 X 被表示测验所测潜在建构的 θ 所替代。借助于特定的项目反应模型，个体在不同测验项目上的分数被整合，用以估计其在所测建构 θ 这一抽象线性尺度上的位置。不同项目反应模型整合来自不同测验项目的分数的方式存在不同①。这样一种基于模型的测量尺度变量 θ 构建方式具有诸多

---

① 在项目反应理论中，潜变量 θ 和测验总分 X 的关系（或者说和不同测验项目反应的关系）可以通过特定项目反应模型下潜变量 θ 的充分统计量（sufficient statistics）的特征来加以理解。在拉希模型下，潜变量 θ 的充分统计量就是被试答对测验项目的数量。在两参数逻辑斯蒂模型中，潜变量 θ 的充分统计量是加权后的被试答对测验项目的数量，每个项目对应权重是该项目的鉴别力。

优势。首先,局部独立性假设在给定 θ 的情况下,个体对某项目的反应不受其他项目反应的影响。如果这一假设得到满足,意味着不同个体项目反应模式之间的差异可以通过其在 θ 的取值来加以解释。因此,不同个体在所测建构上的水平是导致他们在测验上表现不同的原因。其次,有时测验所测建构是多维的,或者不同测验项目测量了不同的建构。因此,需要多个测量尺度变量 $\theta=(\theta_1,\theta_2,\cdots,\theta_M)$ 来刻画不同测验项目所测建构的性质。在拟合项目反应模型和测验数据过程中,为了满足局部独立性假设而需要的测量尺度变量的个数 M 提供了对测验所测建构多维性的一个检验。在项目反应理论中,最为常见的项目反应模型,比如拉希模型、两参数或三参数逻辑斯蒂模型(Embretson & Reise, 2000),通常都假设测量尺度是单维的(即模型只包含一个 θ)。测验数据和这些模型的拟合,则提供了对所测建构是否具有单维性的一个检验。再次,前文提到,特定的项目反应模型是项目反应概率、所测建构特征以及项目特征三者之间的一个具体函数。选择特定项目反应模型来分析当前测验数据,代表了研究者对三者在总体水平上(population-level)彼此关系的一种假设。如果测验数据和模型拟合,则模型参数(即建构尺度变量 θ 和项目特征)具有不变性的特性[①]。参数不变性是独立于被试样本的项目标定,以及独立于具体测验的被试测量的前提。最后,项目反应理论中,建构特征和项目特征被标定到一个共同的测量尺度上(参见第三章中的图3.4)。这样一来,个体在建构上的水平可以直接参考他(她)在测验项目上的表现来加以解释。它有助于研究者理解建构测量尺度的实质内涵,审视不同项目在建构测量尺度上的相对位置和彼此关系。

综上,项目反应理论提供了一个比经典测量理论更为严谨和系统的测量尺度分析框架。它允许研究者通过模型拟合检验测验数据的维度,能够借助于共同尺度来理解建构的不同水平所对应的项目的实际表现。但正如 Hambleton 和 Swaminathan (1985)所指出的那样,测验数据和某个单维项目反应模型拟合良好,只是告诉我们测验有可能测量了某个"单维的"东西,并没有告诉我们这个东西究竟是什么。他们给出了一个具体的案例(见图6.5)。审视这四个题目,不同个体在正常情况下会给出如该

---

① 在实际应用中,当采用具体的测验数据来估计模型参数时,来自不同样本数据的模型参数估计值之间存在某种线性关系。这是由于基于不同样本数据所估计的参数处于不同测量尺度(均数和标准差)的原因,和此处所讲的参数不变性并不矛盾。

图右侧的反应模式。这些模式符合我们在第三章所介绍的哥特曼尺度①,但其背后所测的建构究竟是什么却令人费解。因此,虽然项目反应理论提供了一种基于模型的测量尺度分析方法,但这些模型假设只是数据模式的一般性假设,缺乏建构实质内容的基础。从这个意义上讲,基于项目反应理论的测量尺度分析方式依然是后验的、数据驱动的,而不是基于建构实质理论的先验分析方式。

```
1. 你的身高?(圈出一个)
a. 低于两英尺   b. 超过两英尺
2. 1+1的和是多少?
3. 写出两个美国总统的名字
(1)     (2)
4. 解决积分问题
∫ e^x / √(x²+1) dx
```

```
1. 0 0 0 0
2. 1 0 0 0
3. 1 1 0 0
4. 1 1 1 0
5. 1 1 1 1
```

图6.5 缺乏实质理论基础的测验及其项目反应模式
(改编自 Hambleton & Swaminathan, 1985, p.22)

3. 实质理论驱动下的测量尺度分析

图6.5揭示了本节标题中两个不同的概念,即测验数据的可尺度化(scalability)和测量尺度的存在性(existence of a scale)之间的区别。不管是经典测量理论的项目分析,还是项目反应理论的模型拟合,都只是提供了测验数据是否可尺度化的证据。确定某个特定建构的测量尺度是否存在,来自上述数据分析的证据只能作为部分支撑,甚至是次要的证据。首要的证据来自于研究者基于所测建构的实质理论,对于当前测验项目能否构成一个测量尺度的原初论证。

Guttman(1971)试图通过一个具体的案例说明可尺度化和测量尺度存在性的区别。表6.3给出了不同族裔的以色列城市居民主要关切的各种社会问题的调查数据。从表面看,表中所涉及的两个变量,即"族裔"和"主要关切问题",都属于称名变量,并不存在排序或尺度化的问题。然而,Guttman指出,研究者可以通过纯粹数学(或统计)的手段赋予每个变量的不同类别以不同的取值,在使得两个变量之间的关系线性化(linearize)的同时,同一变量不同类别的平均数也处在一个线性尺度上。表6.3中的Ⅱ表给出了线性化后两个变量不同类别相应的取值。那么,是否可以认为这样做后

---

① 根据第三章的分析,哥特曼尺度是拉希模型等单维项目反应模型的特例。因此,符合哥特曼尺度的反应模式一定也会拟合其他单维项目反应模型。

的两个变量就分别处于相应的测量尺度上了呢？Guttman认为答案是否定的。这是因为在该案例中，变量不同类型的取值是从数据中推导出来的。实际上，对于任何一个两联列表，不管所涉及的两个变量属于什么类型，总能根据数据推导出变量上的一组取值，使得该变量不同类型之间的距离是线性的。但是，这并不意味着变量对应的线性测量尺度就形成了。线性化后变量不同类型之间的关系仅仅是根据当前数据推导出来的，而不是建立在对该变量不同类型实质内容之间的关系假设基础上的。它并没有任何先验的实质性假设，也不能被当前数据所证伪（因为它是从当前数据归纳出来的）[①]。因此，这只能是一种统计数据分析技术，不能被认为是一种测量尺度分析方法。比如，审视线性化后"主要关切问题"这一变量不同类型的顺序，似乎可以得出存在"从个人问题逐步过渡到国家经济和政治问题"这样一种关系，但是如何解释"其他"和"超过一个"这两个类型在其中的位置？正如Guttman(1971)所指出的，纯粹基于数理方法的测量尺度分析是盲目的，并不能理解不同类型对应的实质内涵。

表 6.3 以色列市民主要关注的问题情境（改编自 Guttman, 1971, p. 336—337）

Ⅰ. 1554位以色列成年人两类称名变量的联合分布

主要关切问题	族裔					总和
	亚非国家	欧美国家	以色列；父亲是亚非国家	以色列；父亲是欧美国家	以色列；父亲是以色列人	
与参军有关的	61	104	8	22	5	200
蓄意破坏	70	117	9	24	7	227
军事情况	97	218	12	28	14	369
政治局势	32	118	6	28	7	191
国家经济状况	4	11	1	2	1	19
个人经济状况	104	48	14	16	9	191
其他	81	128	14	52	12	287
多于一个	20	42	2	6	0	70
总和	469	786	66	178	55	1554

[①] 不能否认基于数据分析的归纳法在测量尺度分析中的作用。在缺乏以实质理论为基础的测量尺度结构性假设情况下，基于数据分析所获得的"测量"尺度为提出实质意义上的假设提供启发和线索。

Ⅱ. 以色列市民主要关心的问题情境的最佳线性回归数值

主要关切问题	族裔					导出的数值
	亚非国家	以色列；父亲是亚非国家	以色列；父亲是以色列人	以色列；父亲是欧美国家	欧美国家	
个人经济状况	104	14	9	16	48	24
其他	81	14	12	52	128	8
蓄意破坏	70	9	7	24	117	−1
与参军有关的	61	8	5	22	104	−6
军事情况	97	12	14	28	218	−52
多于一个	20	2	0	6	42	−53
国家经济状况	4	1	1	2	11	−67
政治局势	32	6	7	28	118	−122
派生的数值	33	29	11	−7	−21	r=.24

因此，测验数据的可尺度化并不一定代表测量尺度的存在。前者是后者的必要而非充分条件。判定某个建构测量尺度的存在，必然涉及测验项目的实质内涵及其彼此关系。图6.6给出了第三章图3.4测验中的各个项目，而没有给出根据测试数据各项目在相应测量尺度上的标定位置。设想一下，假如将这些项目呈现给正常的成年人，请他（她）们根据完成这些任务的难易程度进行排序，他们能否得出如图6.6所示的不同项目之间的关系？如果可能，他们这样做的依据是什么？显然，一个具有正常生活经验的成年个体通常会对这些活动的难易有着具体的理解。这种理解来自于他（她）们对完成不同任务所需要的身体机能（或体能）的体验。这种体验或许并不能构成一种系统的理论依据。但是，它们使得个体能够在以某种客观方式施测这些项目（比如观察老年人实际完成不同活动的情况）之前，形成这些活动的共同特性和彼此关系的某种结构性假设。比如，所有这些活动都需要一定的身体机能为支撑。"走楼梯"所需要的身体机能要高于"大小便"所需要的身体机能等等。注意，这些假设先于实际数据的收集而存在。通过实际数据而实现的对这些活动在身体机能测量尺度上位置的标定，提供了对这些假设的一个经验验证。在这种情况下，虽然不同项目在测量尺度上的具体位置（及其相对距离）是通过经验数据而标定的，但是这些项目之间的结构关系则不是从数据中推导出来的，而是来自于研究者对当前所测建构以及不同项目所对应的建构水平的理论假设。这是一种理论驱动的测量模式。在这种模式下，测量尺度的

存在性并不是靠测验数据和特定模型是否拟合来判定的。研究者基于实质理论所形成的当前测验项目能否构成一个测量尺度的结构性假设,以及基于测验数据的测量尺度分析结果是否相吻合,才是判断测量尺度是否存在的重要依据。

> 走楼梯(Stairs)
> 进出浴缸(Tub Transfer)
> 洗澡(Bathing)
> 穿上装(Dress-Upper)
> 大小便(Toileting)
> 上下床(Bed Transfer)
> 穿下装(Dress-Lower)
> 借助轮椅移动(Mobility-Wheelchair)
> 小便控制(Bladder Control)
> 呻吟(Grooming)
> 大便控制(Bowel Control)

图 6.6　生活自理能力的测验项目

因此,基于实质理论的测量尺度分析中,理论假设先于基于测验数据的测量尺度分析。图 6.6 所提供的例子提供了这种理论假设的一种可能来源,即研究者可以借助于人们所共有的某种常识,或者是具体领域专家的经验判断。但正如本书所倡导的,一种更为严谨的模式是研究者通过系统的理论分析和实证研究,形成所测建构的理论模型(以及项目水平上的加工模型)。通过建立理论模型中的关键变量、任务特征和测验项目反应之间的经验关系,研究者可以形成所测建构测量尺度的更为明确的结构性假设,并且可以通过操纵项目设计过程来系统地验证这些假设。Mumaw 和 Pelligrino (1984)基于明尼苏达纸张形式版测验(Likert & Quasha, 1970)项目对个体复杂空间加工能力的研究就提供了一个良好的案例。该测验的项目类似于第四章中图 4.13 所示的对象组装任务。结合已有研究,他们提出了解决这类问题的认知加工模型(参见第四章图 4.12)。按照这一模型,空间加工能力包括编码、比较、搜寻、旋转和决策五个基本认知成分。对于任何一个对象组装任务而言,编码、比较和决策是必须的,而旋转和搜索则不是。为了能够系统地检验项目建构表征中不同认知成分的介入对项目解决过程的影响,研究者设计了五种不同类型的对象组装任务(见图 6.7)。第一种任务类型包含所有五个认知成分。除了必要的编码、比较和决策外,左右图中不同构成成分之间的空间关系是不同的,个体因而需要对所比较的某个构成成分进行搜索。此外,同一构成在左右两图中的空间方位也是不同的,因而还需要对其中一个构成进行

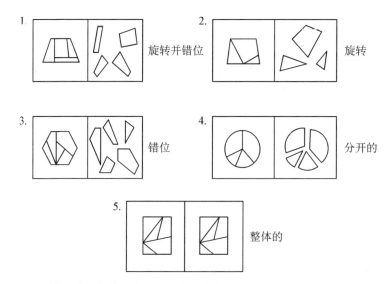

图 6.7　对象组装任务的五种不同类型(改编自 Mumaw & Pelligrino, 1984, p. 923)

旋转才能比较。第二种任务类型包含了除搜索之外的其他四个认知成分。第三种任务类型包含了除旋转之外的其他四个认知成分。第四种任务类型不需要搜索和旋转的介入,只需要对图形每个构成进行编码、比较并作出(相同或不同的)反应。第五种任务类型作为一种基线任务,只需要在整体上进行一次编码和比较,就可以作出相应的反应。从测量的角度来看,五种不同类型的任务在建构表征上的差异(即所需认知成分的多少)即反映了该任务类型所需空间加工能力水平的高低。利用项目反应时作为表征空间加工能力不同水平的尺度变量,研究者可以形成明确的不同任务类型在该测量尺度上的相对位置(即结构性假设)。除此之外,Mumaw 和 Pelligrino 还假设每个任务中图形构成元素的数量也会影响项目反应时。构成元素越多,项目反应时间越长。综合两个变量,他们预测(1)构成元素数量和项目加工复杂性的增加会对项目反应时产生可加性(即线性)影响,(2)项目反应时随着项目加工复杂性和构成元素的增加呈现扇形模式。后继的数据收集和分析表明,这两个假设总体上都得到了很好的验证(见图 6.8)①。这些结果,提供了所测建构上的水平和测验(项目)表现之间匹配关系的有力证据,也是判定测量尺度存在的重要依据。如何将这些基于实质理论的结构

---

① Mumaw 和 Pelligrino(1984)的研究还考虑到了其他诸多因素,为了叙述的方便,此处进行了简化。有兴趣的读者可以参阅原文。

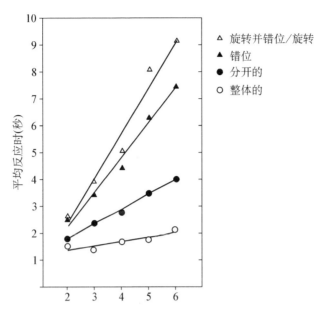

图 6.8 不同对象组装任务的项目反应时(改编自 Mumaw & Pelligrino, 1984, p. 929)

性假设和基于项目反应理论的测量尺度分析相结合,是实质理论驱动下的测量尺度分析的重要内容。

(二)测验数据的维度

测量尺度分析的一个基本前提假设是测验中所有项目必须测量相同的建构,并且该建构具有单维性。然而在心理或教育领域中,许多测验并不满足这种假设。因此,在对测验数据进行测量尺度分析时,需要首先对测验数据的维度进行判定。

测验数据的多维性存在各种各样的情况。从测验水平上讲,测验数据的多维性可以分为项目间多维性(between-item multidimensionality)和项目内多维性(within-item multidimensionality)(Adams, Wilson, & Wang, 1997)。所谓的项目间多维性,是指就整个测验而言是多维的,但是每个测验项目则只和其中某个维度相关联。这种情况下,整个测验实际上是由若干个单维的分测验构成的(见图 6.9 左侧)。项目间多维性满足因素分析中所谓的"简单结构"(simple structure)(Thurstone, 1947; Zhang & Stout, 1999)。在这种情况下,测量尺度分析可以在每个分量表上进行。相比之下,项目内多维性是指测验中一个或多个测验项目和多个维度相关联(见图 6.9 右侧)。项目内多维性的形成,有可能是因为对同一个项目反应(比如学生撰写的一篇文章)按照不同的维度(比如文章立意和语言水平)进行了评分,或者是同一个项目的不同反应涉及不同性质的能力要求(Adams, Wilson, & Wang, 1997)。如何在项目内多维度情况下进行测量尺度分析就变得更为复杂。

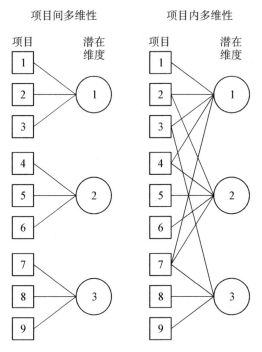

图 6.9 项目间和项目内多维性(改编自 Adams, Wilson, & Wang, 1997, p.9)

在项目内多维度下,个体在不同潜在维度上的水平如何影响个体测验项目反应的生成,是一个非常重要的问题。

一种情况是个体在不同维度上的水平都会影响其在具体测验项目上的表现,不同维度之间存在一种互补的(compensatory)的关系。换言之,个体在某个潜在维度上的高水平,会弥补因为其在另一个维度上的低水平所导致的对测验项目反应的影响。用以表征这种多维性的测量(统计)模型通常被称为补偿性模型(compensatory model)(Reckase, 1997)。经典的因素分析模型都属于这类模型。在常见的因素分析模型中,个体在一系列观测指标上的反应 $\mathbf{Y} = (y_1, \cdots, y_J)$,被表征为几个潜在连续变量 $\boldsymbol{\theta} = (\theta_1, \cdots, \theta_M)$ 的线性函数,其中 $\boldsymbol{\theta}$ 即用以解释不同观测指标之间关系的潜在因素,$\boldsymbol{\theta}$ 的

个数即观测数据的维度，$J > M$。用矩阵代数的方式，常见因素分析模型表示为

$$Y = \Lambda\theta + E \tag{6.4}$$

其中 Λ 为 $J \times M$ 的因素负荷矩阵，任意元素 λ_{jm} 表示观察指标 y_j 在潜在维度 θ_m 上的系数，$E = (e_1, \cdots, e_J)$ 为观察指标中不能为潜变量所解释的残差，通常假设服从平均数为 $\mathbf{0}$，方差协方差矩阵为对角矩阵 $\Psi = (\sigma_1^2, \cdots, \sigma_J^2)$ 的多元正态分布。因素分析的常见目的在于确定能够充分解释观察指标间相关所需的潜在因素数量 M，同时估计不同观察指标在各潜在因素上的系数(Mislevy, 1986)。

然而，该模型假设 $\mathbf{Y}$ 为连续变量，而常见测验项目反应通常是二值或者多值计分的。因此，传统因素分析模型并不直接适用于分析测验数据(Carroll, 1945, 1983; McDonald & Ahlawat, 1974)。不同学者提出了对这一问题的不同解决方案，如 Christoffersson(1975)和 Muthén(1978)的概括化最小二乘法(generalized least square; GLS)、Bock 和 Aitkin (1981) 的边缘极大似然法(marginal maximum likelihood method, MML)等。其中 Bock 和 Aitkin (1981)的方法因为利用了测验数据中的所有信息，被称为全信息项目因素分析(full information item factor analysis; Bock, Gibbons & Muraki, 1988)。该模型假设传统因素分析模型中的 $\mathbf{Y}$ 为一系列潜在的反应过程(response process)，而不是可观测的指标。我们之所以能够观察到个体在一个二值计分的项目 j 上的正确反应 X_j，取决于个体在该项目上的潜在反应 y_j 是否大于某个阈限值(threshold) γ_j，即

$$X_j = \begin{cases} 1, & \text{有且仅有 } y_j \geqslant \gamma_j \\ 0, & \text{有且仅有 } y_j < \gamma_j \end{cases}$$

其中，

$$y_j = \sum_{m=1}^{M} \lambda_{jm}\theta_m + e_j \tag{6.5}$$

这样，给定潜变量 $\mathbf{\theta} = (\theta_1, \cdots, \theta_M)$，项目反应 X_j 取值为 1 的概率为

$$\begin{aligned} P(X_j = 1 \mid \mathbf{\theta}, \gamma_j) &= \frac{1}{(2\pi)^{1/2}\sigma_j} \int_{\gamma_j}^{\infty} \exp\left[-\frac{1}{2}\left(\frac{y_j - \sum_{m=1}^{M}\lambda_{jm}\theta_m}{\sigma_j}\right)^2\right] dy_j \\ &= \Phi\left(-\frac{\gamma_j - \sum_{m=1}^{M}\lambda_{jm}\theta_m}{\sigma_j}\right) \end{aligned} \tag{6.6}$$

其中，$\Phi(\cdot)$ 是标准正态分布的累计密度函数。设

$$-\frac{\gamma_j - \sum_{m=1}^{M} \lambda_{jm}\theta_m}{\sigma_j} = d_j + \sum_{m=1}^{M} a_{jm}\theta_m \tag{6.7}$$

则上述模型就成为第三章提到的两参数正态卵形模型(Lord，1952)的多维扩展，最早由 McDonald(1967)提出。McKinley 和 Reckase (1982)提出了一个与该模型相似的多维度补偿性逻辑斯蒂模型，其项目反应函数可以表示为

$$P(X_j = 1 \mid \boldsymbol{\theta}, \mathbf{a}_j, d_j) = \frac{\exp\left(\sum_{m=1}^{M} a_{jm}\theta_m + d_j\right)}{1 + \exp\left(\sum_{m=1}^{M} a_{jm}\theta_m + d_j\right)} \tag{6.8}$$

该模型是两参数逻辑斯蒂模型(Birnbaum，1968)的多维扩展。

项目内多维性的另一种情况是个体在不同维度上的水平虽然都对项目解决有影响，但是不同维度彼此之间不具有补偿性。这类模型被称为非补偿性模型(noncompensatory model)。Sympson(1978)最早提出了这样一种项目反应模型，具体表示为

$$P(X_{ij} = 1 \mid \boldsymbol{\theta}_i, \mathbf{a}_j, \mathbf{b}_j, c_j) = c_j + (1-c_j)\prod_{m=1}^{M} \frac{\exp[a_{jm}(\theta_{im} - b_{jm})]}{1 + \exp[a_{jm}(\theta_{im} - b_{jm})]} \tag{6.9}$$

其中，$\mathbf{a}_j = (a_{j1}, \cdots, a_{jM})$，$\mathbf{b}_j = (b_{j1}, \cdots, b_{jM})$，和 c_j 分别是项目 j 的鉴别力、难度和猜测度，$\mathbf{a}_j$ 和 $\mathbf{b}_j$ 中任意元素 a_{jm} 和 b_{jm} 表示项目 j 在第 m 维上的鉴别力和难度。Embretson(1980)提出的多成分潜在特质模型(multicomponent latent trait model)是上述模型的一个特例，表示为

$$P(X_{ij} = 1 \mid \boldsymbol{\theta}_i, \mathbf{b}_j) = \prod_{m=1}^{M} \frac{\exp(\theta_{im} - b_{jm})}{1 + \exp(\theta_{im} - b_{jm})} \tag{6.10}$$

该模型中，对应于每个具体维度上的项目反应模型是一个拉希模型。观察这两个模型可以看出，在非补偿性模型中，个体答对整个项目的概率是不同维度上对应概率的乘积。因而，在某个维度上的较低水平直接决定了个体答对整个项目的概率上限。

上述讨论表明，测验数据的维度分析，尤其是项目内多维性分析，并不只是判断存在几个潜在维度的问题，还涉及不同维度结构关系的认识。对不同维度彼此关系的判

定无法完全依赖数据驱动的统计分析结果,需要结合研究者对所测建构的实质理论以及相应的项目性质来决定[①]。认知心理学研究表明,即使像刺激辨别这样简单的任务也包括着一系列的认知加工阶段。作为相对复杂的认知任务,传统测验项目的解决包含着更为复杂的认知变量和操作。即使对不同测验项目的反应符合了统计意义上的单维性,测验分数实质上反映的是个体各种认知加工技能、策略、知识结构等各种成分的一种复杂的组合(Lohman,2000;Snow & Lohman,1989)。在这种情况下,如何理解统计意义上的测验数据维度和实质意义上的建构维度就是一个异常复杂的问题。例如,在第五章采用认知设计系统法对空间折叠任务进行项目设计的案例中,空间旋转和空间折叠是任务认知加工模型的两个关键认知成分。基于此,旋转角度(0°、90°、180°)和折叠面数(1、2、3)作为分别影响这两个关键认知成分的任务特征,被确定为后继项目生成的核心设计特征。通过对这两个特征(及其他相关特征)在具体项目中取值的操纵,生成一系列测验项目。图6.10给出了不同项目在两个任务特征上取值变化的一个示意图。那么,如何理解图中不同项目所处的测验维度?假如测验数据的维度分析显示所有项目反应符合单维性,如何解释这一结果?是理解为空间旋转和空间折叠虽然表现为不同认知操作,但实际上属于同一认知需求呢,还是认为两者属于不同性质的认知成分,只是存在较高的相关?假如项目反应是多维的,是应该采用补偿性还是非补偿性模型?即便是采用多成分潜在特质模型,正如Embretson(1980)所指出的,也有可能出于不同情况,这些成分之间的关系可能是彼此完全独立的,也可能是具有序列依赖性的。这些关系都不是单纯依靠统计手段就可以解决的,而是基于研究者对于个体解决复杂任务的认知过程的理解。

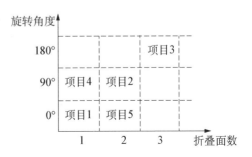

图6.10　不同空间折叠任务在折叠面数和旋转角度上的负荷

[①] 另一个影响测验数据维度的因素是所施测的被试样本。在第五章中我们曾经提到,项目反应模式和建构水平之间的关系并不完全依赖于测验(项目)设计本身,还与测试人群有着深刻关系。测验所测建构的不同方面或不同维度在特定人群中的分布状况,会深刻影响到测验数据的维度分析结果。详见第五章相关论述。

(三) 测量尺度特征的评估

基于实质理论的测量尺度建立之后,研究者需要确定该尺度所具有的特征。虽然项目反应理论能够将建构特征和项目特征标定到同一尺度上,并且可以实现对模型参数(被试建构水平和项目测量学特征)的标定不受特定测验和被试样本的影响,但采用不同项目反应模型所能建立的测量尺度的特征却是不同的。在第三章我们曾经指出,只有拉希模型(以及该模型家族中的其他模型,如 LLTM 等)中建构特征和项目特征以项目反应概率为中介,满足可加性结构,具有等距尺度所要求的特征。而其他模型(比如两参数或者三参数逻辑斯蒂模型)由于不同项目鉴别力的不同,导致对被试建构特征的标定并不具有一个共同的测量单位。

在第三章中我们已经较为详细地介绍了基于拉希模型所建立的测量尺度的特征。理论上,如果实际观测到的测验数据拟合拉希模型,相应的测量尺度似乎就应该具备等距尺度的特征。等距尺度的特征可以分为不同的方面。

第一个方面包括了所谓的"具体客观性"(specific objectivity;Rasch,1977;Embretson & Reise,2000),即对任意两个被试建构水平的比较不依赖于特定测验,以及对任意两个测验(项目)特征的比较不依赖于特定的被试样本。这一特征其实是联合测量理论中的独立性公理或单重相约公理(Krantz, Luce, Suppes, & Tversky, 1971)。

第二个方面,等距尺度意味着整个测量尺度能够具有相同的测量单位。按照联合测量理论,相同测量单位的建立以测验数据满足双重相约公理、有解公理和阿基米德公理为前提。满足这些公理表明当前测验数据满足可加性联合结构。检验数据是否满足有解公理和阿基米德公理异常困难,但是检验数据是否满足双重相约公理是可行的(Michell,1990)。许多学者(Borgden,1977;Keats,1967;Perline, Wright, & Wainer,1979)很早就意识到拉希模型和联合测量理论之间的关系。Perline 等人(Perline et al.,1979)最早研究了拟合拉希模型的实际测验数据是否满足联合测量理论所要求的单重相约和双重相约公理。研究发现,实际测验数据如果只是在整体上拟合(overall goodness-of-fit test)拉希模型,并不能确保满足双重相约公理。他们检验了由 9 个项目、2500 名被试组成的测验数据中的所有 4704 个 3×3 数据子矩阵,发现约有 10% 的子矩阵不满足双重相约公理。因此,当采用拉希模型建立所测建构的测量尺度时,仅仅在整体水平上拟合模型是不充分的。还需要进一步检验数据是否在项目水平上拟合该模型,以及跨越不同建构水平的被试(分组)是否具有项目参数不变性等。Perline 等人发现,当测验数据较好地拟合拉希模型时,不满足双重相约关系的

3×3数据子矩阵减少到不足5%。

不过，Kyngdon(2008，2011)指出，即使测验数据很好地拟合了拉希模型，也不能就此认为该数据满足了联合测量理论所指的可加性结构。这是因为，即使是随机生成的数据(比如随机抛掷一组硬币正面向上的情况)，也有可能拟合拉希模型。联合测量理论要求测量必须是一组经验结构和实数之间的匹配关系的建立，而拉希模型只是实现了一组实数(概率)和另一组实数(以对数似然性 logit 为单位的差异)之间的匹配。这就意味着，考察测验数据背后所测量的建构尺度的性质，不能仅仅看该数据是否拟合拉希模型，还要检验该数据是否满足联合测量理论的各种公理(主要是双重相约公理)。

第三方面，假如经过检验，测验数据满足联合测量理论的双重相约公理，研究者进而可以建立测量尺度的标准序列(standard sequence)。在心理或教育测量情况下，研究者可以分别建立测验项目特征和建构水平的双重标准序列(dual standard sequence)。不过，正如 Kyngdon(2011)所指出的，这里所讲的测验项目特征和建构水平并不是利用项目反应理论模型估计出来的项目参数或能力参数。后者只是利用模型确定的一系列实数，而前者指的是测验项目或者所测建构中蕴含的经验结构，两者不可混为一谈。这意味着，建立项目特征或建构水平的标准序列，并不是确定来自一组测验项目的数据和拉希模型相拟合就大功告成了。首先，它要求研究者能够系统地、独立地操纵项目特征或者建构水平。其次，在此基础上，需要确定对应于相同项目反应概率变化的项目差异和建构水平差异。按照联合测量理论，这是确定项目或者建构尺度基本单位的基础。一旦确定某个差异水平作为基本单位，研究者需要确定一系列的项目(特征)，每两个临近项目之间的差异等同于基本单位。类似的，对于建构水平也要进行相应的确定。严格意义上讲，只有这两个标准序列建立起来，才能说等距意义上的建构测量尺度建立起来了。

上述这种测量尺度的建立方式并不是目前心理或教育测量的常见方式。实践中，更常见的做法是研究者在不同程度上的建构理论的指导下，设计或选择一组具有不同难度的项目，对特定的(代表性)被试样本进行施测。假如测验数据拟合某个项目反应模型，则相应的建构尺度就以不同水平的能力参数的形式建立起来。如果把联合测量理论下建立标准序列的方式称为严格意义上的测量尺度建立方式的话，此处所描述的和项目反应理论模型拟合的尺度建立方式可以称为宽泛意义上的测量尺度建立方式。显然，严格意义上的测量尺度建立方式对项目设计提出了非常高的要求。它要求项目设计不仅要有非常强的建构理论的支撑,同时还要能够在保证不同项目所测建构同质性的情况下,对项目特征进行独立的、精细分化不同建构水平的操纵。相比之下,只是强调依据建构的实质理论进行项目设计,通过和拉希模型和拟合建立测量尺度的方式就次之了。然而,在实际的心理或教育测量中,即使是后者,也被视为是过高的要求。Embretson和Yang(2006a)区分了两种不同的测量模式。一种是客观测量模式(objective measurement approach),通常为主张测验数据必须拟合拉希模型的学者所认同。这种模式强调在项目设计之前,先明确测量尺度的特征(比如单维性、具体客观性等等),然后设计一组项目满足这种特质要求。与之相比,另一种是数据建模模式(data modeling approach)。对于一组给定的测验项目及其相应的数据,研究者通过不断增加模型的复杂性来实现数据和模型的拟合。持这种观点的研究者通常采用两参数或更加复杂的项目反应模型。和拉希模型相拟合,虽然并不要求所使用的一组测验项目构成标准序列,但要求所有项目具有相同的鉴别力。采用更为复杂的模型使得这种要求也得以降低。因此,采用不同模式建立测量尺度的研究者,将着眼点置于不同的方面。客观测量模式更强调测验项目设计的质量,而数据建模模式更关注用于解释当前测验数据的模型的适用性和实用性。从良好测量的角度来看,似乎客观测量模式更加具有理论上的价值。

三、实质理论对测量尺度的解释程度分析

建构的实质理论对于心理或教育测量活动的影响是多方面的。首先,建构理论提供了对所测属性的实质含义、构成成分以及其他重要特征的界定或描述,从而使研究者明了所欲测量的是什么(Snow & Lohman, 1989)。其次,建构理论能够以各种方式,比如项目解决的认知加工模型,揭示建构在项目解决过程中是如何具体体现的,以及不同测验项目所表征的建构究竟在哪些方面发生了变化,这种变化和项目特征之间的关系等等。这些不仅有助于增进研究者对测验本身的理解,更重要的是改进了项目设计的针对性和系统性(Embretson, 1998)。最后,不管是一般意义上的建构理论,还是具体到项目水平上的建构表征模型,都提供了对已经开发的测验项目以及测验数据的效度进行检验的具体假设。实质理论对项目反应变化情况的预测情况,以及对建构测量尺度上不同水平的实质内涵的解释程度,成为测验建构效度检验的核心内容(Embretson, 1983)。这有别于过去依赖于数据驱动的因素分析方式进行结构分析,

或者依赖于测验分数和效标的相关程度等效度检验方式。我们在第四章和第五章分别阐述了建构理论及其在项目设计中的作用，此处主要关注第三个方面，即理论驱动的建构效度检验的问题。

需要指出的是，强调理论驱动的效度检验模式对于心理或教育测量来讲至关重要。当我们用不同的尺子测量同一个物体的长度时，如果测量结果出现不同，我们一般只会怀疑不同尺子的测量精度不同，而通常极少会怀疑两个尺子所测量的属性（即长度的内涵）出现了不同。然而在心理或教育测量中，两个不同量表测量结果的差异会直接指向对所测建构的怀疑。这从一个角度表明了在心理或教育测量中，测量工具的开发通常缺乏强有力的、清晰明确的建构实质理论支撑。从这个意义上讲，强调建构实质理论对项目反应或测量尺度的解释程度对于这些学科的发展有着深刻的意义。

（一）测量工具或尺度的结构性假设检验

通常，研究者开展项目分析，并不局限于测验所包含的这一组项目的特征，而是这组项目所代表的观测领域的总体特征。正如前面结构性测量理论所阐述的，假如研究者缺乏观测领域的结构性假设，测验中的这组项目只是来自观测总体（所有可能项目）的一个样本。这组项目是否具有代表性，是有待检验的一个假设。然而，要检验这一假设，需要对所观测的总体有个明确而清晰的界定。这就很自然地涉及研究者对所测总体（或建构）的实质理论了。假如相关的实质理论仅仅局限于一个抽象而概括的概念性定义，那么，测验项目代表性的假设其实是无法检验的。一种解决方法是操作化地定义观测领域所包含的所有可能项目的总体（the universe of all possible items），然后通过随机抽样的方法来确定测验中的项目组成（Osburn, 1968; Tryon, 1957）。然而，即便是采用操作化定义的方法，界定所有可能项目总体也是一件非常困难的事情（参见第五章项目形式法）。实际上，研究者通常采用测验蓝本或者评估框架的方式来解决这一问题。通常，测验蓝本或评估框架并不试图操作化定义所有可能项目，而是利用双向细目表等方式规定测验编制所需关注的各种维度，如内容或认知维度、项目类型、难度分布、项目比重等等。这些规定，其实就反映了研究者对所测总体的各种结构性假设。通过比较测验中的一组项目在各维度上的实际分布特征和预期特征的一致性程度，提供了对测验项目代表性的一个检验。当然，这一检验的合理性是建立在测验蓝本是对所测总体的一种合理表征的前提之下的。不过，除了采用权威的理论框架（比如布鲁姆的学习结果分类）之外，测验蓝本及其背后的理论假设的合理性较少经受严格的检验。

在Guttman所提出的层面理论中,基于对所测总体(或建构)的层面分析而形成的各种结构性假设(如总体所包含的关键层面、每个层面的构成元素、不同层面之间或同一层面不同元素之间的关系等等),需要通过相应的测验数据来加以检验。由于测验是基于这些结构性假设而系统设计的,相应的测量尺度也是基于这些结构性假设建立的,因此,对测验所包含的一组项目背后结构性假设的检验,也就构成了对相应的观测总体(或建构)中结构性假设的一个检验。在第五章,我们曾经较为详细地介绍了Shye(1978)对"成就动机"这一建构的层面分析(参见图5.9)以及基于相应匹配语句法设计的测验项目(参见表5.5)。按照层面理论,在匹配语句不同层面上取值越是相同或相似的测验项目,越应当具有相同或相似的特征(Brown,1985)。例如,在图5.9中,指向不确定性这一方格的所有项目都是"……在任务实施之前让个体面对某个挑战"。这些项目应该具有相同或相似的测量学特征。依据临近原则(the principle of contiguity),这些项目在"成就动机"这一建构的几何空间中应该距离较近。基于114个被试的反应数据,Shye(1978)采用最小空间分析法(smallest space analysis,SSA)(Guttman,1968;Borg & Shye,1995)对表5.5中的18个测验项目的内在结构进行了分析(见图6.11)。可以看出,不同测验项目的空间分布的确和理论预期的模式相

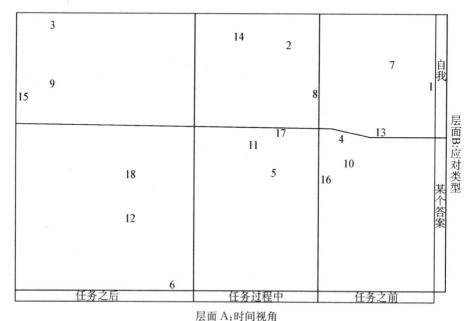

图6.11 "成就动机"测验项目的经验结构(改编自Shye,1978,p.340)

吻合。不管个体采用何种表达渠道,在时间和指向两个层面上取值相同的项目处于"成就动机"建构空间的相同区域。这一结果无疑提供了测验(项目)建构效度强有力的证据。同时,该结果还构成了对"成就动机"这一建构的结构性假设的经验验证。

我们也可以在项目反应理论下对测验项目背后的结构假设进行检验。在第五章中曾经提到,采用项目形式法生成项目时,从某个项目形式生成的不同测验项目共享同一个项目形式或项目模型(item model),具有相同的深层结构。类似的,在匹配语句法中,对应于同一个结构体的不同项目,具有从不同侧面各抽取一个元素构成的相同组合。在认知项目设计系统法中,不同的项目设计特征组合定义了不同的项目结构(item structure),从同一项目结构生成的不同项目因而被称为结构等价项目。Sinharay, Johnson 和 Williamson (2003)将来自同一项目结构、结构体、项目形式或模型的不同项目统称为一个项目家庭(item family)。同一家庭的不同项目称为兄弟或姐妹项目(sibling item)。假设测验中的项目对应于 L 个不同的项目家庭,每个项目只属于一个项目家庭。用符号 $j_l(j=1,2,\cdots,J)$ 表示属于第 $l(l=1,2,\cdots,L)$ 个项目家庭的测验项目 j。所有属于项目家庭 l 的 J 个项目即为兄弟项目。在拉希模型下,个体答对项目 j_l 的概率可以表示为

$$P(X_{ij_l}=1\mid\theta_i,b_{j_l})=\frac{\exp(\theta_i-b_{j_l})}{1+\exp(\theta_i-b_{j_l})} \tag{6.11}$$

其中,符号 θ_i 和 X_{ij_l} 分别为个体 i 的能力水平及其在项目 j_l 上的反应,b_{j_l} 为该项目的难度。由于属于同一项目家庭的不同项目享有相同的深层结构或项目设计特征,我们可以假设所有属于项目家庭 l 的项目存在某种依存关系,其项目难度参数 b_{j_l} 服从正态分布

$$b_{j_l}\sim N(\xi_l,\sigma_l^2) \tag{6.12}$$

其中,ξ_l 和 σ_l^2 分别为该分布的平均数和方差。因此,测验中共享同一项目结构的不同项目可以被视为源自该项目结构所有可能项目的一个随机样本[①]。公式 6.12 给出了从该项目结构 l 生成的测验项目鉴别力或难度参数的期望值 ξ_l,而 σ_l^2 则给出了源自该

---

① 严格意义上,同一项目结构的不同项目并不是该项目结构对应的所有可能项目的随机样本。同一项目结构下的不同项目一般是通过变化某些"表面"特征而形成的。这些"表面"特征即我们在第五章提到的附带成分(incidental element; Irvine, 2002)。这些成分是研究者认为与项目所测建构无关,不影响项目解决过程的任务特征。

项目结构的不同项目(鉴别力或难度)参数的变化程度。σ_l^2 取值的大小因而反映了项目结构(项目形式、由不同层面及其元素构成的结构体、等价结构项目背后的项目设计特征组合等)对于项目测量学特征的解释程度。公式 6.11 和 6.12 所形成的模型被称为关联兄弟项目模型(Related Siblings Model, RSM; Sinharay, Johnson, & Williamson, 2003)。该模型存在两种极端的情况:一种情况是项目测量学特征可以完全(即百分之百地)被项目结构所解释,这意味着 $\sigma_l^2 = 0$, $l = 1, 2, \cdots, L$。在这种情况下,所有来自项目结构 l 的不同项目具有完全相同的难度。该模型被称为孪生(项目)模型(Identical Siblings Model, ISM)。另一种极端情况是不同项目的测量学特征和其背后的项目结构完全没有关系。这意味着公式 6.12 背后的基本假设是不成立的。每个项目无论来自哪个家庭,都有自己单独的项目反应函数。该模型被称为无关兄弟项目模型(Unrelated Siblings Model, USM)。在 USM 下,公式 6.11 中用以表示项目家庭的下标 l 是不需要的,项目反应因而可以采用传统的拉希模型来加以分析。采用相同的层级化项目反应模型(Hierarchical IRT Model)的思维方式,Janssen 等人(Janssen & De Boeck, 2000)提出了一个以两参数逻辑斯蒂模型为基础的关联兄弟项目模型。该模型假设个体答对项目 j_l 的概率可以表示为

$$P(X_{ij_l} = 1 \mid \theta_i, a_{j_l}, b_{j_l}) = \frac{\exp[a_{j_l}(\theta_i - b_{j_l})]}{1 + \exp[a_{j_l}(\theta_i - b_{j_l})]} \tag{6.13}$$

其中,所有属于项目家庭 l 的项目鉴别力参数 a_{j_l} 和难度参数 b_{j_l} 分别服从正态分布

$$a_{j_l} \sim N(\omega_l, \nu_l^2), \, b_{j_l} \sim N(\xi_l, \sigma_l^2) \tag{6.14}$$

类似的,Glas 和 Van der Linden(2003)提出了一个以三参数逻辑斯蒂模型为基础的关联兄弟项目模型。

显然,RSM 适用于分析同一项目家庭中不同项目之间的依存关系。不仅如此,基于特定的建构实质理论,不同项目家庭之间的结构性关系也可以进行检验。例如,图 6.7 显示了 Mumaw 和 Pelligrino(1984)基于空间能力的认知加工模型而设计的五类对象组装任务。每种类型的任务对应一种不同的认知加工成分的组合。从测验编制或者测量尺度建立的角度,研究者显然不仅要关心属于同一类型的不同任务的测量学特征的变化,更要关心不同类型的任务是否将不同水平的建构能力合理地匹配到了测量尺度上。依据不同类型的任务所需认知成分的多少(或认知操作的复杂程度),及其和任务解决反应时间长短的关系,研究者可以形成类似于图 6.12 的不同类型任务之

间等级关系的结构性假设①。该示意图表明,包含有更多认知成分或更为复杂认知操作的任务类型对应于较高水平的空间能力,需要较长的问题解决时间。虽然源自同一类型的不同任务在所能揭示的空间能力水平(以及相应的反应时)上有所波动,但不同任务类型的难度存在明确的等级关系。假设 $\xi_l(l=1,2,3,4,5)$ 表示具有相同认知成分组合的不同任务难度参数分布的平均数,则根据图 6.12,可以形成

$$\xi_1 \geqslant \xi_2 \geqslant \xi_3 \geqslant \xi_4 \geqslant \xi_5 \tag{6.15}$$

的不同任务类型之间难度参数的结构性假设。和公式 6.12 相似,这一结构性假设也是在研究者对于项目(任务)背后建构表征关系的实质理解基础上形成的。当分析实际获取的测验数据时,公式 6.15 可以和公式 6.11、6.12 一起,用以检验相应的结构性假设是否和数据中的经验结构相一致。这种基于实质理论的结构性检验,无疑对解释建构测量尺度上不同水平的实质内涵,预测项目反应的变化情况有着重要的意义(Lane,1991)。实际上,近年来所提倡的各种自动化项目生成模式,如认知项目设计系统法(Embretson,1998;Embretson & Yang,2007)、测评工程模式(assessment engineering;Luecht,2013)、以证据为中心的设计(Mislevy, Steinberg, & Almond,2003)等,都非常强调在项目深层结构水平上和建构测量尺度直接的匹配关系,并通过实际数据来检验理论预期的项目设计原则的合理性和可行性。这种检验,和接下来所讨论的项目设计变量层面的建模分析相结合,成为自动化项目生成的质量保障手段。

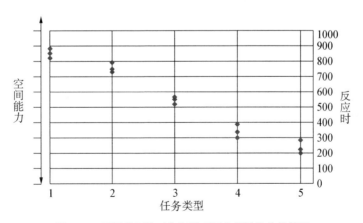

图 6.12 不同类型的对象组装项目之间的结构性假设

---

① 该图只是人为绘制的示意图,其中的坐标尺度只是为了示意不同类型任务的反应时间,并非实际数据。

(二) 项目结构背后的认知成分分析

对测验工具或测量尺度背后的结构分析构成了检验或验证测验建构效度的直接证据[①]。如前所述,从建构的实质理论,到项目水平的加工模型、测验项目特征的鉴别和操纵、测验组卷,再到测验施测和评分,任何一个环节的失误都有可能导致预期的结构性假设无法得到验证。当理论预期没有得到经验数据的验证的时候,研究者就需要系统反思和检验问题产生的环节所在。改变相应环节的错误或做法,重新验证修正后的测验或尺度背后的结构是否和测验数据的经验结构相吻合。从这个意义上说,在认知变量或项目设计特征水平上理解项目结构对测验(项目)反应的解释程度具有重要的价值。

前面述及,在认知项目设计模式下,存在一种从建构到项目水平的认知变量(或认知成分),再到项目设计特征的匹配关系。项目结构在本质上是项目设计特征的特定组合。假设 $\mathbf{q}_l$,$\mathbf{q}_l = \{q_{l1}, q_{l2}, \cdots, q_{lK}\}$ 表示项目结构 $l(l=1, 2, \cdots, L)$ 在 K 个项目特征(或者其背后的认知变量)上的取值[②],那么,测验背后的项目结构和项目设计特征(或其对应的认知变量)之间的匹配关系可以用表 6.4 来表示。在测量领域中,当表 6.4 最左边这一列表示的是每个具体测验项目,而不是项目结构时,该表通常被称为 Q 矩阵。

表 6.4 项目结构和项目设计特征(认知变量)的匹配矩阵

项目结构	项目设计特征(或认知变量)					
	1	2	⋯⋯	k	⋯⋯	K
1	q_{11}	q_{12}	⋯⋯	q_{1k}	⋯⋯	q_{1K}
2	q_{21}	q_{22}	⋯⋯	q_{2k}	⋯⋯	q_{2K}
⋯⋯	⋯⋯	⋯⋯	⋯k⋯	⋯⋯	⋯⋯	⋯⋯
l	q_{l1}	q_{l2}	⋯⋯	q_{lk}	⋯⋯	q_{lK}
⋯⋯	⋯⋯	⋯⋯	⋯⋯	⋯⋯	⋯⋯	⋯⋯
L	q_{L1}	q_{L2}	⋯⋯	q_{Lk}	⋯⋯	q_{LK}

假设特定项目结构的复杂性可以表示为这 K 个项目特征(及其背后的认知变量)的一个线性组合,$\boldsymbol{\eta}' = \{\eta_1, \eta_2, \cdots, \eta_K\}$ 表示不同项目特征(或认知变量)对项目结构 l

---

[①] 需要指出的是,这里所讲的结构分析并不是传统意义上对测验数据潜在维度的因素分析。传统意义上的因素分析方法更多的是一种数据驱动的方法,除非对潜在维度性质和数量、不同项目在同一维度上的结构关系等的确定来自建构的实质理论。

[②] 此处,$q_{lk}(l=1, 2, \cdots, L, k=1, 2, \cdots, K)$ 的取值范围严格意义上为实数,而不局限于常见的 0/1 的取值范围。

的复杂性(或难度)所产生的效应(或者称影响系数),则结合公式 6.12,特定项目结构的难度可以表示为

$$\xi_l = \sum_{k=0}^{K} \eta_k q_{lk} = \eta_0 q_{l0} + \sum_{k=1}^{K} \eta_k q_{lk} = \eta_0 + \boldsymbol{\eta}' \mathbf{q}_l \tag{6.16}$$

其中,对于所有项目结构 $l(l=1,2,\cdots,L)$,$q_{l0}=1$,从而使得 η_0 成为公式 6.14 中的截距。综合公式 6.12 和 6.16,则有

$$b_{j_l} = \xi_l + e_{j_l} = \sum_{k=0}^{K} \eta_k q_{lk} + e_{j_l} \tag{6.17}$$

其中 $e_{j_l} \sim N(0, \sigma_l^2)$,是项目 j_l 中不能被项目结构所包含的 K 个项目特征或者认知变量所解释的离差(deviation)或残差(residual)部分。

由公式 6.11 和 6.17 所组成的项目反应模型适用于采用认知项目设计模式生成的测验。在认知项目设计中,通过改变项目设计特征的组合,研究者可以系统操纵项目解决所需要的认知成分或操作、认知策略和知识结构。因此,通过将这些认知变量纳入模型中,该模型可以被用来检验理论驱动的项目设计或生成中的几个重要问题:(1)在多大程度上项目设计背后的认知变量(及其对应的项目设计特征)能够解释项目反应的变异程度? 这一问题可以从不同的方面来加以考察。一方面看模型中 σ_l^2 估计值的大小。如前所述,该参数的取值大小反映了同一项目结构下不同项目的难度不能被 K 个项目特征或者认知变量所解释的部分。σ_l^2 取值越大,则表明特定项目结构中的认知变量对项目反应解释的程度越低。另一方面可以考察不同项目结构难度参数 $\xi_l(l=1,2,\cdots,L)$ 的方差 σ_ξ^2 在测验项目难度 $b_{j_l}(j=1,2,\cdots,J,l=1,2,\cdots,L)$ 的方差 σ_b^2 的比例。实际上,假设项目结构难度 ξ_l 和离差 e_{j_l} 彼此独立,即 $r(\xi_l,e_{j_l})=0$,则 σ_ξ^2/σ_b^2 实际上就是传统意义上的组内相关(intra-class correlation)。该指标的取值越接近于 1,表明项目结构(也即测验背后的这组认知变量)对项目难度的解释程度越高。(2)项目难度(或认知复杂性)的主要来源是什么? 对这一问题的回答,可以考察模型中 K 个项目特征(或认知变量)的影响系数 $\boldsymbol{\eta}' = \{\eta_1, \eta_2, \cdots, \eta_K\}$ 的取值大小和统计显著性水平。认知变量的影响系数提供了量化任务难度来源的一种方式[①],是通

---

① 从形式上,公式 6.18 类似于一般线性回归模型,但不完全相同(参见下面的跨项目结构同质性模型)。认知变量的影响系数因而就类似于回归模型中的回归系数。具有统计意义上显著性的影响系数表明该变量对项目难度的影响具有实质性的作用。标准化后的影响系数可以用来比较不同认知变量对项目难度影响的相对大小等等。

过项目认知模型预测项目难度、标定项目设计原则以及进行后继项目题库建设的基础。

上述模型通过适当的改变,可以形成若干相关联的项目反应模型。在公式 6.12 和 6.17 中,σ_l^2 的下标 l($l=1,2,\cdots,L$)表明不同项目结构下项目难度的变异程度是不同的。这是一个跨项目结构的异质性模型(heteroscedastic model across item structures;Janssen, Schepers, & Peres, 2004)。当不同项目结构的 σ_l^2 取值变化不大,或者测验中同一项目结构的不同项目数量较少时,可以考虑假设所有项目结构具有相同的组内方差,即将公式 6.17 改为

$$b_{j_l} = \xi_l + e_j = \sum_{k=0}^{K} \eta_k q_{lk} + e_j, \ e_j \sim N(0, \sigma^2) \tag{6.18}$$

该模型认可项目设计特征(及其背后的认知变量)对项目难度变异程度的解释不是百分之百的。但与跨项目结构的异质性模型不同,该模型是一个跨项目结构的同质性模型(homoscedastic model across item structures)。在很多情况下,这是一个比较合理的假设。和前面提到的孪生(项目)模型(ISM)相同,假如我们进一步假设 $\sigma^2 = 0$,即项目测量学特征可以完全(即百分之百的)被 K 个项目特征(或认知变量)所解释,则公式 6.18 变为

$$b_{j_l} = \xi_l + e_j = \sum_{k=0}^{K} \eta_k q_{lk} \tag{6.19}$$

公式 6.19 和 6.11 所构成的项目反应模型就是众所周知的线性逻辑斯蒂测验模型(Linear Logistic Test Model,LLTM)。该模型最早由 Fischer(1973)提出。由于通常情况下认知变量(或项目设计特征)少于测验项目的数量,即 $K \leqslant J$,因此,LLTM 是拉希模型的一个特例,两者存在嵌套关系,后者是前者的饱和模型(saturated model)[①]。相比之下,公式 6.18 所对应的模型通常被称为随机效应 LLTM(random effect LLTM)(Mislevy, 1988;Fischer, 1995;Janssen, Tuerlinckx, Meulders, & De Boeck, 2000)[②]。

[①] 对于嵌套的若干模型,不同模型和数据的拟合程度可以通过似然比检验(likelihood-ratio test)加以比较。该统计量在嵌套模型情况下符合 χ^2 分布,其自由度为所比较的两个嵌套模型参数数量之差。

[②] 相似的扩展也可以在公式 6.13、6.14 或三参数逻辑斯蒂模型上展开。例如,Embretson(1999)提出了一个限制型两参数逻辑斯蒂模型(2PL - constrained model),是在两参数逻辑斯蒂模型上与 LLTM 相对应的模型。该模型的随机效应版本可以按照此处讨论的逻辑予以构建。感兴趣的读者可以参阅 Embretson & Yang(2007)。

在上述讨论背后有一个潜在的假设,即表6.4所测的建构是单维的。但是,在一般意义上,并没有限定表6.4所包含的K个认知变量一定是单维的。当项目结构背后的K个认知变量是多维的,而且按照项目认知加工模型,解决该项目所涉及的不同认知变量之间是非补偿性的关系时,可以采用多成分潜在特质模型(参见公式6.10)来分析相应的测验数据。在这种情况下,一个测验项目可以被视为包含有多个认知成分的复合项目(composite item)。对应于每个认知成分的项目构成都可以被视为一个子任务。个体只有在正确解决了所有子任务后才能正确解答测验项目。跨越不同的测验项目,对应相同认知成分的子任务可以被视为相同的"子项目"。也就是说,表6.4中的每一列都可以被视为一个单独的"子项目",可以采用拉希模型来分析。而整个复合项目则是由多个"子项目"联合而成的,因而多成分潜在特质模型就是多个拉希模型的乘积。这样一来,每个复合项目就有K个"子项目"难度参数,每个被试就有K个不同的能力参数。当所有测验项目包含多个不同的认知成分时,由于只能观察到被试在复合项目上的反应,多成分潜在特质模型存在模型确定性(model identification)和参数估计的难题。该问题在不同认知成分之间存在中等或较高的相关关系的情况下尤为明显(Bolt & Lall, 2003)。解决这一问题的一个方法是在项目认知加工模型的基础上,通过认知任务分析的方法,将复合项目分解成多个子任务,和原有的复合项目一起纳入同一个测验中(Whitely, 1980)。例如,Whitely(1980)发现,解决像

父亲:母亲::叔叔: (1)姐姐(2)姑姑(3)阿姨(4)侄女

这类言语类比项目包含两个认知成分,即规则构建(rule construction)和反应评估(response evaluation)。对应于第一个认知成分的子任务是,给定被试题干"父亲:母亲::叔叔:?",问与之相应的规则是什么?对应于第二个认知成分的子任务是,给出题干"父亲:母亲::叔叔:?"和相应规则"前者是后者的丈夫",问"(1)姐姐(2)姑姑(3)阿姨(4)侄女"四个选项中哪个是符合的。这两个子任务和总项目一起,构成了如表6.5所示的一个集合。

表6.5 复合项目及其子任务的认知负荷情况

项目	认知成分1	认知成分2
子任务1	1	0
子任务2	0	1
复合项目	1	1

因此，表 6.5 改变了表 6.4 的格局，并不限定所有项目结构一定包括所有 K 个认知变量。当被试在各子任务和复合项目的反应都可以被观察到时，多成分潜在特质模型的参数估计问题就得到了较好的解决（Embretson & Yang, 2006b）。实际上，图 6.7 中五种不同类型对象组装任务背后的认知负荷情况，就符合表 6.5 的格局。

给定公式 6.10，我们可以对该公式右侧的模型进行转换，则得

$$P(X_{ij}=1\mid \boldsymbol{\theta}_i, \mathbf{b}_j) = \frac{\prod_{k=1}^{K} \exp\theta_{ik} \Big/ \prod_{k=1}^{K} \exp b_{jk}}{\prod_{k=1}^{K}(1+\exp(\theta_{ik}-b_{jk}))} = \frac{\exp\Big(\sum_{k=1}^{K}\theta_{ik}-\sum_{k=1}^{K}b_{jk}\Big)}{\prod_{k=1}^{K}(1+\exp(\theta_{ik}-b_{jk}))}$$

(6.20)

从公式 6.20 可以看出，一个包含 K 个认知成分的复合项目，可以被看成是一个具有 2^K 种不同"潜在"反应类别的项目（Adams, Wilson, & Wang, 1997）。对该复合项目而言，其难度参数是对应于每个认知成分的 K 个子任务难度参数的简单相加，即

$$b_j = \sum_{k=1}^{K} b_{jk}$$

(6.21)

公式 6.21 隐含着一个具有实质意义的潜在假设。这一假设就是，尽管复合任务将不同的子任务整合在一起从而变得更为复杂，但并没有"放大"或者"降低"效应，而是"忠实地"维持了每个子任务的难度。换句话说，整合在一个复合任务中的各子任务并没有产生交互作用，从而使得一个或多个子任务在难度上比单独作为一个子任务时更加困难或更加容易。从测验设计的角度来看，这是一个值得关注的问题。Butter, De Boeck 和 Verhelst（1998）意识到这一点，提出复合项目的难度可以采用下面的公式加以估计：

$$b_j = \sum_{k=1}^{K} \lambda_k b_{jk} + \tau$$

(6.22)

其中，b_{jk} 如前所述，λ_k 是对应于 b_{jk} 的权重系数，τ 是调整 b_j 所在尺度的任意常数。Butter 等人（1998）提出该公式背后的基本思想是，每个子任务都具有其独特的难度。由这些子任务按照一定方式组合起来的复合项目的难度参数 b_j 并不是一个独立的参数。b_j 是这些子任务难度参数 b_{jk} 的一个加权组合。加权系数 λ_k 的取值决定了复合项目的难度是"放大"或者"降低"了各子任务相组合的效应，还是"忠实地"维持了每个子任务的难度。这样一来，复合项目的难度和各子任务的难度之间存在某种内在的限定

关系。因此,对于如表6.5所示的一组项目而言,每个子任务上的反应都可以采用拉希模型来分析,即采用

$$P(X_{ijk}=1\mid\theta_i,b_{jk})=\frac{\exp(\theta_i-b_{jk})}{1+\exp(\theta_i-b_{jk})} \tag{6.23}$$

来表示被试 i 在项目 j 的第 k 个子任务上获得反应 X_{ijk} 的概率。而对于复合项目,对应的模型为

$$P(X_{ijT}=1\mid\theta_i,b_{jk},\lambda_k,\tau)=\frac{\exp\left(\theta_i-\sum_{k=1}^{K}\lambda_k b_{jk}-\tau\right)}{1+\exp\left(\theta_i-\sum_{k=1}^{K}\lambda_k b_{jk}-\tau\right)} \tag{6.24}$$

其中,X_{ijT} 是被试 i 在复合项目 j 上的反应。该模型被称为任务难度具有内在限制关系的项目反应模型(Item Response Model with Internal Restrictions on Item Difficulty, MIRID)[①]。该模型通常被认为是介于线性逻辑斯蒂测验模型(即 LLTM)和多成分潜在特质模型(即 MLTM)之间的一个变式。

以上提及的几个模型,给出了一种可能性,使我们能够在理论驱动的认知项目设计模式下,借助于实际测验数据来分析项目背后蕴含的建构理论的解释力、在具体项目中的结构以及具体认知成分对于项目测量学特征的贡献力度等。从测验以及项目水平的建构效度来看,这些分析都是极其重要的。它提供了对测量尺度背后的建构实质内涵的一个论证。

(三) 建构的法则广度分析

对测量尺度背后建构实质内涵的分析,还有助于我们理解当前所关注的建构和其他相关建构之间的关系,以及当前建构在某个领域中的重要位置。Embretson(1983)将对当前建构和其他相关建构之间关系的分析称为法则广度。其所对应的证据是当前测验分数和其他相关测验分数之间的相关矩阵。对测验项目或测量尺度背后的建构实质内涵的分析,则被称为建构表征分析。建构表征分析指向测验表现背后的理论机制,旨在检验个体在解决测验项目时需要的知识结构、认知操作或策略等等。确切

[①] 公式 6.23 和 6.24 表明,Butter 等人(1998)所提出的 MIRID 模型假设中同一复合项目所包含的不同认知成分是单维的。因此,这里的 MIRID 模型是一个单维模型。但是可以参照 MLTM 的思想将其改为一个多维度的 MIRID 模型。

地讲，前面所讨论的对测量尺度背后的实质结构以及对建构关键认知成分的分析，都属于这里所讲的建构表征分析。在这个意义上，建构表征指向的是当前测验（项目）所测建构的含义，而法则广度指向的是当前建构的重要性。

正如我们在第一章所指出的，在传统测量学模式中，测验编制（和项目设计）通常不是在明确的建构理论驱动下，采用一种演绎式的、假设检验的方式进行的。因此，在传统模式中，对测验项目建构表征的分析往往是缺失的。当前测验分数和其他相关测验分数之间相关系数的方向和强度，以及相关矩阵所呈现出来的某种具体模式，不仅仅被用来理解当前所测建构和其他建构的关系，更主要的是被用来推断当前所测建构的实质内涵是什么（参见 Cronbach 和 Meehl 对焦虑一例的分析）。这样一来，建构的含义和重要性就混为了一谈。而在理论驱动的测量学模式下，项目设计（测验编制）通过建立建构理论中的关键变量和项目设计特征之间的关联，而使得建构表征的分析成为可能。这种分析进而又为理解所测建构的法则广度奠定了基础。

Embretson(1998)提供了在建构表征基础上开展法则广度分析的一个案例。她以矩阵完形任务（matrix completion problem）为基础，开发了用于测量个体流体智力（fluid intelligence）的抽象推理测验（abstract reasoning test，ART）。矩阵完形任务源于瑞文高级渐进矩阵测验（advanced progressive matrix test，APM）（见图 6.13）。从该图可以看出，解决矩阵完形任务的关键在于能够在不同图形的位置及其包含的特征中找到相应的变化规律，并以此确定缺失成分的具体特征。因此，解决该类任务主要包含两个认知加工过程：对应性鉴别（corresponding finding）和目标管理（goal management）。对应性鉴别是指发现矩阵中不同行列的图形间关系，并加以抽象。而

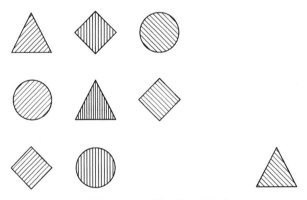

图 6.13　ART 矩阵完形任务案例（改编自杨向东，2010，p. 805）

目标管理是指当某个项目中含有多个相同或不同的关系时,个体必须记住并监控对问题解决的目标和子目标的加工顺序和先后过程,以便在需要时调整项目解决过程。对应性鉴别主要取决于个体的抽象能力(abstract capability),而目标管理主要取决于个体的工作记忆容量(working memory capacity)。

在前人研究的基础上(Carpenter, Just, & Shell, 1990), Embretson(1998)开发了一个专门针对 ART 项目的认知加工模型。该模型包括工作记忆容量和抽象能力两个认知变量以及叠加(overlay)、融合(fusion)和变形(distortion)三个知觉变量。与工作记忆容量相连的项目刺激特征是测验项目中的关系数量(number of relation),与抽象能力相连的刺激特征主要是项目中的关系类型(type of relation)。矩阵完形任务包含五种不同的关系或规则,由简单到复杂依次为同一性(identity)、两两渐进(pairwise progression)、图形加减(figure addition/subtraction)、三位分布(distribution of three)以及二位分布(distribution of two)(参见杨向东,2010 对每种关系的介绍)。三个知觉变量则主要涉及矩阵中图形及其属性呈现的视觉特征。通过系统变换任务中的关系类型和视觉特征,Embretson(1998)开发了 30 个不同的 ART 项目结构,150 个测验项目。每个项目结构完整地界定了矩阵完形任务中每个点上的图形的特征及其变化规律,通过具体图形形状的变化生成 5 个结构等价的具体项目。

后继的建构表征分析表明(Embretson,1998),项目对工作记忆容量的要求,即项目中的工作记忆负荷(working memory load),是决定项目难度和反应时间最为重要的认知变量。该认知变量操作化定义为项目中所包含的不同类型和数量的关系水平之和。关系水平由低到高依次编码为:1=同一性,2=两两渐进,3=图形加减,4=三位分布,5=二位分布。仅此一个认知变量就可以解释约 55% 的项目难度变异。加上答案位置(key position)和知觉变量两个变量,整个认知模型可以解释约 65% 的项目难度变异。由这些认知变量所对应的项目设计特征所形成的 30 个项目结构,能够预测超过 80% 的项目难度变化以及 77% 的项目反应时间长短。工作记忆负荷较高的项目结构对应于难度较大的测验项目。这些都表明 ART 项目的建构表征和该测验认知加工模型所提出的认知成分是吻合的[①]。

基于建构表征分析,ART 项目应该和测量工作记忆容量有关的测验项目或任务

---

① 与认知模型中抽象能力相对应的图形关系是二位分布。这类项目难度特别高。在整个项目题库中包含该类关系的项目非常少。这在一定程度上导致了抽象能力不是 ART 项目建构表征最主要的构成。

具有较高的相关；应该和测量诸如言语理解、机械能力的项目或任务具有相对较弱的相关；应该和测量加工速度的项目或任务几乎没有相关关系。为了检验这些假设，Embretson（1998）分析了 ART 测验分数和美国军队职业能力倾向量表（Armed Service Vocational Aptitude Battery，ASVAB）（Moreno，Wetzel，McBride，& Weiss，1984）各分测验分数的相关矩阵。研究表明，ASVAB 各分测验主要测量四个不同因素，即言语能力、量化推理、机械能力和加工速度（Moreno et al.，1984）。其中，个体在指向量化推理各分测验上的表现和其工作记忆容量有着重要关联（Kyllonen & Christal，1990）。这些分测验包括算术推理（arithmetic reasoning）、数学知识（mathematical knowledge）等。事实上，ART 项目和这些分测验有着较高的相关（相关系数分别为 0.487 和 0.428）。相比之下，ART 项目和指向言语或机械能力的分测验具有中等或较弱的相关。比如和机械理解（mechanical comprehension）的相关为 0.362，和科学常识（general science）的相关为 0.268，和词汇知识（word knowledge）的相关为 0.181 等。不出意外，ART 项目和指向加工速度的分测验相关很低，如和编码速度（coding speed）的相关为 0.069，和数字运算（numerical operations）的相关为 0.109 等。这些都提供了 ART 法则广度的有力证据。

虽然法则广度以及 Cronbach 和 Meehl（1955）进行的法则网络（nomological network）分析都是以当前测验分数和其他测验分数的相关矩阵为基础，但是两种分析方法在目的和取向上具有根本性的差异。法则网络分析中，当前测验和其他测验的相关矩阵最为重要的功能是被用来理解当前所测建构的含义。所以，法则网络分析旨在回答"当前测验究竟测量了什么"。而在法则广度分析中，由于建构表征分析从建构理论在当前测验（项目）中的具体表征的角度已经揭示了当前所测建构的含义，相关矩阵则主要被用来达到两个目的：一是检验当前建构和其他建构的关系是否和建构表征分析所揭示的含义相一致，提供"当前测验是否测量了它应该测量的东西"这一建构效度问题的进一步证据；二是在实质含义的层面上理解当前建构在某个领域中的重要性或影响力，形成对该领域的重要建构（属性）的深刻认识。此外，在分析取向上，法则网络分析在很大程度上是一种数据驱动的弱理论方式（weak theory approach）。而在法则广度分析中，研究者可以基于建构表征分析，形成当前建构和其他建构的具体理论假设，因而是一种假设检验式的强理论方式（strong theory approach）。它一方面提出了对建构理论较高的要求，另一方面也为提高包括项目设计在内的测量质量提供了一条可行的路径。

(四) 更为复杂的情况

截至目前,我们主要讨论了建构理论在测验项目中的具体表征,及其对测验数据的解释程度。这些讨论是建立在一个潜在的基本假设基础上的,即当前所测建构的实质理论及其在当前测验项目水平上的具体表征模型,是适用于测试群体的每一个个体的。正如我们在第四章所讨论的,这意味着对于被试总体中的每个个体而言,从建构到测验项目反应之间的因果机制是同质性的。在这种情况下,每个个体都遵循相同的问题解决过程,采用相同的问题解决策略。个别差异主要表现为个体实施这一过程或策略的成功程度或效率上的差异。项目难度差异则主要反映了解决不同项目所需要的认知成分(或操作)的数量和复杂性(Mislevy & Verhelst, 1990)。

然而,众多研究表明,个体在解决同样的认知问题时存在着问题解决策略上的不同(Kyllonen, Lohman, & Snow, 1984; Lohman, 2000; Lohman & Ippel, 1993)。例如,在解决如图 4.1 中的空间旋转任务时,研究者们发现不同个体可能会采取两种不同的策略来解决该类问题(Pellegrino, Mumaw, & Shute, 1985)。第一种策略是第四章所提到的先对图形进行空间旋转,然后进行比较(以下简称"空间策略")。另一种策略则不经过空间旋转,而是采用分析推理的方式,对两个图形中的特征进行匹配(以下简称"分析策略")。显然,不同的问题解决策略导致个体解决该类任务时,所经历的认知加工过程是不同的。相应的,影响问题解决难度的任务特征也随之发生变化。当采用空间策略时,两个图形空间方位的差异会影响个体对图形进行空间旋转的角度大小,进而影响问题解决难度。而当采用分析策略时,两个图形中不同突出特征的数量和鉴别难度成为影响问题解决的关键因素。这样一来,同样一组测验任务,对于采用不同策略的个体而言,不同项目之间的难度变化是不同的。那么,对于采用不同策略的个体来说,依据该组测验任务而建立起来的测量尺度就具有完全不同的实质内涵了。此时,如果用统一的测量模型来分析运用了不同问题解决策略的被试的测验数据,在效度上就是值得质疑的(Mislevy & Verhelst, 1990)。

假设用以解答某个测验的所有项目的认知策略共有 C 种,我们用随机变量 ζ (ζ = 1, …, C) 代表这些认知策略,用 $p(\zeta = c)$ 表示在所测样本中选择第 c 种认知策略的被试比例。假如对于测量某个建构的某组测验任务,可以通过某种方式事先确认被试所采用的问题解决策略,研究者可以基于此将被试分为 C 组。所有采用相同策略的被试被分在同一组中。在这种情况下,研究者可以根据在不同问题解决策略下,建构理论在测验项目中的具体模型,依次对各组的被试样本进行前面所述的测量学分析。这意味着,假如我们采用LLTM模型来分析第 c 组被试样本中建构理论中的认知成分对该组被试测验反应的解释程度,同样的分析需要在每个被试样本中进行一次。不过,不同被试样本中的LLTM模型有可能包含完全相同、部分相同,甚至完全不同的认知成分。即便认知成分完全或部分相同,这些成分在不同被试样本中所起的作用也有可能是不同的。这是因为,在不同的问题解决策略下,从建构到测验反应的因果机制发生了部分或完全的变化。相应的,它导致同一组测验项目在不同被试样本中的难度、鉴别力等测量学特征,以及不同项目间的难度关系发生变化。同一组测验项目在不同被试群体中所建立的测量尺度也是不同的。对于不同组别的被试而言,在测量尺度上相同的能力参数并不意味着相同的建构水平,甚至指向的未必是相同的建构。

实际上,研究者在大多数情况下并不知道某个被试究竟采用哪种问题解决策略。这种情况下,我们无法实际观察到 $p(\zeta=c)$ 的取值,但是可以借助于个体在测验项目上的反应模式来估计其采取某种问题解决策略的概率 $P(\zeta=c)=\pi_c$。正是针对这种情况,Mislevy 和 Verhelst(1990)提出了一个用以分析不同个体采取不同问题解决策略的混合测量模型(Mixture Psychometric Model)。设 $\mathbf{x}_i=(x_{i1}, x_{i2}, \cdots, x_{iJ})$ 为实际观测到的随机抽取的个体 i 对测验中所有 J 个测验项目的反应模式,则相应的概率可以表述为

$$P(\mathbf{x}_i \mid \boldsymbol{\theta}_i, \mathbf{b}_j) = \sum_{c=1}^{C} \pi_c \prod_{j=1}^{J} P(x_{ij} \mid \zeta_i=c, \theta_{ic}, b_{jc}) \qquad (6.25)$$

其中,$\boldsymbol{\theta}_i=(\theta_{i1}, \cdots, \theta_{ic}, \cdots, \theta_{iC})$ 是个体 i 在采取各种认知策略条件下的测量属性水平,$\mathbf{b}_j=(b_{j1}, \cdots, b_{jc}, \cdots, b_{jC})$ 是测验项目 J 在不同策略条件下的难度系数。假定在各种策略条件下个体对测验项目的反应模型为拉希模型,则有

$$P(x_{ij} \mid \zeta_i=c, \theta_{ic}, b_{jc}) = \left[\frac{\exp(\theta_{ic}-b_{jc})}{1+\exp(\theta_{ic}-b_{jc})}\right]^{x_{ij}} \left[1-\frac{\exp(\theta_{ic}-b_{jc})}{1+\exp(\theta_{ic}-b_{jc})}\right]^{1-x_{ij}}$$

$$(6.26)$$

公式 6.25 和 6.26 所构建的模型通常被称为混合拉希模型(Mixture Rasch Model,MRM;Rost,1990)。假如借助于相应的建构理论,在不同的问题解决策略下能够鉴别出影响项目难度(或其他测量学特征)的一系列认知变量(或项目特征),公式 6.26 中的项目难度 b_{jc} 可以被进一步表示为

$$b_{jc} = \sum_{k=0}^{K} \eta_{ck} q_{jck} \tag{6.27}$$

或者

$$b_{jc} = \sum_{k=0}^{K} \eta_{ck} q_{jck} + e_{jc}, \ e_{jc} \sim N(0, \sigma_c^2) \tag{6.28}$$

在公式 6.27 和 6.28 中，所有符号和之前的定义都相同，区别在于此处仅仅局限于采用特定策略 c 的情况下。

采用上述模型，研究者不仅可以估计在不同策略下同一项目的难度、不同认知成分的影响系数以及不同情况下认知模型对测验反应的解释程度，还可以估计采用某种策略的被试在所测样本中的比例 π_c、个体采用某种策略的概率 π_{ic} 以及相应的能力参数。此外，Mislevy 等人所提出的模型不仅适用于问题解决的多策略情境，还适用于不同认知发展水平的儿童解决同一问题类型的情况（Janssen & Van der Maas, 1997）。例如，在皮亚杰的认识发生论中，处于不同认知水平的儿童倾向于采用不同规则解决问题。对于同一组测验任务，采用不同规则的儿童将表现出截然不同的反应模式。此处，可以将不同的规则视为儿童问题解决的不同策略，运用上述模型对反应进行建模分析，从而估计某个儿童处于特定认知发展阶段的可能性。

在现实中，同一个体在解决不同测验项目时会随着问题情境的变化变换问题解决策略。针对这种情况，Rijmen, De Boeck 和 Van der Maas（2005）提出了一个允许个体在解决不同问题时转换认知策略的测量模型。沿用前面的符号，假设共有 C 种认知策略，$L_c(c=1, 2, \cdots, C)$ 为测验中个体 i 采用策略 c 解决的项目组合，那么，给定个体 i 在采用策略 c 时的测量属性水平 θ_{ic}，个体 i 采用策略 c 解决测验项目组合 L_c 时所得的反应模式 $\mathbf{y}_{ic}$ 的概率可以表示为

$$P(\mathbf{y}_{ic} \mid \theta_{ic}, \mathbf{b}_c) = \prod_{t: y_{it} \in L_c} \frac{\exp[y_{it}(\theta_{ic} - b_{tc})]}{1 + \exp(\theta_{ic} - b_{tc})} \tag{6.29}$$

其中，$\mathbf{b}_c = (b_{1c}, \cdots, b_{tc}, \cdots, b_{L_c})$ 是测验项目组合 L_c 中的不同项目在策略 c 下的难度系数。用 S 来代表解决测验项目时所有的策略转换的模式，$\max(S) = C^J$，则个体 i 对测验中所有 J 个测验项目的反应模式 $\mathbf{x}_i$ 的概率可以表示为

$$P(\mathbf{x}_i \mid \boldsymbol{\theta}_i, \mathbf{b}_1, \cdots, \mathbf{b}_C) = \sum_{s=1}^{S} P(W = s \mid \pi_0, \mathbf{A}) \left[\prod_{c=1}^{C} P(\mathbf{y}_{ic} \mid \theta_{ic}, \mathbf{b}_c) \right] \tag{6.30}$$

其中，W 是一个用于指代策略转换模式的随机变量，$\pi_0 = (\pi_{01}, \cdots, \pi_{0C})$ 是这些策略首次使用的概率，A 是不同策略间转换的概率矩阵。当 A 是一个单位矩阵时，公式 6.30 简化为公式 6.25。该模型不仅可以用于估计个体在解决测验项目时采用不同策略以及在不同策略间转换的可能性，还可以用于估计儿童在不同认知发展水平或状态间转换的可能性。

四、其他方面的测验学分析

除了以上讨论之外，还有很多其他的测量学分析没有涉及。这些分析包括传统意义上的项目测量学特征（比如难度、鉴别力、猜测度）分析、项目功能偏差、信息函数或测验信度、测验等值、诊断测验等等。此处没有专注于这些测验数据的分析，并不是因为它们不重要，而是对于这些分析，已经存在大量的文献资料和书籍。实际上，测量学书籍在一般意义上更多地关注于这些主题。读者可以通过其他著作了解和学习相关内容。对于项目反应理论下的项目分析、项目功能偏差、信息函数或测验信度等，读者可以参阅 Embretson & Reise (2000)、Hambleton & Swanminnathan (1985) 或者 Lord (1980)。对于经典测量理论，Gulliksen (1950) 依然是论述该理论的经典著作。Brennan (2001) 提供了有关概化理论的一个系统介绍。对测验等值感兴趣的读者可以参阅 Kolen & Brennan (2004)。

正如我们在本章开头所提到的，诊断性测验及其建模是目前非常活跃的一个领域（Leighton & Gierl, 2007; Rupp, Templin, & Henson, 2010）。和此处所主张的测量只有对连续性量化属性才有可能进行不同，目前所提出的大量诊断性模型将测验项目背后所测的建构或属性视为离散的知识或技能。假设某个测验的测量属性包括了某具体领域中 K 个不同的知识或技能，$q_{jk} = 1$ 或 0 代表测验项目 $j (j = 1, 2, \cdots, J)$ 是否考察知识或技能 $k (k = 1, 2, \cdots, K)$，$\alpha_{ik} = 1$ 或 0 代表个体 $i (i = 1, 2, \cdots, I)$ 是否掌握了知识或技能 k，则 $\boldsymbol{\alpha}_i = (\alpha_{i1}, \alpha_{i2}, \cdots, \alpha_{iK})$ 代表了个体 i 所拥有的测量属性情况，$q_j = (q_{j1}, q_{j2}, \cdots, q_{jK})$ 代表了测验项目 j 所考察的测量属性情况。这样一来，如表 6.4 所示的 Q 矩阵就可以用来表示测验项目与所测的知识技能之间的对应关系。

目前出来的多数认知诊断模型旨在借助于被试在测验项目上的反应，推断他们在这些离散的知识和技能上的掌握情况。这种"认知诊断"在根本上讲是一种技能诊断（skill diagnosis; Hartz, 2002; DiBello, Roussos, & Stout, 2007），与心理学意义上的认知诊断测验是有区别的(Lohman & Ippel，1993)。在缺乏项目加工机制的研究前提下，技能诊断并不能鉴别个体问题解决的具体过程、认知操作和策略，也就无法实现"对人类智能背后心理过程的鉴别"。

此外，目前涌现的许多诊断模型更多的是从模型的数理结构出发提出的。这些模型的假设是否真正符合知识丰富领域的任务解决过程还有待于进一步的验证。因此，诊断性测验及其建模分析这一领域的发展，以及这一领域对于当前心理或教育测量学的影响可能还需要更多的时间才能作出比较恰当的评判。

参考文献

杨向东. 教育测量在教育评价中的角色[J]. 全球教育展望,2007(36):15—25.

杨向东. 计算机适应性测验条件下认知设计项目的预测参数对能力参数估计的影响研究[J]. 心理学报,2010(42):802—812.

Adams, R. J., Wilson, M., & Wang, W. (1997). The multidimensional random coefficients multinomial logit model. *Applied Psychological Measurement*, 21, 1 - 23.

Allard, F., & Starkes, J. L. (1980). Perception in sport: Volleyball. *Journal of Sport Psychology*, 2, 22 - 33.

Alves, C. B., Gierl, M. J., & Lai, H. (2010). *Using automatic item generation to promote principled test design and development*. Paper presented at the annual meeting of the American Educational Research Asscoiation, Denver, CO, USA.

Anastasi, A., & Urbina, S. (1997). *Psychological Testing* (7th Ed.). NJ: Prentice Hall.

Anderson, J. R. (1993). Problem solving and learning. *American Psychologist*, 48, 35 - 44.

Anderson, J. R., & Boyle, C. F., & Reiser, B. J. (1985). Intelligent tutoring systems. *Science*, 228, 456 - 462.

Anderson, R. C. (1972). How to construct achievement tests to assess comprehension. *Review of Educational Research*, 42, 145 - 170.

Angoff, W. H. (1988). Validity: An evolving concept. In H. Wainer & H. Braun (Eds.), *Test validity* (pp. 9 - 13). Hillsdale, NJ: Lawrence Erlbaum.

Arbuckle, J., & Larimer, J. (1976). The number of two-way tables satisfying certain additivity axioms. *Journal of Mathematical Psychology*, 12, 89 - 100.

Arendasy, M., & Sommer, M. (2007). Using psychometric technology in educational assessment: the case of a schema-based isomorphic approach to the automatic generation of quantitative reasoning items. *Learning and Individual Differences*, 17, 366–383.

Ashcraft, M. H. (1994). *Human memory and cognition* (2nd ed.). Harper Collins College Publishers.

Atkin, A. (2010). Peirce's Theory of Signs. From Edward N. Zalta (ed.), The Stanford Encyclopedia of Philosophy, (Winter 2010 Edition), Extracted from http://plato.stanford.edu/archives/win2010/entries/peirce-semiotics on Oct, 20, 2012.

Baker, F. B., & S. Kim. (2004). *Item response theory, parameter estimation techniques*. Marcle Dekker, Inc., NY, New York.

Bartholomew, D. J. (1987). *Latent variable models and factor analysis*. London: Griffin.

Bejar, I. I. (1993). A generative approach to psychological and educational measurement. In. N. Frederiksen, R. J. mislevy, and I. I. Bejar (Eds.), *Test theory for a new generation of tests*. Hilldale, NJ: Lawrence Erlbaum.

Bejar, I. I. (2002). Generative testing: from conception to implementation. In. S. H., & P. C. Kyllonen, (2002). *Item generation for test development* (pp. 199–218). Mahwah, NJ: Lawernce Erlbaum Associates.

Bejar, I. I., Lawless, R. R., Morley, M. E., Wagner, M. E., Bennett, R. E., & Revuelta, J. (2003). A feasibility study of on-the-fly item generation in adaptive testing. Journal of Technology, Learning, and Assessment, 2(3). Available from http://www.jtla.org.

Bejar, I. I., & Yocom, P. (1991). A generative approach to the modeling of isomorphic hidden figure items. *Applied Psychological Measurement*, 15, 129–137.

Benjamin, A. C. (1937). *An introduction to the philosophy of science*. New York, NY: MacMillan.

Bereiter, C., & Scardamalia, M. (1987). *The psychology of written composition*. Hillsdale, NJ: Erlbaum.

Binet, A., & Simon, T. (1905a). Upon the necessity of establishing a scientific diagnosis of inferior stats of intelligence. *L'Année Psychologique*, 11, 163–191.

Binet, A., & Simon, T. (1905b). New methods for the diagnosis of the intellectual levels of subnormals. *L'Année Psychologique*, 11, 191–244.

Binet, A., & Simon, T. (1908). The development of intelligence in the child. *L'Année Psychologique*, 14, 1–94.

Birnbaum, A. (1957). *Efficient design and use of tests of a mental ability for various decision-making problems*. Series Report No. 58–16. Project No. 7755–23, USAF School of

Aviation Medicine, Randolph, Air Force Base, Texas: January.

Birnbaum, A. (1958a). *Further considerations of efficiency in tests of a mental ability.* Technical Report No. 17. Project No. 7755 - 23, USAF School of Aviation Medicine, Randolph, Air Force Base, Texas.

Birnbaum, A. (1958b). *On the estimation of mental ability.* Technical Report No. 15. Project No. 7755 - 23, USAF School of Aviation Medicine, Randolph, Air Force Base, Texas: January.

Birnbaum, A. (1968). Some latent trait model and their use in inferring an examinee's ability. In. F. M. Lord. , & M. R. Novick. (ed.). *Statistical theories of mental test scores* (pp. 309 -479). Reading, MA: Addison-Wesley.

Blanton, H. , & Jaccard, J. (2006). Arbitrary metrics in psychology. *American Psychologist*, 61, 27 - 41.

Bock, R. D. (1997). A brief history of item response theory. *Educational Measurement: Issues and Practice*, 16, 21 - 33.

Bock, R. D. , & Aitkin, M. (1981). Marginal maximum likelihood estimation of item parameters: Application of an EM algorithm. *Psychometrika*, 46, 443 - 459.

Bock, R. D. , Gibbons, R. , & Muraki, E. (1988). Full information item factor analysis. *Applied Psychological Measurement*, 12, 261 - 280.

Bollen, K. A. (1989). *Structure equations with latent variables.* New York, NY: Wiley.

Bolt, D. M. , & Lall, V. F. (2003). Estimation of compensatory and noncompensatory multidimensional item response models using Markov Chain Monte Carlo. *Applied Psychological Measurement*, 27, 395 - 414.

Borg, I. , & Shye, S. (1995). *Facet theory: form and content.* Thousands Oaks, CA: Sage.

Boring, E. G. (1923). Intelligence as the tests test it. *New Republic*, 35, 35 - 37.

Bormuth, J. R. (1970). *On the theory of achievement test items.* Chicago, IL: University of Chicago Press.

Borsboom, D. (2005). *Measuring the mind: conceptual issues in contemporary psychometrics.* Cambridge University Press.

Borsboom, D. (2006). The attack of the psychometricians. *Psychometrika*, 71, 425 - 440.

Borsboom, D. , Mellenbergh, G. J. , & van Heerden, J. (2004). The concept of validity. *Psychological Review*, 111, 1061 - 1071.

Brennan, R. L. (2001). *Generalizability theory.* New York: Spinger-Verlag.

Bridgeman, P. W. (1927). *The logic of modern physics*. New York, NY: Macmillan.

Briggs, D. C., & Wilson, M. (2007) Generalizability in item response modeling. *Journal of Educational Measurement*, Vol 44(2), 131–155.

Brody, N. (2000). History of theories and measurements of intelligence. In R. J. Sternberg (Eds.), *Handbook of intelligence* (pp. 16–33). New York: Cambridge University Press.

Brogden, H. E. (1977). The Rasch model, the law of comparative judgement and additive conjoint measurement, *Psychometrika*, 42, 631–634.

Brown, J. (1985). An introduction to the uses of facet theory. In. D. Canter (Eds.), *Facet Theory: Approaches to Social Research* (pp. 17–57). New York, NY: Springer-Verlag.

Brown, J. S., & Burton, R. R. (1978). Diagnostic models for procedural bugs in basic mathematics skills. *Cognitive Science*, 2, 155–192.

Butter, R., De Boeck, P., & Verhelst, N. (1998). An item response model with internal restrictions on item difficulty. *Psychometrika*, 63, 47–63.

Campbell, D. T., & Fiske, D. W. (1959). Convergent and discriminant validation by the multitrait-multimethod matrix. *Psychological Bulletin*, 56, 81–105.

Campbell, N. R. (1920). *Physics, the elements*. Cambridge, UK: Cambridge University Press.

Canter, D. (1983). The potential of facet theory for applied social psychology. *Quality and Quantity*, 17, 35–67.

Carnap, R. (1936). Testability and meaning I. *Philosophy of Science*, 3, 419–471.

Carnap, R. (1937). Testability and meaning II. *Philosophy of Science*, 4, 1–40.

Carpenter, P. A., & Just, M. A. (1978). Eye fixations during mental rotation. In. J. W. Senders, D. F. Fisher, & R. A. Monty (Eds.), *Eye movements and higher psychological functions* (pp. 115–134). Hillsdale, NJ: Lawrence Erlbaum Associates.

Carpenter, P. A., Just, M. A., & Shell, P. (1990). What one intelligence test measures: A theoretical account of processing in the Raven's Progressive Matrices Test. *Psychological Review*, 97, 404–431.

Carroll, J. B. (1945). The effect of difficulty and chance success on correlations between items and between tests. *Psychometrika*, 26, 347–372.

Carroll, J. B. (1976). Psychometric tests as cognitive tasks: A new "structure of intellect." In. L. B. Resnick (Eds.), *The nature of intelligence* (pp. 27–56). Hillsdale, NJ: Lawerence Erlbaum Associates.

Carroll, J. B. (1983). The difficulty of a test and its factor composition revisited. In. H. Wainer &

S. Messick (Eds.), *Principles of modern psychological measurement*. Hillsdale, NJ: Erlbaum.

Carroll, J. B. (1993). *Human cognitive abilities — A survey of factor analytic studies*. Cambridge: Cambridge University Press.

Carroll, J. B., & Maxwell, S. E. (1979). Individual differences in cognitive abilities. *Annual Review of Psychology*, 30, 603 - 640.

Cattell, J. M. (1980). Mental tests and measurement. *Mind*, 15, 373 - 381.

Chase, W. G., & Simon, H. A. (1973). Perception in chess. *Cognitive Psychology*, 4, 55 - 81.

Chatterji, M. (2003). *Designing and using tools for Educational Assessment*. Pearson Education, Inc..

Chi, M. T. H., Feltovich, P. J., & Glaser, R. (1981). Categorization and representation of physics problems by experts and novices. *Cognitive Science*, 5, 121 - 152.

Christoffersson, A. (1975). Factor analysis of dichotomized variables. *Psychometrika*, 40, 5 - 32.

Churchland, P. (1979). *Scientific realism and the plasticity of mind*. Cambridge University of Press.

Compbell, D. T., & Fiske, D. W. (1959). Convergent and discriminant validation by the multitrait-multimethod matrix. *Psychological Bulletin*, 56, 81 - 105.

Cone, J. D. (1979). Confounded comparisons in triple response mode assessment research. *Behavioral Assessment*, 1, 85 - 95.

Coombs, C. H. (1948). A rationale for the measurement of traits in individuals. *Psychometrika*, 13, 59 - 68.

Coombs, C. H. (1952). *A theory of psychological scaling*. Bulletin No. 34, University of Michigan, Engineering Research Institute.

Coombs, C. H. (1964). *A theory of data*. New York, NY: Wiley.

Cooper, L. A., & Shepard, R. N. (1973). Chronometric studies of the rotation of mental images. In. W. G. Chase (Eds.), *Visual information processing* (pp. 76 - 176). New York, NY: Academic Press.

Corballis, M. C. (1982). Mental rotation: analysis of a paradigm. In M. Potegal (Eds.), *Spatial abilities: Developmental and psychological foundations* (pp. 173 - 198). New York, NY: Academic Press.

Crocker, L., & Algina, J. (1986). *Introduction to classical and modern test theory*. New

York: Holt, Rinehart & Winston.

Cronbach, L. J. (1957). The two disciplines of scientific psychology. *American Psychologist*, 12, 671-684.

Cronbach, L. J. (1970). Review of "On the theory of achievement test items". *Psychometrika*, 35, 509-511.

Cronbach, L. J., & Gleser, G. C. (1965). *Psychological tests and personnel decisions*. Urbana, IL: University of Illinois Press.

Cronbach, L. J., & Gleser, G. C., Nanda, H., & Rajaratnam, N. (1972). *The dependability of behavioral measurements: Theory of generalizability for scores and profiles*. New York, NY: Wiley.

Cronbach, L. J., & Meehl, P. E. (1955). Construct validity in psychological tests. *Psychology bulletin.* 52, 281-302.

Cronbach, L. J., Rajaratnam, N., Gleser, G. C. (1963). Theory of generalizability: A liberalization of reliability theory. *British Journal of Statistical Psychology*, 16, 137-163.

Daniel, R. C., & Embretson, S. E. (2010). Designing cognitive complexity in mathematical problem-solving items. *Applied Psychological Measurement*, 34, 348-364.

Das, J. P., & Naglieri, J. A. (1997). Intelligence revised: The planning, attention, simultaneous, successive (PASS) cognitive processing theory. In. R. F. Dillon (Ed.), *Handbook on testing* (pp. 136-163). Westport, CT: Greenwood Press.

Das, J. P., & Naglieri, J. A., & Kirby, J. R. (1994). Assessment of cognitive processes. The PASS theory of intelligence. USA: Allyn & Bacon.

Davidson, D. (1970). "Mental Events", reprinted in D. Davidson (1980) (Eds.), *Essays on actions and events*. Oxford: Clarendon Press.

Davidson, D. (1980). *Essays on actions and events*. Oxford: Clarendon Press.

Davidson, J. E., & Downing, C. L. (2000). Contemporary models of intelligence. In R. J. Sternberg (Eds.), *Handbook of intelligence* (pp. 34-49). New York: Cambridge University Press.

Davis-Stober, C. P. (2009). Analysis of multinomial models under inequality constraints: applications to measurement theory. *Journal of Mathematical Psychology*, 53, 1-13.

De Boeck, P., & Wilson, M. (2004). *Explanatory item response models*. New York, NY: Springer.

De Groot, A. (1978). *Thought and choice in chess*. The Hague: Mouton. (Original work published 1946)

DiBello, L., Roussos, L., & Stout, W. (2007). Review of cognitively diagnostic assessment and a summary of psychometric models. In C. R. Rao & S. Sinharay (Eds.), *Handbook of Statistics*, 26 (pp. 979-1030). Amsterdam, Elsevier.

Digman, J. M. (1990). Personality structure: Emergence of the five-factor model. *Annual Review of Psychology*, 41, 417-440.

Dorans, N. J., & Kulick, E. (1986). Demonstrating the utility of the standardization approach to assessing unexpected differential item performance on the Scholastic Aptitude Test. *Journal of Educational Measurement*, 23, 355-368.

Drasgow, F., Levine, M. V., & McLaughlin, M. E. (1987). Detecting inappropriate test scores with optimal and practical appropriate indices. *Applied Psychological Measurement*, 11, 59-79.

Edwards, J. R., & Bagozzi, R. P. (2000). On the nature and direction of relationships between constructs and measures. *Psychological Methods*, 5, 155-174.

Ekstrom, R. B., French, J. W., Harman, H. H., & Dermen, D. (1976). *Kit of factor referenced cognitive tests*. Princeton, NJ: Educational Testing Services.

Ellis, J. L. and Van den Wollenberg, A. L. (1993). Local homogeneity in latent trait models: a characterization of the homogeneous monotone IRT model. *Psychometrika*, 58, 417-429.

Embretson, S. E. (1983). Construct validity: construct representation versus nomothetic span. *Psychological Bulletin*, 93, 179-197.

Embretson, S. E. (1985). *Test design: developments in psychology and psychometrics*. Academic Press.

Embretson, S. E. (1994). Application of cognitive design systems to test development. In. C. R. Reynolds (Eds.), *Cognitive Assessment: A multidisciplinary Perspective* (pp. 107-135). New York, NY: Plenum Press.

Embretson, S. E. (1998). A cognitive design system approach to generating valid tests: Application to abstract reasoning. *Psychological Methods*, 3, 300-326.

Embretson, S. E. (1999). Generating items during testing: psychometric issues and models. *Psychometrika*, 64, 407-433.

Embretson, S. E. (2002). Generating abstract reasoning items with cognitive theory. In. S. H., & P. C. Kyllonen, (2002). *Item generation for test development* (pp. 219-250). Mahwah, NJ: Lawernce Erlbaum Associates.

Embretson, S. E. (2004). The second century of ability testing: some predictions and speculations. *Measurement*, 2, 1-32.

Embretson, S. E. (2006). The continued search for nonarbitrary metrics in psychology. *American Psychologist*, 61, 50-55.

Embretson, S. E. (2007). Construct validity: A universal validity system or just another test evaluation procedure. *Educational Researcher*, 36, 449-455.

Embretson, S. E. (2010). *Measuring psychological constructs: advances in model-based approaches.* Washington, DC: American Psychological Association.

Embretson, S. E., & Daniel, R. C. (2008). Understanding and quantifying cognitive complexity level in mathematical problem solving items. *Psychology Science Quarterly*, 50, 328-344.

Embretson, S. E., & Gorin, J. (2001). Improving construct validity with cognitive psychology principles. *Journal of Educational Measurement*, 38, 343-368.

Embretson, S. E., & Reise, S. P. (2000). *Item response theory for psychologists.* Hillsdale, NJ: Erlbaum.

Embretson, S. E., & Yang, X. (2006a). Item response theory. In J, Green, G. Camilli, & P, Elmore (Eds.), *Complementary research methods for education*, 3rd edition, (pp. 385-410). Washington DC: American Educational Research Association.

Embretson, S. E., & Yang, X. (2006b). Multicomponent latent trait models for complex tasks. *Journal of Applied Measurement*, 7, 335-350.

Embretson, S. E., & Yang, X. (2007). Automatic item generation and cognitive psychology. In S. Sinharay, & R. Rao (Eds.), *Handbook of Statistics: psychometrics* (pp. 747-768). Amsterdam, The Netherland: Elservier, B. V.

Feigl, H. (1950). Existential hypotheses: realistic versus phenomenalistic interpretations. *Philosophy of Science*, 17, 35-62.

Feldon, D. F. (2007). The implication of research on expertise for curriculum and pedagogy. *Educational Psychology Review*, 19, 91-110.

Fischer, G. H. (1973). The linear logistic test model as an instrument in educational research. *Acta Psychologica*, 37, 359-374.

Fischer, G. H. (1995). The linear logistic test model. In G. H. Fischer & I. W. Molenaar (Eds.), *Rasch Models: Foundations, Recent Developments, and Applications* (pp. 131-155). New York, NY: Springer.

Fu, J., & Li, Y. (2007). Cognitively diagnostic psychometric models: An integrated review.

Paper presented at the American Educational Research Association (AERA) Annual Meeting In Chicago, IL, April 9 - April 13.

Galton, F. (1883). *An inquiry into human faculty*. London, Macmillan.

Gierl, M. J., & Haladyna, T. M. (2012). *Automatic item generation: Theory and practice*. New York, NY: Routledge.

Glas, C. A. W., & Van der Linden, W. J. (2003). Computerized adaptive testing with item cloning. *Applied Psychological Measurement*, 27, 247 - 261.

Glass, G. V., & Hopkins, K. D. (1996). *Statistical methods in education and psychology*. (3rd Ed.). Needham Heights, MA: Allyn & Bacon.

Goldman, S. R., & Pelligrino, J. W. (1984). Deductions about induction: Analysis of developmental and individual differences. In. R. J. Sternberg (Ed.), *Advances in the psychology of human intelligence* (Vol. 2, pp. 149 - 197). Hillsdale, NJ: Erlbaum.

Gorin, J., & S. E. Embretson. (2013). Using cognitive psychology to generate items and predict item characteristics. In. M. J. Gierl & T. M. Haladyna (Eds.), *Automatic item generation: theory and practice* (pp. 136 - 156). New York, NY: Routledge, Taylor & Francis Group.

Gorin, J. S. (2005). Manipulating processing difficulty of reading comprehension questions: The feasibility of verbal item generation. *Journal of Educational Measurement*, 42, 351 - 373.

Gorin, J. S. (2006). Test design with cognition in mind. *Educational Measurement: Issues and Practice*, 25, 21 - 35.

Greeno, J. G. (1994). Gibson's affordances. *Psychological Review*, 101, 336 - 342.

Guilford, J. P. (1967). *The nature of human intelligence*. New York: McGraw-Hill.

Gulliksen, H. (1950). *Theory of mental tests*. New York, NY: John Wiley & Sons.

Guttman, L. (1944). A basis for scaling qualitative data. *Amercian Sociological Review*, 9, 139 - 150.

Guttman, L. (1950). The basis for scalogram analysis. In S. A. Stouffer, L. A. Guttman, F. A. Suchman, P. F. Lazarsfeld, S. A. Star, & J. A. Clausen (Eds.), *Studies in social psychology in World War II: Vol. 4. Measurement and prediction* (pp. 60 - 90). Princeton: Princeton University Press.

Guttman, L. (1950). The basis for scalogram analysis. In G. M. Maranell (2007), *Scaling: A sourcebook for behavioral Scientists* (pp. 142 - 171). New Brunswick, NJ: Aldine Transaction Publisher.

Guttman, L. (1954). A new approach to factor analysis: the radix. In P. F. Lazarsfeld (Eds.), *Mathematical thinking in the social sciences* (pp. 216-257). New York, NY: Free Press.

Guttman, L. (1968). A general nonmetric technique for finding the smallest coordinate space for a configuration of points. *Psychometrika*, *33*, 469-506.

Guttman, L. (1969). Integration of test design and analysis. In. *Proceedings of the 1969 Invitational Conference on Test Problems*. Princeton, NJ: Educational Testing Service.

Guttman, L. (1971). Measurement as structural theory. *Psychometrika*, *36*, 329-347.

Guttman, L., & Levy, S. (1991). Two structural laws for intelligence tests. *Intelligence*, *15*, 79-103.

Guttman, R., Epstein, E., Amir, M., & Guttman, L. (1990). A structural theory of spatial abilities. *Applied Psychological Measurement*, *3*, 217-236.

Guttman, R., & Greenbaum, C. W. (1998). Facet theory: its development and current status. *European Psychologist*, *3*, 13-36.

Haladyna, T. M. (1997). *Writing test items to evaluate higher order thinking*. Needham Heights, MA: Allyn and Bacon.

Hambleton, R. K., & Swanminathon, H. (1985). *Item response theory: principles and applications*. Boston: Kluwer-Nijhoff.

Harmon, L. W., Hansen, J. C., Borgen, F. H., & Hammer, A. L. (1994). *Strong interest inventory: Applications and technical guide*. Standford, CA: Standford University Press.

Hartz, S. (2002). *A Bayesian framework for the unified model for assessing cognitive abilities: blending theory with practicality*. Unpublished doctoral thesis, university of Illinois at Urbana-Champaign.

Hathaway, S. R., & McKinley, J. C. (1940). A multiphasic personality schedule (Minnesota): I. Construction of the schedule. *Journal of Psychology*, *10*, 249-254.

Hathaway, S. R., & McKinley, J. C. (1989). *The Minnesota Multiphasic Personality Inventory II*. Minneapolis: University of Minnesota Press.

Hegarty, M., Mayer, R. E., & Monk, C. A. (1995). Comprehension of arithmetic word problems: A comparison of successful and unsuccessful problem solvers. *Journal of Educational Psychology*, *87*, 18-32.

Hively, W., Maxwell, G., Rabehl, G., Sension, D., & Lundin, S. (1973). *Domain-referenced curriculum evaluation: A technical handbook and a case study from the MINNEMAST project*. Los Angles: Center for the Study of Evaluation, Univ. of

California.

Hively, W. , Patterson, H. L. , & Page, S. (1968). A "universe-defined" system of arithmetic achievement tests, *Journal of Educational Measurement*, 5, 275 – 290.

Holden, R. B. (2010). Face validity. In I. B. Weiner, & W. E. Craighead (Eds.), *The Corsini Encyclopedia of Psychology* (4th ed.) (pp. 637 – 638). Hoboken, NJ: Wiley.

Hölder, O. (1901). Die Axiome der Quantität and die Lehre vom Mass, *Berichte über die Verhandlungen der Königlich Sähsischen Gesellschaft der Wissenschaften zu Leipzig, Mathematicsch-Physische Klasse*, 53, 1 – 46.

Holland, P. W. (1986). Statistics and causal inference. *Journal of the American Statistical Association*, 81, 945 – 960.

Holland, P. W. (1990). On the sampling theory foundations of item response theory models. *Psychometrika*, 55, 577 – 601.

Holland, P. W. (2003). Classical test theory as a first-order item response theory: application to true-score prediction from a possibly nonparallel test. *Psychometrika*, 68, 123 – 149.

Holland, P. W. , & Thayer, D, T. (1988). Differential item performance and the Mantel-Haenszel procedure. In H. Wainer & H. I. Braun (Eds.), *Test validity* (pp. 129 – 145). Hillsdale, NJ: Erlbaum.

Holland, P. W. , & Wainer, H. (1993). *Differential item functioning*. Hillsdale, NJ: Lawrence Erlbaum Associates.

Hopkins, K. D. (1998). *Educational and Psychologial Measurement and Evaluation*. Eighth edition. Needham Heights, MA: Allyn and Bacon.

Horn, J. L. , & Cattell, R. B. (1966). Refinement and test of theory of fluid and crystallized general intelligences. *Journal of Educational Psychology*, 57, 253 – 270.

Humphreys, L. G. , & Lubinski, D. J. (1998). Assessing spatial visualization: An underappreciated ability of many school and work settings. In C. P. Benbow & D. J. Lubinski (Eds.), *Intellectual talent: Psychometric and Social Issues*. (pp. 116 – 140). Baltimore: Johns Hopkins University Press.

Humphreys, L. G. , Lubinski, D. J. , & Yao, G. (1993). Utility of predicting group membership and the role of spatial visualization in becoming an engineer, physical scientist, or artist. *Journal of Applied Psychology*, 78, pp. 250 – 261.

Humphreys, P. (1997). Emergence, Not Supervenience. *Philosophy of Science*, 64, 337 – 345.

Hunt, E. B. (1978). Mechanics of verbal ability. *Psychological Review*, *85*, 109–130.

Hunt, E. B., Lunneborg, C., & Lewis, J. (1975). What does it mean to be high verbal? *Cognitive Psychology*, *7*, 194–227.

Irvine, S. H. (2002). The foundations of item generation for mass testing. In S. H., & P. C. Kyllonen (2002). *Item generation for test development* (pp. 3–34). Mahwah, NJ: Lawernce Erlbaum Associates.

Irvine, S. H., & Kyllonen, P. C. (2002). *Item generation for test development*. Mahwah, NJ: Erlbaum.

Jackson, D. N. (1970). A sequential system for personality scale development. In: C. N. Spielberger (ed.), *Current Topics in Clinical and Community Psychology*, Vol. 2. (pp. 61–96). New York, NY: Academic Press.

Janssen, B. R. J., & Van der Maas, H. L. J. (1997). Statistical test of the rule assessment methodology by latent class analysis. *Developmental Review*, *17*, 321–357.

Janssen, R., Schepers, J., & Peres, D. (2004). Models with item and item group predictors. In. P. De Boeck., & M. Wilson (Eds.), *Explanatory item response models: A generalized linear and nonlinear approach* (pp. 189–212). New York, NY: Springer-verlag.

Janssen, R., Tuerlinckx, F., Meulders, M., & De Boeck, P. (2000). A hierarchical IRT model for criterion-referenced measurement. *Journal of Educational and Behavioral Statistics*, *25*, 285–306.

Jerrard, H. G., & McNeill, D. B. (1992). *Dictionary of scientific units*. London, Chapman and Hall.

Johnson-Laird, P. N. (1989). Mental models. In M. I. Posner (Eds.), *Foundations of cognitive science* (pp. 469–500). MIT Press.

Jöreskog, K. G. (1971). Statistical analysis of sets of congeneric tests. *Psychometrika*, *36*, 109–342.

Just, P. A., & Capenter, J. A. (1985). Cognitive coordinate systems: Accounts of mental roation and individual differences in spatial ability. *Psychological Review*, *92*, 137–172.

Kane, M. T. (1982). A sampling model for validity. *Applied Psychological Measurement*, *6*, 125–160.

Kane, M. T. (1992). An argument-based approach to validity. *Psychological Bulletin*, *112*, 527–535.

Kane, M. T. (2001). Current concerns in validity theory. Journal of Educational Measurement, 4,

319 - 342.

Kane, M. T. (2006). Validation. In R. Brennan. (ed.). *Educational Measurement* (4th ed.) (pp. 17 - 64). Westport, CT: Greenwood Publishing.

Karabatsos, G. (2001). The Rasch model, additive conjoint measurement, and new models of probabilistic measurement theory. *Journal of Applied Measurement*, 2, 389 - 423.

Karabatsos, G. (2005). The exchangeable multinomial model as an approach for testing axioms of choice and measurement. *Journal of Mathematical Psychology*, 49, 51 - 69.

Karabatsos, G., & Sheu, C. F. (2004). Bayesian order constrained inference for dichotomous models of unidimensional non-parametric item response theory. *Applied Psychological Measurement*, 28, 110 - 125.

Karabatsos, G., & Ullrich, J. R. (2002). Enumerating and testing conjoint measurement models. *Mathematical Social Sciences*, 43, 485 - 504.

Keat, J. (1967). Test theory. *Annual Review of Psychology*, 18, 217 - 238.

Kelly, T. L. (1927). *Interpretation of educational measurements*. New York, NY: Macmillan.

Kim, J. (1993). *Supervenience and mind: selected philosophical essays*. Cambridge: Cambridge University Press.

Kim, S., & Cohen, A. S. (1991). A comparison of two area measures for detecting differential item functioning. *Applied Psychological Measurement*, 15, 269 - 278.

Klayman, J. (1995). Varieties of confirmation bias. *Psychology of Learning and Motivation*, 42, 385 - 418.

Kolen, M. J., & Brennan, R. L. (2004). *Test equating, scaling, and linking: Methods and practices* (2nd Ed.) New York: Springer-Verlag.

Kotovsky, K., & Simon, H. A. (1973). Emprical test of a theory of human acquisition of concepts for sequential events. *Cognitive Psychology*, 4, 399 - 424.

Kozak, M. J., & Mill, G. A. (1982). Hypothetical constructs versus intervening variables: A re-appraisal of the three-systems model of anxiety assessment. *Behavioral Assessment*, 4, 347 - 358.

Krantz, D. H., Luce, R. D., Suppes, P., & Tversky, A. (1971). *Foundations of Measurement, Vol I: Additive and Polynomial Representations*. Mineola, NY: Dover Publications, Inc.

Kuhn, T. S. (1970). *The structure of science revolutions* (2nd ed.). Chicago, IL: University of Chicago Press.

Kyllonen, P. C. (1984). *Information processing analysis of spatial ability*, unpublished doctoral dissertation, Stanford University.

Kyllonen, P. C. (1993a). Aptitude testing inspired by information processing: A test of the four source model. *Journal of General Psychology*, 120, 375–405.

Kyllonen, P. C. (1993b). Cognitive abilities testing: An Agenda for the 1990s. In M. G. Rumsey, C. B. Walkey, & J. H. Harris (Eds.), *Personnel selection and classification*. Mahwah, NJ: Erlbaum.

Kyllonen, P. C., & Christal, R. E., (1989). Cognitive modeling of learning abilities: A status report of LAMP. In R. Dillon & J. W. Pelegrino (Eds.), *Testing: Theoretical and applied issues* (pp. 112–137). New York: Freeman.

Kyllonen, P. C., & Christal, R. E. (1990). Reasoning ability is (little more than) working memory capacity?! *Intelligence*, 14, 389–433.

Kyllonen, P. C., Lohman, D. F., & Snow, R. E. (1984). Effects of aptitudes, strategy training, and task facets on spatial task performance. *Journal of Educational Psychology*, 76, 130–145.

Kyllonen, P. C., Lohman, D. F., & Woltz, D. J. (1984). Componential modeling of alternative strategies for performing spatial tasks. *Journal of Educational Psychology*, 76, 1325–1345.

Kyngdon, A. (2008). The Rasch model from the perspective of the representational theory of measurement. *Theory and Psychology*, 18, 89–109.

Kyngdon, A. (2011). Plausible measurement analogies to some psychometric models of test performance. *British Journal of Mathematical and Statistical Psychology*, 64, 478–494.

Lane, S. (1991). Use of restricted item response models for examining item difficulty ordering and slope uniformity. *Journal of Educational Measurement*, 28, 295–309.

Lavasz, N. & Slaney, K. L. (2013). What makes a hypothetical construct "hypothetical"? Tracing the origins and uses of the "hypothetical construct" concept in psychological science. *New Ideas in Psychology*, 31, 22–31.

Lazarsfeld, P. F., & Henry, N. W. (1968). *Latent structure analysis*. Boston: Houghton Mifflin.

Leighton. J., & Gierl. M. (2007). *Cognitive Diagnostic Assessment in Education: Theory and Applications*. New York, NY: Cambridge University Press.

Lemke, E., & Wiersma, W. (1976). *Principles of psychological measurement*. Rand McNally College Publishing Company.

Likert, R., & Quasha, W. H. (1970). *Revised Minnesota Paper Form Board Test: Manual*. Psychological Corporation.

Lingoes, J. C. (1973). *The Guttman-Lingoes nonmetric program series*. Ann Arbor, Mathesis.

Linn, R., & Gronlund, N. E. (2000). *Measurement and assessment in teching*. 8th edition. Upper Saddle River, NJ: Prentice Hall.

Loehlin, J. C. (1998). *Latent variable models: An introduction to factor, path and structural analysis* (3rd ed.). Mahwah, NJ: Lawrence Erlbaum.

Lohman, D. F. (1979). *Spatial ability: A review and reanalysis of the correlational literature* (Tech. Rep. No. 8). Stanford, CA: Aptitude Research Project, School of Education, Stanford University.

Lohman, D. F. (2000). Complex information processing and intelligence. In R. J. Sternberg (Eds.), *Handbook of intelligence* (pp. 285–340). New York: Cambridge University Press.

Lohman, D. F., & Ippel, M. J. (1993). Cognitive diagnosis: from statistically based assessment toward theory based assessment. In N. Frederiksen. R. J. Mislevy. & I. I. Bejar (Eds.). *Test theory for a new generation of tests* (pp. 41–71). Hillsdale, NJ: Erlbaum.

Lohman, D. F., Pelligrino, J. W., Alderton, D. L., Regian, J. W. (1987). Dimensions and components of individual differences in spatial abilities. In S. H. Irvine & S. E. Newstead (Eds.), *Intelligence and Cognition: Contemporary Frames of Reference* (pp. 253–312). Dordrecht, The Netherlands: Martinus Nijhoff.

Lord, F. (1952). A theory of Test Scores (Psychometric Monograph No. 7). Richmond, VA: Psychometric Corporatioin. Retrieved from http://www.psychometrika.org/journal/online/MN07.pdf.

Lord, F. M. (1980). *Applications of item response theory to practical testing problems*. Hillsdale, NJ: Erlbaum.

Lord, F. M., & Novick, M. R. (1968). *Statistical theories of mental test scores*. Reading, MA: Addison-Wesley.

Luce, R. D., & Turkey, J. W. (1964). Simultaneous conjoint measurement: A new type of fundamental measurement. *Journal of Mathematical Psychology*, 1, 1–27.

Luce, R. D., & Turkey, J. W. (1964). Simultaneous conjoint measurement: A new type of fundamental measurement. *Journal of Mathematical Psychology*, 1, 1–27.

Luecht, R. M. (2013). An introduction to assessment engineering for automatic item generation (pp. 59–76). In M. J. Gierl & T. M. Haladyna (Eds.), *Automatic item generation: Theory and practice*. New York, NY: Routledege.

Luria, A. R. (1973a). *The working brain*. New York: Basic Books.

MacCorquodale, K., & Meehl, P. E. (1948). On a distinction between hypothetical construct and intervening variables. *Psychological Review*, 55, 95–107.

Machamer, P., Darden, L., & Craver, C. (2000). Thinking about mechanism, *Philosophy of Science*, 67, 1–25.

Maul, A. (2012). *The ontology of psychological attributes: Implications for measurement*. Paper presented at the annual meeting of the National Council on Measurement in Education (NCME), Voncovour, CA.

Mayer, R. E., Larkin, J. H., & Kadane, J. B. (1984). *A cognitive analysis of mathematical problem-solving ability*. In R. J. Sternberg (Eds.). Advances in the psychology of human intelligence (pp. 231–273). Hilldale, NJ: Lawrence Erlbaum Associates.

McCrae, R. R., & Costa, P. T. Jr. (1997). Personality trait structure as a human universal. *American Psychologist*, 52, 509–516.

McDonald, R. P., & Ahlawat, K. S. (1974). Difficulty factors in binary data. *British Journal of Mathematical and Statistical Psychology*, 27, 82–99.

McDonald, R. P. (1967). *Nonlinear factor analysis*. Psychometric Monograph, No. 15.

McKinley, R. L., & Reckase, M. D. (1982). *The use of the general Rasch model with multidimensional item response data* (Research Report ONR 82–1). Iowa City IA: American College Testing.

Meehl, P. E. (1945). An investigation of a general normality or control factor in personality testing. *Psychological Monographs*, 59 (4, Whole No. 274).

Meijer, R. R. (1996). Person-fit research: an introduction. *Applied Psychological Measurement*, 9, 3–8.

Melnyk, A. (2003). *A physicalist manifesto: Thoroughly modern materialism*. Cambridge, UK: Cambridge University Press.

Meredith, W. (1993). Measurement invariance, factor analysis, and factorial invariance. *Psychometrika*, 58, 525–543.

Messick, S. (1989a). Validity. In R. L. Linn (Eds.), *Educational measurement* (3rd ed.) (pp. 13–103). New York: American Council on Education/ Macmillan.

Messick, S. (1989b). Meaning and values in test validation: The science and ethics of assessment. *Educational Researcher*, 18, 5–11.

Messick, S. (1995). Validity of psychological measurement: Validation of inferences from person's responses and performances as scientific inquiry into score meaning. *American Psychologist*, *50*, 741-749.

Michell, J. (1990). *An introduction to the logic of psychological measurement*. Hillsdale, NJ: Erlbaum.

Michell, J. (1999). *Measurement in psychology: Critical history of a methodological concept*. Cambridge, UK: Cambridge University Press.

Michell, J. (2003). Measurement: A beginner's guide. *Journal of Applied Measurement*, *4*, 298-308.

Michell, J. (2013). Constructs, inferences and mental measurement. *New Ideas in Psychology*, *31*, 13-21.

Michell, J., & Ernst, C. (1976). The axioms of quantity and the theory of measurement, part I, An English translation of Hölder (1901), Part I. *Journal of Mathematical Psychology*, *40*, 235-252.

Michell, J., & Ernst, C. (1977). The axioms of quantity and the theory of measurement, part II, An English translation of Hölder (1901), Part II. *Journal of Mathematical Psychology*, *41*, 345-356.

Millman, J., & Greene, J. (1989). The specification and development of tests for achievement and ability. In R. L. Linn (Eds.), *Educational Measurement* (3rd ed.) (p. 335-366). New York: Macmillan.

Mislevy, R. J., & Verhelst, N. (1990). Modeling item responses when different subjects employ different solution strategies. *Psychometrika*, *55*, 195-215.

Mislevy, R. J. (1986). Recent developments in the factor analysis of categorical variables. *Journal of Educational Statistics*, *11*, 3-31.

Mislevy, R. J. (1988). Exploiting auxiliary information about items in the estimation of Rasch item difficulty parameters. *Applied Psychological Measurement*, *12*, 725-737.

Mislevy, R. J. (1996). Test theory reconceived. *Journal of Educational Measurement*, *33*, 379-416.

Mislevy, R. J., Steinberg, L. S., & Almond, R. G. (2003). On the structure of educational assessments. *Measurement: Interdisciplinary Research and Perspectives*, *1*, 3-62.

Mislevy, R. J., Wilson, M. R., Ercikan, K., & Chudowsky, N. (2001). Psychometric principles in student assessment. In D. Stufflebeam & T. Kellaghan (Eds.), *International handbook of educational evaluation*. Dordrecht, the Netherlands: Kluwer Academic Press.

Moreno, K. E., Wetzel, C. D., McBride, J. R., & Weiss, D. J. (1984). Relationship between corresponding Armed Services Vocational Aptitude Battery (ASVAB) and computerized adaptive testing (CAT). *Applied Psychological Measurement*, *8*, 155-163.

Mumaw, R. J., & Pelligrino, J. W. (1984). Individual differences in complex spatial processing. *Journal of Educational Psychology*, *76*, 920-939.

Muthén, B. (1978). contributions to factor analysis of dichotomous variables. *Psychometrika*, *43*, 551-560.

Muthén, B. (1984). A general structure equation model with dichotomous, ordered categorical, and continuous latent variable indicators. *Psychometrika*, *49*, 115-132.

Muthén, B. (2002). Beyond SEM: General latent variable modeling. *Behaviormetrika*, *29*, 81-117.

Mynatt, C. R., Doherty, M. E., & Tweney, R. D. (1977). Confirmation bias in a simulated research environment: An experimental study of scientific inference. *Quarterly Journal of Experimental Psychology*, *29*, 85-95.

Naglieri, J. A. (1999). How valid is the PASS theory and the CAS? *School Psychology Review*, *28*, 145-161.

Osburn, H. G. (1968). Item sampling for achievement testing. *Educational and Psychological Measurement*, *28*, 95-104.

Oshima, T. C., Raju, N. S., & Nanda, A. O. (2006). A new method for assessing the statistical significance in the differential functioning of items and test (DFIT) framework. *Journal of Educational Measurement*, *43*, 1-17.

Osterlind, S. J. (1998). *Constructing test items: Multiple-choice, constructed-response, performance, and other formats*. Kluwer Academic Publisher.

Pearson, K. (1892). *The grammar of science*. London, UK: Dent.

Pearson, K. (1900). Mathematical contributions to the theory of evolution. VII. On the correlation of characters not quantitatively measurable. *Phil. Trans. 195 - A*, 1-47. London: Royal Society.

Pellegrino, J. W. (1988). Mental models and mental tests. In H. Wainer & H. I. Brown (Eds.), *Test Validity*. Hillsdale, NJ: Erlbaum.

Pellegrino, J. W., & Glaser, R. (1979). Cognitive correlates and components in the analysis of individual differences. *Intelligence*, *3*, 187-214.

Pellegrino, J. W., & Glaser, R. (1982). Analyzing aptitudes for learning: Inductive reasoning. In R. Glaser (Ed.), *Advances in instructional psychology*, vol 2, (pp. 269-345). Hillsdale, NJ: Erlbaum.

Pellegrino, J. W., Baxter, G. P., & Glaser, R. (1999). Addressing the "Two disciplines" problem: Linking theories of cognition and learning with assessment and instructional practice. *Review of Research in Education*. 24, 307-353.

Pellegrino, J. W., Mumaw, R. J., & Shute, V. J. (1985). Analyses of spatial aptitude and expertise. In. S. E. Embretson (Eds.), *Test design: Development in psychology and psychometrics* (pp. 45-76). Orlando, FL: Academic Press, INC.

Perline, R., Wright, B. D., & Wainer, H. (1979). The Rasch model as additive conjoint measurement. *Applied Psychological Measurement*, 3, 237-255.

Peters, M., Laeng, B., Latham, K., Jackson, M., Zaiyouna, R., & Richardson, C. (1995). A redrawn Venderberg and Kuse mental rotations test: different versions and factors that affect performance. *Brain & Cognition*, 28, 39-58.

Posner, M. I. (1978). *Chronometric explorations of mind*. Hillsdale, NJ: Erlbaum.

Posner, M. I., & Mitchell, R. (1967). Chronometric analysis of classification. *Psychological Review*, 74, 392-409.

Rajaratnam, N., Cronbach, L. J., & Gleser, G. C. (1965). Generalizability of stratified-parallel tests. *Psychometrika*, 30, 39-56.

Raju, N. S. (1988). The area between two item characteristic curves. *Psychometrika*, 53, 495-502.

Raju, N. S. (1990). Determining the significance of estimated signed and unsigned areas between two item response functions. *Applied Psychological Measurement*, 14, 197-207.

Raju, N. S., Van der Linden, W., & Fleer, P. F. (1995). IRT-based internal measures of differential functioning of items and tests. *Applied Psychological Measurement*, 19, 353-368.

Rasch, G. (1960). *Probabilistic models for some intelligence and attainment tests*. Copenhagen DA: Danmarks Paedagogiske Institut.

Rasch, G. (1977). On specific objectivity: An attempt at formalizing the request for generality and validity of scientific statements. In M. Glegvad (Ed.), *The Danish Yearbook of Philosophy* (pp. 58-94). Copenhagen: Munksgaard.

Rasch, G. (1980). *Probabilistic models for some intelligence and attainment tests* (Expanded ed.). Chicago, IL: University of Chicago Press.

Reckase, M. D. (1997). The past and future of multidimensional item response theory. *Applied Psychological Measurement*, *21*, 25–36.

Ree, M. J., & Carretta, T. R. (1995). Group differences in aptitude factor structure on the ASVAB. *Educational and Psychological Measurement*, *55*, 268–277.

Rijmen, F., De Boeck, P., & Van der Maas, H. L. J. (2005). An IRT model with a parameter-driven process for change. *Psychometrika*, *70*, 651–669.

Roid, G. (2003). *Stanford-Binet Intelligence Scales* (5th ed.). Itasca, IL: Riverside Publishing.

Roid, G. H., & Haladyna, T. M. (1982). *A technology for test-item writing*. New York, NY: Academic Press.

Roid, G., Haladyna, T., Shaughnessy, J., & Finn, P. J. (1979). *Item writing for domain-referenced tests of prose learning*. Paper presented at the annual meeting of the American Educational Research Association, San Francisco.

Rost, J. (1990). Rasch models in latent classes: An integration of two approaches to item analysis. *Applied Psychological Measurement*, *14*, 271–282.

Rupp, A. A., Templin, J., & Henson, B. A. (2010). *Diagnostic measurement: theory, methods, and applications*. New York, NY: Guilford Press.

Russell, B. (1914). *Our knowledge of the external world, as a field for scientific method in philosophy*. London, UK: George Allen & Unwin.

Russell, B. (1972). *A History of Western Philosophy*. New York, NY: Simon & Schuster, Inc.

Schooler, C. (1968). A note of extreme caution on the use of Guttman scales. *American Journal of Sociology*, *74*, *3*, 296–301.

Searle, J. R. (2002). Why I am not a property dualist. *Journal of Consciousness Studies*, *9*, 57–64.

Searle, J. R. (2004). *Mind: A brief introduction*. Oxford, U. K.: Oxford University Press.

Sebrechts, M. M., Enright, M., Bennett, R. E., & Martin, K. (1996). Using algebra word problems to assess quantitative ability: attributes, strategies and errors. *Cognition and Instruction*. *14*, 285–343.

Segal, E. M., & Lachman, R. (1972). Complex behavior or higher mental process: Is there a paradigm shift? *Amercian Psychologist*, *27*, 46–55.

Shea, D. L., Lubinski, D. J., & Benbow C. P. (2001). *Importance of assessing spatial ability in intellectually talented young adolescents: A 20 - year longitudinal study*. Journal of Educational Psychology, 93, pp. 604 - 614.

Shepard, L. A. (1993). Evaluating test validity. *Review of Research in Education*, 19, 405 - 450.

Shepard, R. N., & Cooper, L. A. (1983). *Mental images and their transformations*. Cambridge, MA: MIT Press.

Shepard, R. N., & Feng, C. (1972). A chronometric study of mental paper folding. *Cognitive Psychology*, 3, 228 - 243.

Shepard, R. N., & Metzler, J. (1971). Mental rotation of three-dimensional objects. *Science*, 171, 701 - 703.

Shye, S. (1978). Achievement motive: A faceted definition and structural analysis. *Multivariate Behavioral Research*, 13, 327 - 346.

Shye, S. (1998). Modern facet theory: content design and measurement in behavioral research. *Journal of Psychological Assessment*, 14, 160 - 171.

Shye, S., Elizur, D., & Hoffman, M. (1994). *Introduction to facet theory: Content design and intrinsic data analysis in behavioral research*. London: Sage.

Siegler, R. S. (1976). Three aspects of cognitive development. *Cognitive Psychology*, 8, 481 - 520.

Sinharay, S., Johnson, M. S., & Williamson, D. M. (2003). Calibrating item families and summarizing the results using family expected response functions. *Journal of Educational and Behavioral Statistics*. 28, 295 - 313.

Skinner, B. F. (1954). The science of learning and the art of teaching. *Harvard Educational Review*, 24, 86 - 97.

Skinner, B. F. (1961). Why we need teaching machines. *Harvard Educational Review*, 31, 377 - 398.

Snow, R. E., & Lohman, D. F. (1989). Implications of cognitive psychology for educational measurement. In R. Linn (Eds.), *Educational measurement* (3rd, pp. 263 - 331). New York: American Council on Education/Macmillan.

Snow, R. E., & Perterson, P. L. (1985). Cognitive analyses of tests: Implications forredesign. In S. E. Embretson (ed.). *Test design: developments in psychology and psychometrics* (pp. 149 - 166). Orlando, FL: Academic Press.

Spearman, C. (1904a). The proof and measurement of association between two things. *American Journal of Psychology*, *15*, 72-101.

Spearman, C. (1904b). "General Intelligence", objectively determined and measured. *American Journal of Psychology*, *15*, 201-293.

Spearman, C. (1927). *The abilities of man*. New York, NY: Macmillan.

Sternberg, R. J. (1977). Component processes in analogical reasoning. *Psychological Review*, *84*, 353-378.

Sternberg, R. J. (1977). *Intelligence, information processing, and analogical reasoning: The componential analysis of human abilities*. Hillsdale, NJ: Erlbaum.

Sternberg, R. J. (1981). Testing and cognitive psychology. *American Psychologist*, *36*, 1181-1189.

Sternberg, S. (1969). Memory-scanning: Mental processes revealed by reaction-item experiments. *American Scientist*, *4*, 421-457.

Stevens, S. S. (1946). On the theory of scales of measurement. *Science*, *103*, 667-680.

Stevens, S. S. (1959). Measurement. In. C. W. Churchman (Eds.), Measurement: Definitions and Theories (pp. 18-36). New York, NY: John Wiley & Sons, Inc.

Strong Jr., E. K. (1927). Vocational guidance of executives. Journal of applided psychology, 11, 331-347.

Sympson, J. B. (1978). A model for testing with multidimensional items. In. *Proceedings of the 1977 Computerized Adaptive Testing Conference*. University of Minnesota, Mineapolis.

Thissen, D., Steinberg, L., & Wainer, H. (1988). Use of item response theory in the study of group differences in trace lines. In. H. Wainer & H. I. Braun (Eds.), *Test Validity*. Hillsdale, NJ: Erlbaum.

Thorndike, E. L. (1918). The nature, purposes, and general methods of measurement of educational products. In S. A. Courtis (Ed.), *The Measurement of Educational Products* (17th Yearbook of the National Society for the Study of Education, Pt. 2. pp. 16-24). Bloomington, IL: Public School.

Thorndike, R. M. (1990). *A century of ability testing*. Chicago, USA: The Riverside Publishing Company.

Thorndike, R. M. (2005). *Measurement and Evaluation in Psychology and Education* (7th Ed.). NJ: Prentice Hall.

Thurstone, L. L. (1925). A method of scaling psychological and educational tests. *Journal of*

Educational Psychology, 16, 433–451.

Thurstone, L. L. (1927a). Psychophysical analysis. *American Journal of Psychology*, 38, 368–389.

Thurstone, L. L. (1927b). A law of comparative judgement. *Psychological Review*, 34, 273–286.

Thurstone, L. L. (1938). Primary mental abilities. *Psychometric Monographs*, 1.

Thurstone, L. L. (1947). *Multiple factor analysis*. Chicago, IL: University of Chicago Press.

Thurstone, L. L. (1959). *The measurement of values*. Chicago, IL: University of Chicago Press.

Timothy, O., & Wong, H. Y. (2012). Emergent Properties. In: E. N. Zalta (ed.), The Stanford Encyclopedia of Philosophy, URL http://plato.stanford.edu/archives/spr2012/entries/properties-emergent/.

Tryon, R. C. (1957). Reliability and behavior domain validity: Reformulation and historical critique. *Psychological Bulletin*, 54, 229–249.

Tyler, R. W. (1950). *Basic principles of curriculum and instruction*. Chicago, Illinois: University of Chicago Press.

Ullrich, J. R., & Wilson, R. E. (1993). A note on the exact number of two and three way tables satisfying conjoint measurement and additivity axioms. *Journal of Mathematical Psychology*, 37, 624–628.

Van der Linden, W. & Hambleton, R. K. (1996). *Handbook of modern item response theory*. New York, NY: Springer-Verlag.

Van Fraassen, B. C. (1980). *The scientific image*. Oxford, England: Clarendon.

Vanderberg, R. J., & Lance, C. E. (2000). A review and synthesis of the measurement invariance literature: suggestions, practices, and recommendations for organizational research. *Organizational Research Methods*, 3, 4–70.

Vanderberg, S. G., & Kuse, A. R. (1978). Mental rotation, a group test of three-dimensional spatial visualization. *Perceptual Motor Skills*, 47, 599–604.

Von Davier, M. (2010). Mixture distribution item response theory, latent class analysis, and diagnostic mixture models. In. S. E. Embretson (Eds.), *Measuring psychological constructs: advances in model-based approaches* (pp. 11–34). Washington, DC: American Psychological Association.

Voyer, D., & Hou, J. (2006). Type of items and the magnitude of gender differences on the mental rotation test. *Canadian Journal of Experimental Psychology*, *60*, 91–100.

Wai, J., Lubinski, D. J., & Benbow C. P. (2009). *Spatial ability for STEM domains: Aligning over 50 years of Cumulative Psychological Knowledge solidifies its importance.* Journal of Educational Psychology, 101, 817–835.

Webb, R. M., Lubinski, D. J., & Benbow C. P. (2007). *Spatial ability: A neglected dimension in talent searches for intellectually precocious youth.* Journal of Educational Psychology, 99, 397–420.

Wechsler, D. (1991). *Wechsler Intelligence Scale for Children* (3rd ed.). San Antonio, TX: Psychological Corporation.

Wechsler, D. (1997). *Wechsler Adult Intelligence Scale* (3rd ed.). San Antonio, TX: Psychological Corporation.

Wesman, A. G. (1971). Writing the test item. In R. L. Thorndike (Eds.), *Educational measurement* (2nd Ed.). Washington, DC: American Council on Education.

Whitely, S. E. (1976). Solving verbal analogies: Some cognitive components of intelligence test items. *Journal of Educational Psychology*, *68*, 234–242.

Whitely, S. E. (1977). Information-processing on intelligence test items: Some response components. *Applied Psychological Measurement*, *1*, 465–476.

Whitely, S. E. (1979). Latent trait models in the study of intelligence. *Intelligence*, *4*, 97–132.

Whitely, S. E. (1980). Modeling aptitude test validity from cognitive components. *Journal of Educational Psychology*, *72*, 750–769.

Whitely, S. E. (1980). Multicomponent latent trait models for ability tests. *Psychometrika*, *45*, 479–494.

Whitely, S. E. (1981). Measuring aptitude processes with multicomponent latent trait models. *Journal of Educational Measurement*, *18*, 67–84.

Whitely, S. E., & Barnes, G. M. (1979). The implications of processing event sequences for theories of analogical reasoning. *Memory & Cognition*, *1*, 323–331.

Whitely, S. E., & Schneider, L. M. (1981). Information structure for geometric analogies: A test theory approach. *Applied Psychological Measurement*, *1*, 383–397.

Wilson, M. (2005). *Constructing measures: An item response modeling approach.* Mahwah, NJ: Lawrence Erlbaum Associates.

Wilson, M., & Sloane, K. (2000). From Principles to Practice: An Embedded Assessment

System, *Applied Measurement in Education*, 13, 181–208.

Woodward, J. (2002). What is a mechanism? A counterfactual account. Philosophy of Science, 69, 366–377.

Wright, B. D. (1999). Fundamental measurement for psychology. In S. E. Embretson & S. L. Hershberger (Eds.), *The new rules of measurement: What every educator and psychologist should know* (pp. 65–104). Hillsdale, New Jersey: Lawrence Erlbaum Associates.

Yang, X., & Embretson, S. E. (2007). Construct validity and cognitive diagnostic assessment. In J. Leighton., & M. Gierl. (Eds.), *Cognitive Diagnostic Assessment in Education: Theory and Applications* (pp. 119–145). New York, NY: Cambridge University Press.

Yilmaz, H. B. (2009). On the development and measurement of spatial ability. *International Electronic Journal of Elementary Education*, vol. 1, Issue 2.

Zhang, J., & Stout, W. (1999). Conditional covariance structure of generalized compensatory multidimensional items. *Psychometrika*, 64, 129–152.

图书在版编目(CIP)数据

理论驱动的心理与教育测量学/杨向东著.—上海:华东师范大学出版社,2014.8
ISBN 978-7-5675-2524-5

Ⅰ.①理… Ⅱ.①杨… Ⅲ.①心理测量学②教育测验 Ⅳ.①B841.7②G449

中国版本图书馆 CIP 数据核字(2014)第 204768 号

理论驱动的心理与教育测量学

著　　者　杨向东
策划编辑　彭呈军
审读编辑　田　婷
责任校对　王丽平
装帧设计　卢晓红

出版发行　华东师范大学出版社
社　　址　上海市中山北路 3663 号　邮编 200062
网　　址　www.ecnupress.com.cn
电　　话　021-60821666　行政传真 021-62572105
客服电话　021-62865537　门市(邮购)电话 021-62869887
地　　址　上海市中山北路 3663 号华东师范大学校内先锋路口
网　　店　http://hdsdcbs.tmall.com

印 刷 者　浙江临安曙光印务有限公司
开　　本　787×1092　16 开
印　　张　18.25
字　　数　317 千字
版　　次　2014 年 12 月第 1 版
印　　次　2019 年 10 月第 2 次
书　　号　ISBN 978-7-5675-2524-5/G·7616
定　　价　38.00 元

出版人　王焰

(如发现本版图书有印订质量问题,请寄回本社客服中心调换或电话 021-62865537 联系)